"十三五"国家重点图书出版规划项目
国家出版基金项目

国家出版基金项目
NATIONAL PUBLICATION FOUNDATION

U0285160

哈佛大学植物标本馆馆藏中国维管束植物模式标本集

第 6 卷

双子叶植物纲（5）

Chinese Type Specimens of Vascular Plants Deposited in Harvard University Herbaria

Volume 6

DICOTYLEDONEAE（5）

国家植物标本资源库　中国科学院植物研究所系统与进化植物学国家重点实验室　编

林　祁　包伯坚　刘慧圆　编著

National Plant Specimen Resource Center & State Key Laboratory of Systematic and Evolutionary Botany, Institute of Botany, the Chinese Academy of Sciences Edit

editors　LIN Qi, BAO Bojian & LIU Huiyuan

河南科学技术出版社

· 郑州 ·

图书在版编目（CIP）数据

哈佛大学植物标本馆馆藏中国维管束植物模式标本集 . 第 6 卷 . 双子叶植物纲 . 5 / 国家植物标本资源库 , 中国科学院植物研究所系统与进化植物学国家重点实验室编 ; 林祁 , 包伯坚 , 刘慧圆编著 . —郑州 : 河南科学技术出版社 , 2021.7

ISBN 978-7-5725-0220-0

Ⅰ . ①哈… Ⅱ . ①国… ②中… ③林… ④包… ⑤刘… Ⅲ . ①双子叶植物纲—标本—中国—图集 Ⅳ . ① Q948.52-34

中国版本图书馆 CIP 数据核字 (2020) 第 261087 号

出版发行 : 河南科学技术出版社
地址 : 郑州市郑东新区祥盛街 27 号　邮编 : 450016
电话 : （0371）65737028　65788613
网址 : www.hnstp.cn
总 策 划 : 周本庆
策划编辑 : 杨秀芳　陈淑芹
责任编辑 : 李义坤
责任校对 : 于凯燕
整体设计 : 张　伟
责任印制 : 张　巍
印　　刷 : 北京盛通印刷股份有限公司
经　　销 : 全国新华书店
开　　本 : 720 mm×1 000 mm　1/8　印张 : 61　字数 : 620 千字
版　　次 : 2021 年 7 月第 1 版　　2021 年 7 月第 1 次印刷
定　　价 : 1600.00 元

前　言

哈佛大学植物标本馆成立于 1864 年，是世界十大植物标本馆之一，目前由 6 个标本室（A、AMES、ECON、FH、GH、NEBC）组成，馆藏植物标本 500 余万份，其中有模式标本 10 万余份，特别是有中国维管束植物模式标本 1 万余份（含主模式、等模式、后选模式、等后选模式、新模式、等新模式、附加模式、等附加模式、合模式、等合模式、副模式、等副模式）。

书中所收录的模式标本是在同一学名下（种、亚种、变种、变型）遴选出 1 份或 2 份（雌株和雄株标本或花期和果期标本）最重要的馆藏模式标本，经整理并扫描后编撰而成《哈佛大学植物标本馆馆藏中国维管束植物模式标本集》（共 11 卷）。

全套书共收有模式标本 5 459 份，含 1 405 份主模式、2 842 份等模式、12 份后选模式、48 份等后选模式、2 份新模式、1 份等新模式、1 份附加模式、270 份合模式、829 份等合模式、22 份副模式、27 份等副模式，隶属于 177 科、1 013 属、4 410 种、20 亚种、860 变种和 85 变型。全书各科依据《中国植物志》系统排列，属、种、亚种、变种、变型的名称按字母顺序排列。每张扫描模式标本相片的图注解释均标注中名、学名、原始文献、模式类型（主模式、等模式、后选模式、等后选模式、新模式、等新模式、附加模式、等附加模式、合模式、等合模式、副模式、等副模式）、采集地点（国名、省名、县名、山名）、海拔、采集时间（年 – 月 – 日）、采集人和采集号。本书中的采集人根据《中国植物标本馆索引》(傅立国，1993) 书写，采集地根据《中国地名录——中华人民共和国地图集地名索引》（国家测绘局地名研究所，1995）书写。

本套书是一部研究与鉴定中国植物的重要著作，可供国内外植物分类学者及有关植物学科研、教学和生产部门人员参考。

第 6 卷包括被子植物门双子叶植物纲豆科、大戟科、冬青科、翅子藤科、省沽油科、茶茱萸科和胡颓子科的模式标本，共 465 份，含 154 份主模式、205 份等模式、1 份后选模式、6 份等后选模式、30 份合模式、67 份等合模式、1 份副模式、1 份等副模式，隶属于 95 属、388 种、4 亚种、66 变种和 4 变型。

感谢国家标本资源共享平台负责人马克平研究员、植物标本子平台负责人覃海宁研究员，以及哈佛大学植物标本馆馆长 Charles Davis 教授和 David E. Boufford 教授在本书编撰过程中给予的支持和帮助。

林祁

2021 年 1 月

Introduction

Harvard University Herbaria were founded in 1864 and it is one of the top ten largest herbaria in the world. The Harvard University Herbaria include six integrated herbaria and they are Herbarium of the Arnold Arboretum (A), Oakes Ames Orchid Herbarium (AMES), Economic Herbarium of Oakes Ames (ECON), Farlow Herbarium (FH), Gray Herbarium (GH) and New England Botanical Club Herbarium (NEBC). The current collections contain more than five million specimens and over 100 thousand type specimens of vascular plants and mosses. Especially included are more than 10 000 type specimens (holotype, isotype, lectotype, isolectotype, neotype, isoneotype, epitype, isoepitype, syntype, isosyntype, paratype, isoparatype) of Chinese plants.

Type specimens in this book were produced by selecting the most important type specimen/s deposited at Harvard University Herbaria under the same scientific name (species, subspecies, variety and form), and then they were also reviewed and scanned. After compilation, ***Chinese Type Specimens of Vascular Plants Deposited in Harvard University Herbaria*** which consists of 11 volumes is completed.

Chinese Type Specimens of Vascular Plants Deposited in Harvard University Herbaria includes 5 459 type specimens, comprising 1 405 holotypes, 2 842 isotypes, 12 lectotypes, 48 isolectotypes, 2 neotypes, 1 isoneotype, 1 epitype, 270 syntypes, 829 isosyntypes, 22 paratypes, 27 isoparatypes, and belonging to 177 families, 1 013 genera, 4 410 species, 20 subspecies, 860 varieties and 85 forms. The taxa are arranged by family according to the system of ***Flora Reipublicae Popularis Sinicae***. Infra-family taxa are alphabetized by genera, species, subspecies, varieties and forms. The explanation of each taxon is listed in the figure caption with Chinese name, scientific name, original publication, nature of specimen (holotype/isotype/lectotype/ isolectotype/neotype/isoneotype/epitype/isoepitype/syntype/isosyntype/paratype/isoparatype), type locality (country/province/ county/mountain if present), altitude, collection date, collector and collection number. The collector and type locality in this book follow ***Index Herbariorum Sinicorum*** (L. K. Fu, 1993) and ***Gazetteer of China—An Index to the Atlas of the People's Republic of China*** (Chinese Academy of Surveying & Mapping, 1995) respectively.

This book is a very important works for researching and identifying Chinese plants. It could also be used as a reference by plant taxonomists and people from botanic research institutions, educational institutions and production departments at home and abroad.

Volume 6 of ***Chinese Type Specimens of Vascular Plants Deposited in Harvard University Herbaria*** includes 465 type specimens from Fabaceae, Euphorbiaceae, Aquifoliaceae, Hippocrateaceae, Staphyleaceae, Icacinaceae and Elaeagnaceae, comprising 154 holotypes, 205 isotypes, 1 lectotype, 6 isolectotypes, 30 syntypes, 67 isosyntypes, 1 paratype, 1 isoparatype, and belonging to 95 genera, 388 species, 4 subspecies, 66 varieties and 4 forms.

Greatest thanks to the director MA Keping of National Specimen Information Infrastructure (NSII) and Prof. QIN Haining, and the curator Charles Davis of Harvard University Herbaria and Prof. David E. Boufford, for their support and help throughout the publication of the book.

Lin Qi

January 2021

目录／Contents

双子叶植物纲
Dicotyledoneae

豆科
Fabaceae

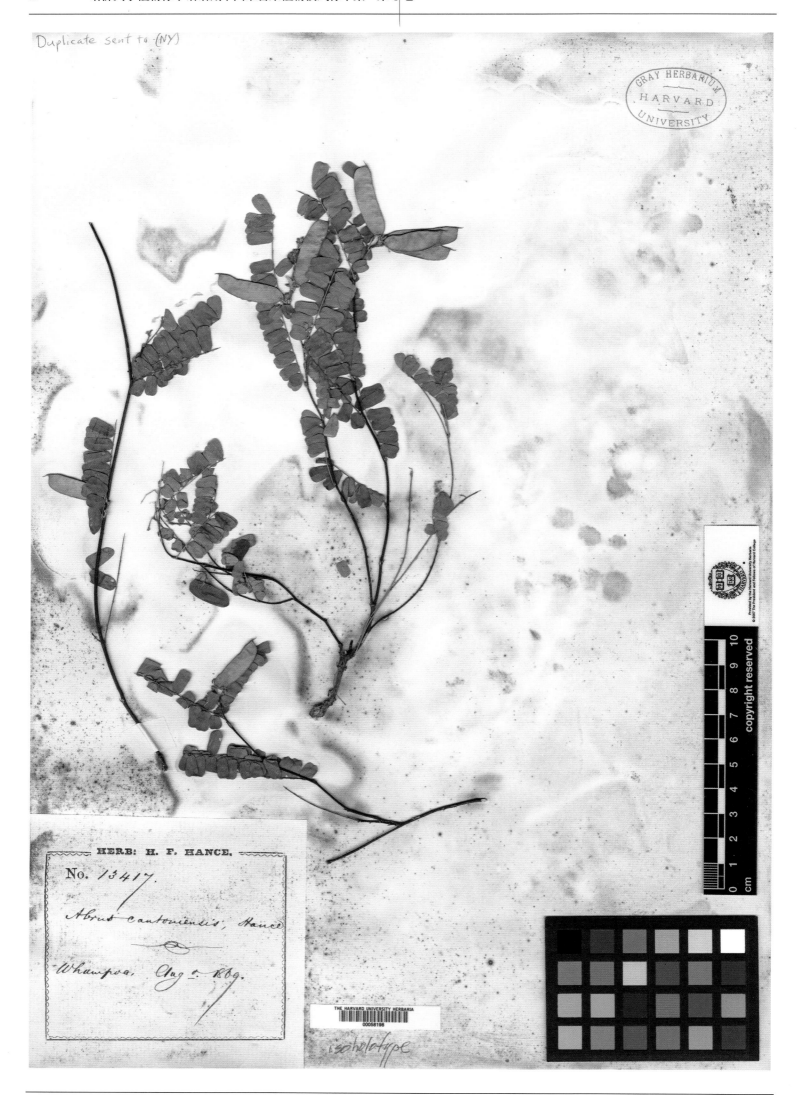

广州相思子- ***Abrus cantoniensis*** Hance in J. Bot. 6: 112. 1868. **Isotype**: China. Guangdong: Guangzhou, Mt Pak-wan (=Baiyun Shan), 1869-08-??, T. Sampson s. n. (= Herb. H. F. Hance 13417) (GH).

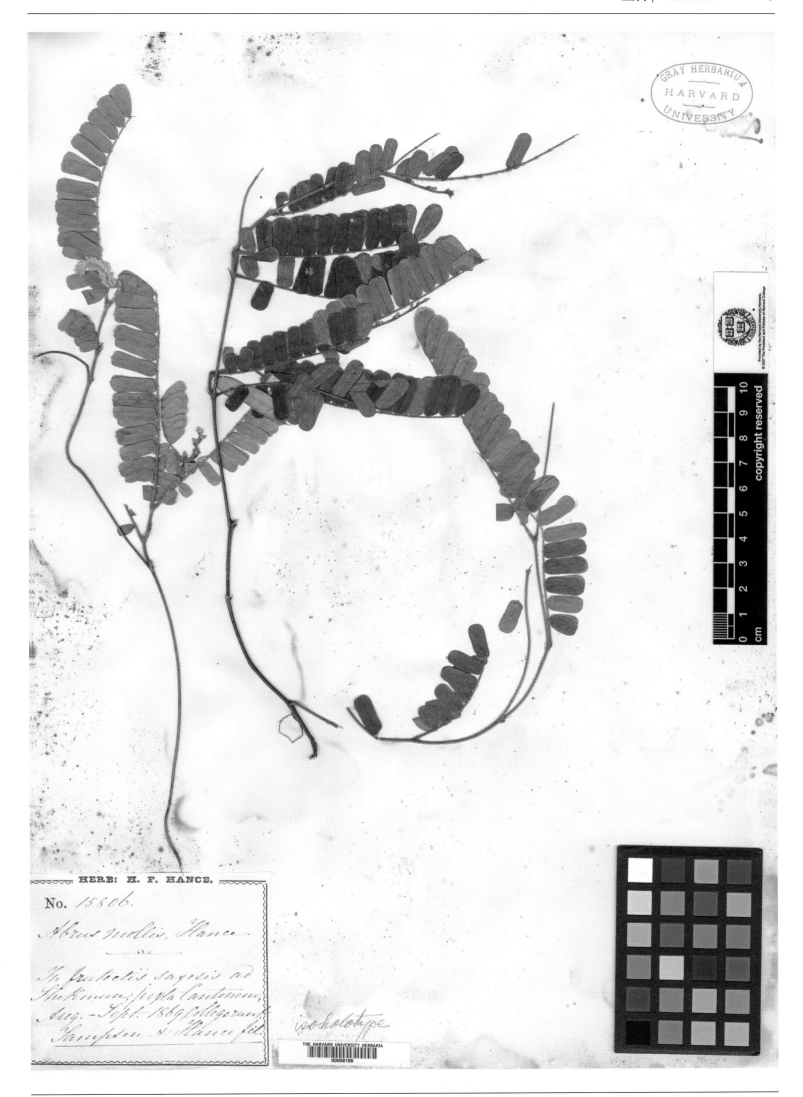

毛相思子 *Abrus mollis* Hance in J. Bot. 9: 130. 1871. **Isotype**: China. Guangdong: Guangzhou, Baiyun Shan, 1869-09-??, T. Sampson & H. F. Hance s. n. (= Herb. H. F. Hance 15806) (GH).

无刺金合欢 *Acacia teniana* Harms in Fedde, Repert. Sp. Nov. 17: 133. 1921. **Isosyntype**: China. Yunnan: Dayao, Pe Yen Tsin, 1917-04-24, Siméon Tén 349 (A).

蒙自合欢 *Albizia bracteata* Dunn in J. Linn. Soc. Bot. 35: 493. 1903. **Isosyntype**: China. Yunnan: Simao, alt. 1 525 m, A. Henry 9997 E (A).

广西合欢 *Albizia croizatiana* Metc. in Lingnan Sci. J. 19(4): 549, f. 1. 1940. **Holotype**: China. Guangxi: Tsin Hung Shan, N. Hin Yen, alt. 1 220 m, 1928-08-15, R. C. Ching 6960 (A).

亨利合欢 *Albizia henryi* Ricker in J. Wash. Acad. Sci. 8: 243. 1918. **Isotype**: China. Yunnan: Mengzi, alt. 1 403 m, A. Henry 10683 (A).

三亚合欢 *Albizia laui* Merr. in Lingnan Sci. J. 14(1): 7, f. 1. 1935. **Isotype**: China. Hainan: Ngai (=Sanya), 1932-06-08, S. K. Lau 40 (A).

滇合欢 *Albizia simeonis* Harms in Fedde, Repert. Sp. Nov. 17: 133. 1921. **Isotype**: China. Yunnan: Dayao, Pe Yen Tsin, 1916-05-19, Siméon Tén 106 (A).

大花土栾儿 *Apios macrantha* Oliv. in Hook. Icon. Pl. 20(2): pl. 1946. 1890. **Isotype**: China. Sichuan: Precise locality not known, A. Henry 8984 (GH).

Plants of China

Fabaceae
Astragalus bouffordii Podlech

Det. D. Podlech, Apr 2008. Isotype: Feddes Repertorium 120: 53. 2009 (Holotype: MSB).

Xizang (Tibet) Province, Changdu Xian: N of the city of Changdu along Ge Qu (river) on road to Nangqen, Qinghai. 31°16'24"N, 96°58'11"E; 3349 m. Xeric scrub of thorny and aromatic shrubs, such as Caragana, Elsholtzia fruticosa and Caryopteris, with interspersed open areas with few herbs. Meadow-like area. Prostrate; petals purple.

D. E. Boufford, J. H. Chen, S. L. Kelley, J. Li, R. H. Ree, H. Sun, J. P. Yue & Y. H. Zhang
32419　　16 August 2004

Harvard University Herbaria

鲍氏黄耆*Astragalus bouffordii* Podlech in Feddes Repert. 120: 53. 2009. **Isotype**: China. Xizang: Changdu, 2004-08-16, D. E. Boufford, J. H. Chen, S. L. Kelley, J. Li, R. H. Ree, H. Sun, J. P. Yue & Y. H. Zhang 32419 (A).

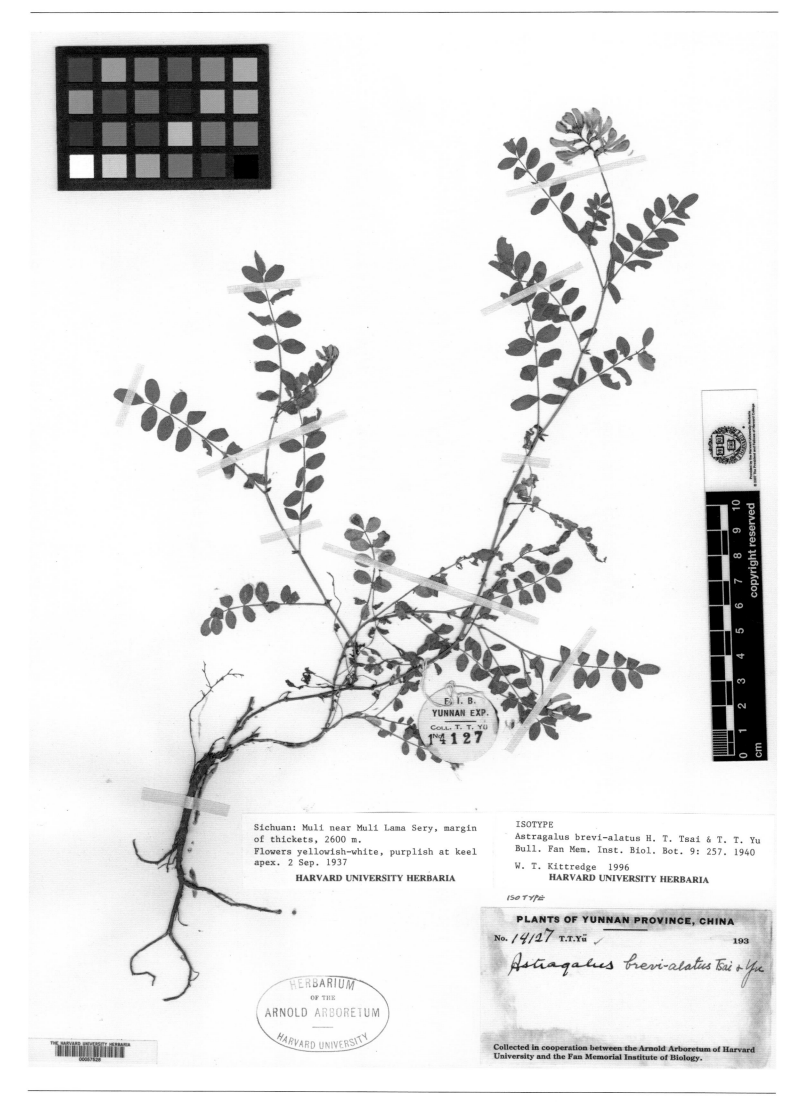

Sichuan: Muli near Muli Lama Sery, margin
of thickets, 2600 m.
Flowers yellowish-white, purplish at keel
apex. 2 Sep. 1937
HARVARD UNIVERSITY HERBARIA

ISOTYPE
Astragalus brevi-alatus H. T. Tsai & T. T. Yu
Bull. Fan Mem. Inst. Biol. Bot. 9: 257. 1940

W. T. Kittredge 1996
HARVARD UNIVERSITY HERBARIA

ISOTYPE

PLANTS OF YUNNAN PROVINCE, CHINA
No. 14127 T.T.Yü   193

Astragalus brevi-alatus Tsai & Yu

Collected in cooperation between the Arnold Arboretum of Harvard
University and the Fan Memorial Institute of Biology.

短翼黄耆 *Astragalus brevi-alatus* Tsai & Yu in Bull. Fan Mem. Inst. Biol. Bot. 9: 257. 1940. **Isotype**: China. Sichuan: Muli, alt. 2 600 m, 1937-09-02, T. T. Yu 14127 (A).

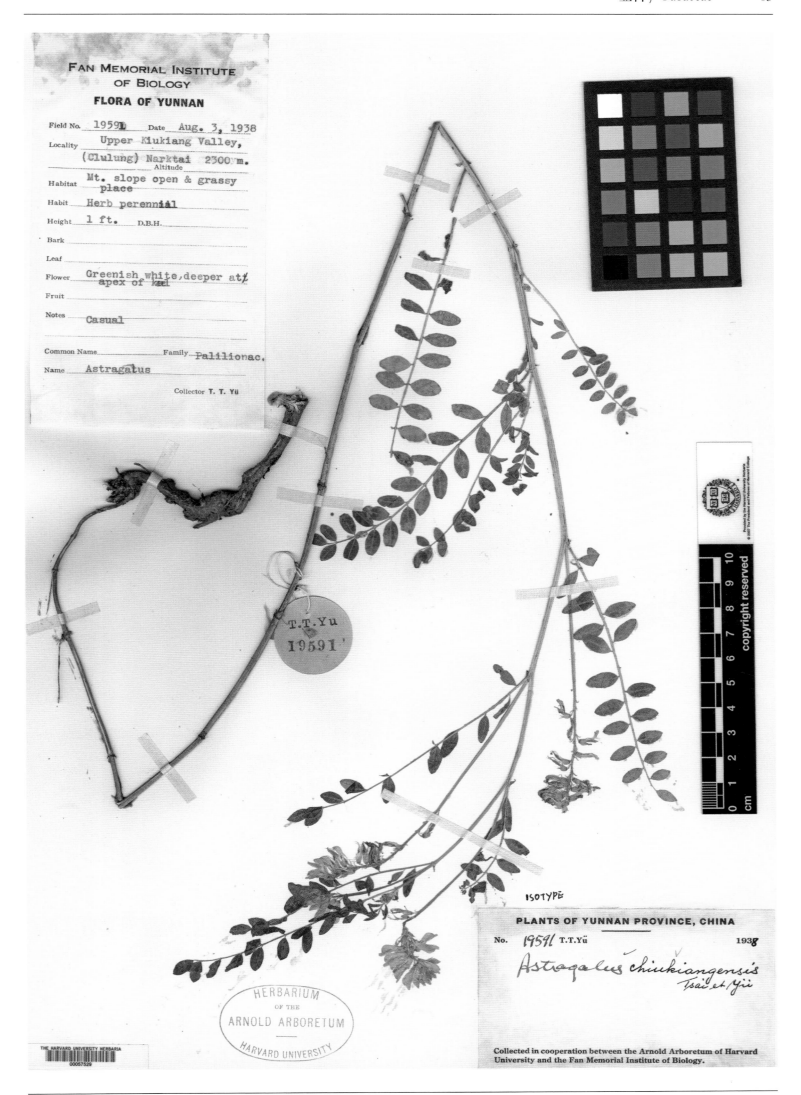

俅江黄耆 *Astragalus chiukiangensis* Tsai & Yu in Bull. Fan Mem. Inst. Biol. Bot. 9: 260. 1940. **Isotype**: China. Yunnan: Gongshan, Upper Kiukiang valley, (Clulung) Narktai, alt. 2 300 m, 1938-08-03, T. T. Yu 19591 (A).

长序黄芪 *Astragalus grubovii* Cheng f. ex P. C. Li in Acta Bot. Yunnan. 11(3): 293, pl. 8. 1989. **Isotype**: China. Yunnan: Dêqên, Baima Shan, alt. 3 400 m, 1937-08-09, T. T. Yu 9463 (A).

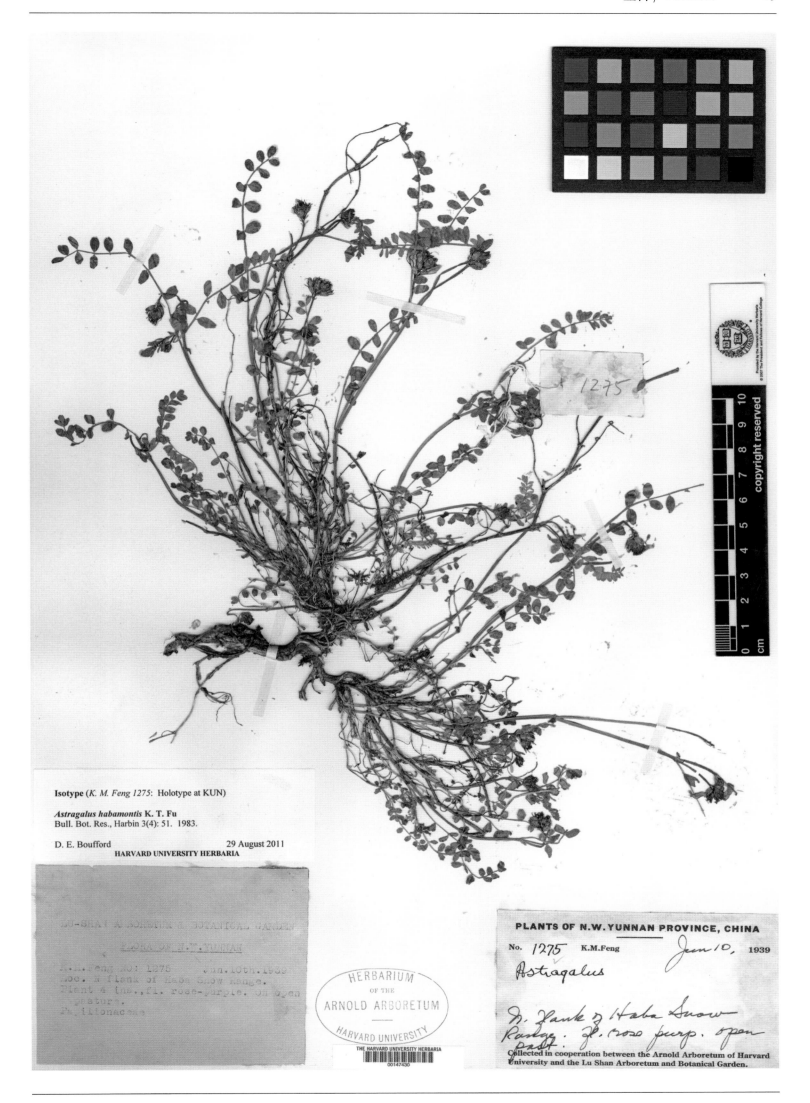

Isotype (*K. M. Feng 1275*: Holotype at KUN)

Astragalus habamontis K. T. Fu
Bull. Bot. Res., Harbin 3(4): 51. 1983.

D. E. Boufford   29 August 2011
HARVARD UNIVERSITY HERBARIA

PLANTS OF N.W. YUNNAN PROVINCE, CHINA

No. 1275   K.M.Feng   Jun 10, 1939

Astragalus

N. flank of Haba Snow Range. fl. rose purp. open past.

Collected in cooperation between the Arnold Arboretum of Harvard University and the Lu Shan Arboretum and Botanical Garden.

哈巴山黄芪 *Astragalus habamontis* K. T. Fu in Bull. Bot. Res., Harbin 2(4): 68, f. 1–7. 1982. **Isotype**: China. Yunnan: Zhongdian (=Shangri-La), N flank of Haba Snow Range, 1939-06-10, K. M. Feng 1275 (A).

秦岭黄耆 *Astragalus henryi* Oliv. in Hook. Icon. Pl. 20(3): pl. 1959. 1891. **Isotype**: China. Hubei: Fang Xian, (1885-1888)-??-??, A. Henry 6902 (GH).

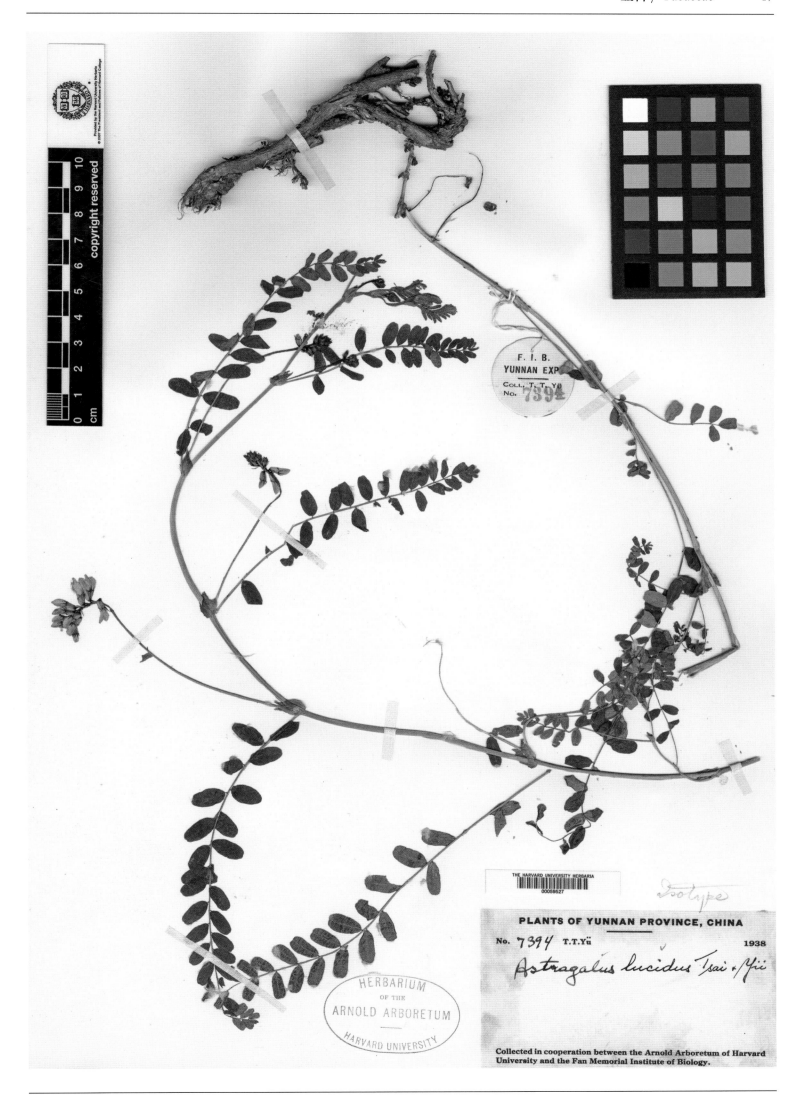

光萼黄耆 *Astragalus lucidus* Tsai & Yu in Bull. Fan Mem. Inst. Biol. Bot.Ser. 9: 262. 1939. **Isotype**: China. Sichuan: Muli, alt. 3 500 m, 1937-07-27, T. T. Yu 7394 (A).

莲花山黄耆 *Astragalus moellendorffii* Bumge var. *kansuensis* Pet.-Stib. in Acta Horti Gothob. 12(3): 50. 1937. **Isotype**: China. Gansu: Lianhua Shan, between Taochow & Titao, alt. 3 508 m, 1925-07-(14-20), J. F. Rock 12718 (GH).

新单蕊黄耆_Astragalus neomonadelphus_ Tsai & Yu in Bull. Fan Mem. Inst. Biol. Bot. ser. 9: 263, f. 7. 1939, "_neomonodelphus_".
Isotype: China. Yunnan: Shangri-La, alt. 3 400 m, 1937-07-12, T. T. Yu 12120 (A).

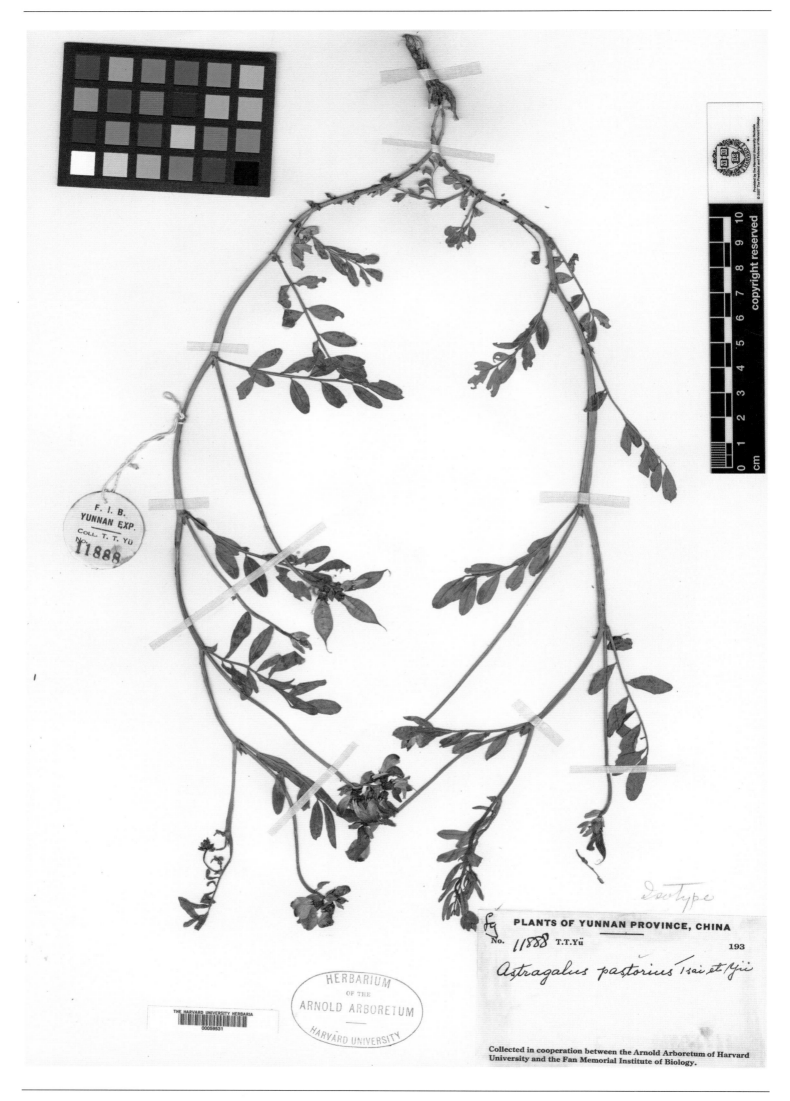

牧场黄耆 *Astragalus pastorius* Tsai & Yu in Bull. Fan Mem. Inst. Biol. Bot. ser. 9: 264. 1939. **Isotype**: China. Yunnan: Shangri-La, alt. 3 000 m, 1937-07-02, T. T. Yu 11888 (A).

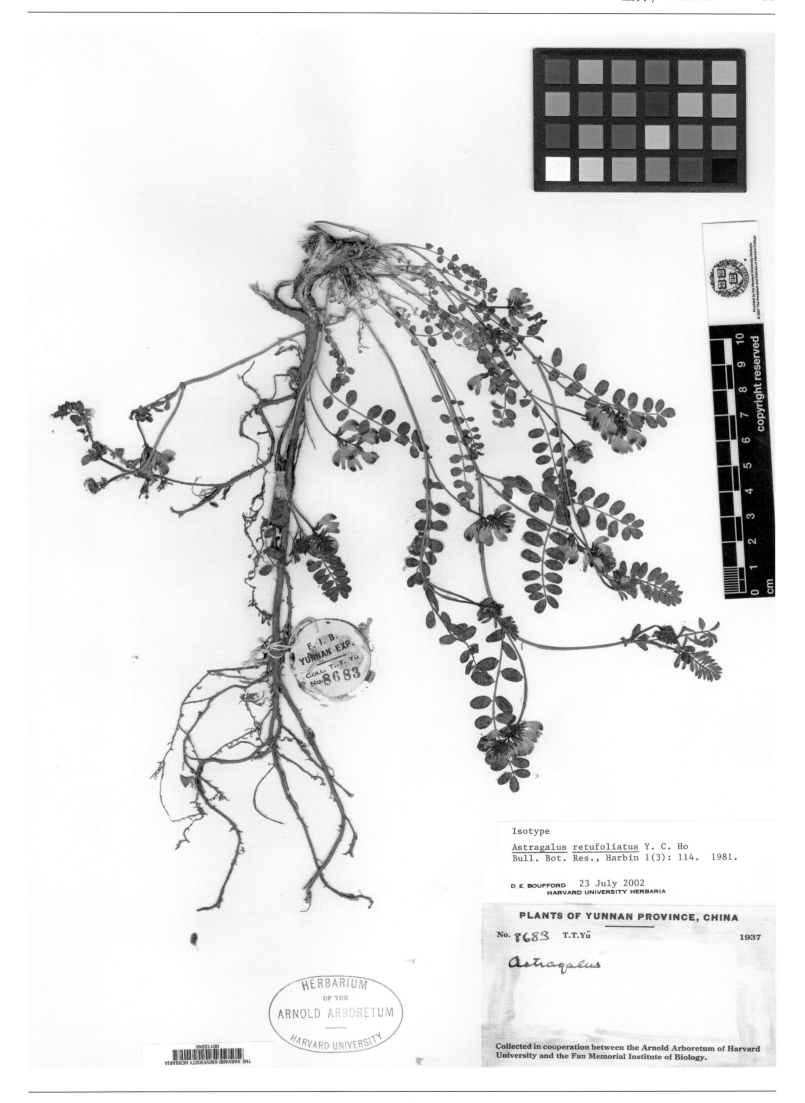

Isotype

Astragalus retufoliatus Y. C. Ho
Bull. Bot. Res., Harbin 1(3): 114. 1981.

D. E. BOUFFORD   23 July 2002
HARVARD UNIVERSITY HERBARIA

PLANTS OF YUNNAN PROVINCE, CHINA

No. 8683   T.T.Yü   1937

Astragalus

Collected in cooperation between the Arnold Arboretum of Harvard
University and the Fan Memorial Institute of Biology.

凹叶黄芪 *Astragalus retufoliatus* Y. C. Ho in Bull. Bot. Res., Harbin 1(3): 114, f. 14. 1981. **Isotype**: China. Yunnan: Yubengza, alt. 3 600 m, 1937-06-21, T. T. Yu 8683 (A).

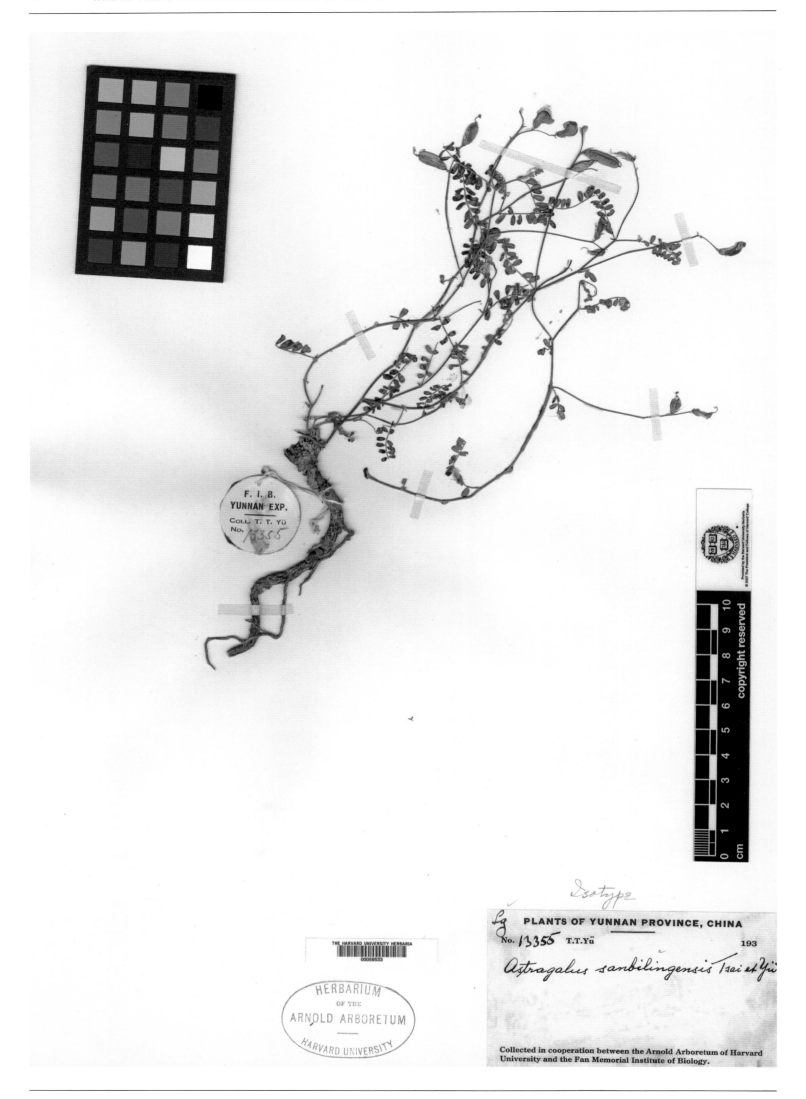

Isotype

PLANTS OF YUNNAN PROVINCE, CHINA
No. 13355 T.T.Yü   193
Astragalus sanbilingensis Tsai et Yü

Collected in cooperation between the Arnold Arboretum of Harvard
University and the Fan Memorial Institute of Biology.

乡城黄耆 *Astragalus sanbilingensis* Tsai & Yu in Bull. Fan Mem. Inst. Biol. Bot. ser. 9: 265, f. 9. 1939. **Isotype**: China. Sichuan: Shiang-cheng (=Xiangcheng), alt. 3 000 m, 1937-09-17, T. T. Yu 13355 (A).

糙叶黄耆 *Astragalus scaberrimus* Bunge in Enum. Pl. China Bor. 2: 17. 1833. **Isotype**: China. Beijing, Precise locality not known, 1831-04-??, A. Bunge s. n. (GH).

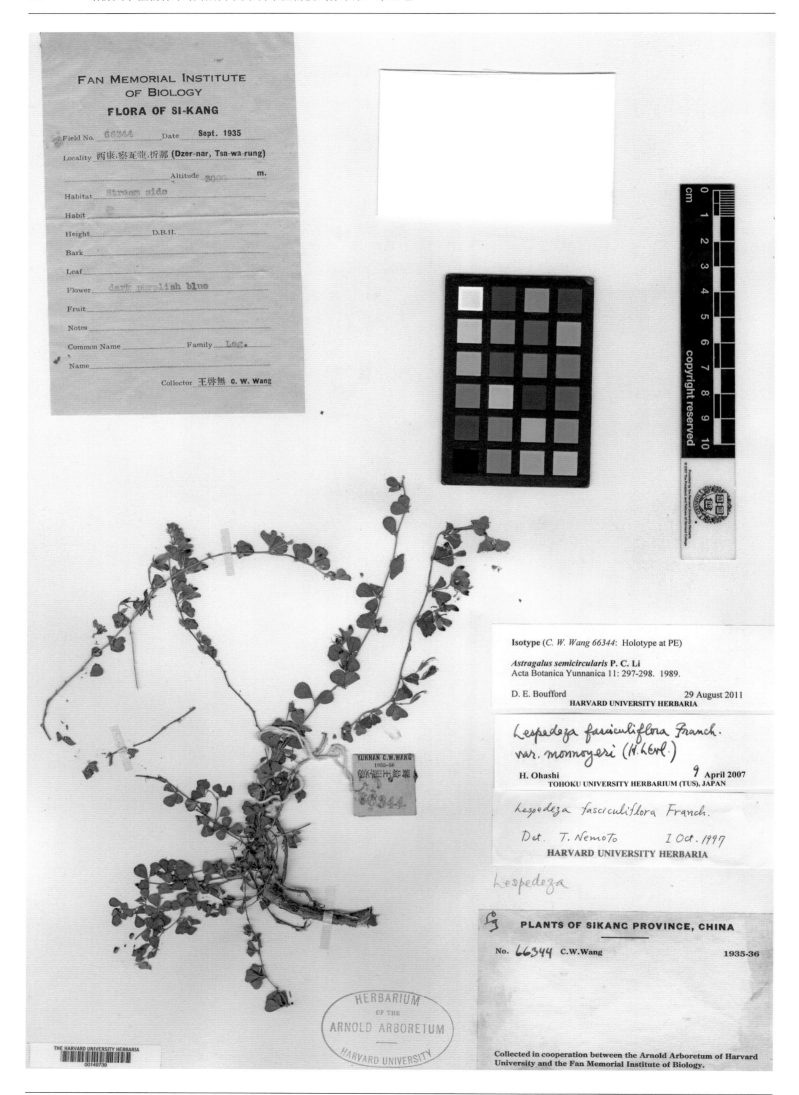

半圈黄芪 *Astragalus semicircularis* P. C. Li in Acta Bot. Yunnan. 11(3): 297, pl. 13. 1989. **Isotype**: China. Xizang: Zayü, Tsa-wa-rung (=Cawarong), alt. 3 000 m, 1935-09-??, C. W. Wang 66344 (A).

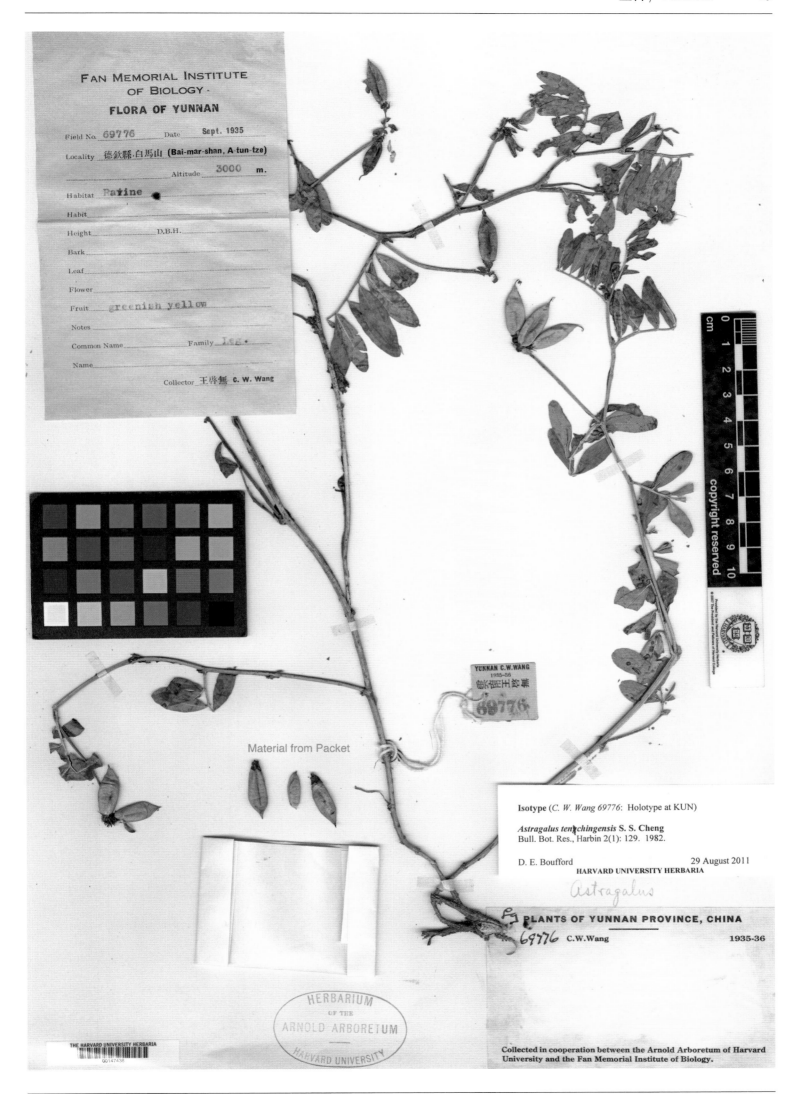

德钦黄芪 *Astragalus tenchingensis* S. S. Cheng ex K. T. Fu in Bull. Bot. Res., Harbin 2(1): 129, f. 7. 1982. **Isotype**: China. Yunnan: Dêqên, alt. 3 000 m, 1935-09-??, C. W. Wang 69776 (A).

Herbarium Schlagintweit from India and High Asia.

A. Astragalus tibetanus
Benth.

Hook.

Hook. Hook fil. Ind. II p 124 p 23

Det. P. Kraupe

Gen. No. of Catalogue. 6665

TÍBET

Province: Dras.

Locality: Height (engl. ft.)
Matdi up to the Tsóji Pass
(northeastern slopes of the Pass).

Collected 14 October 1856.

THE HARVARD UNIVERSITY HERBARIA
00059641

Isotype ?

Herb. Ind. Or. Hook. fil. & Thomson.
Astrag. Tibetanus Benth.
Hab. Tibet Occ.   Regio. alp.
alt. 9—14000fed   Coll. J.T.

藏新黄耆 *Astragalus tibetanus* Benth. ex Bunge in Mém. Acad. Imp. Sci. St-Pétersb. Ser. 7. 11: 52. 1868. **Isosyntype**: China. Xizang: Western Xizang, Precise locality not known, alt. 2 745~4 270 m, T. Thomson s. n. (GH).

小花黄耆 *Astragalus tongolensis* Ulbr. var. ***breviflorus*** Tsai & Yu in Bull. Fan Mem. Inst. Biol. Bot. ser. 9: 266. 1939. **Isotype**: China. Sichuan: Jiulong, alt. 4 100 m, 1937-07-07, T. T. Yu 6939 (A).

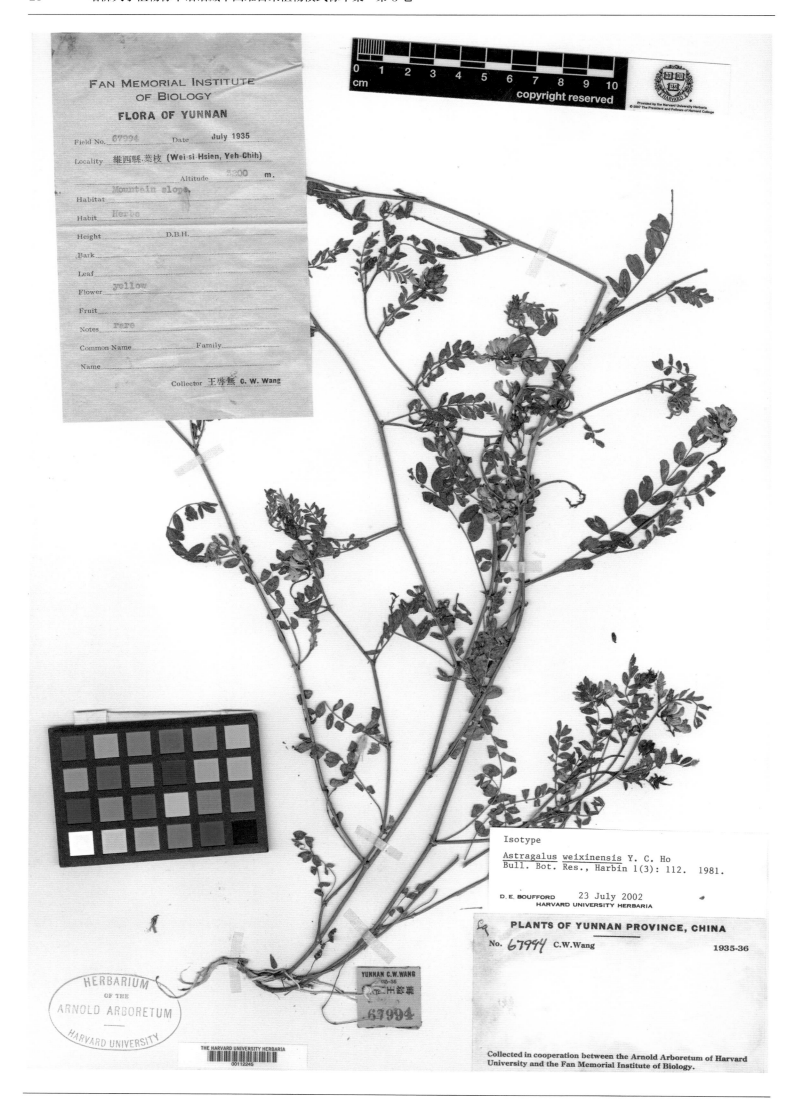

维西黄芪 *Astragalus weixinensis* Y. C. Ho in Bull. Bot. Res., Harbin 1(3): 112, f. 13. 1981. China. **Isotype:** China. Yunnan: Weixi, alt. 3 200 m, 1935-07-??, C. W. Wang 67994 (A).

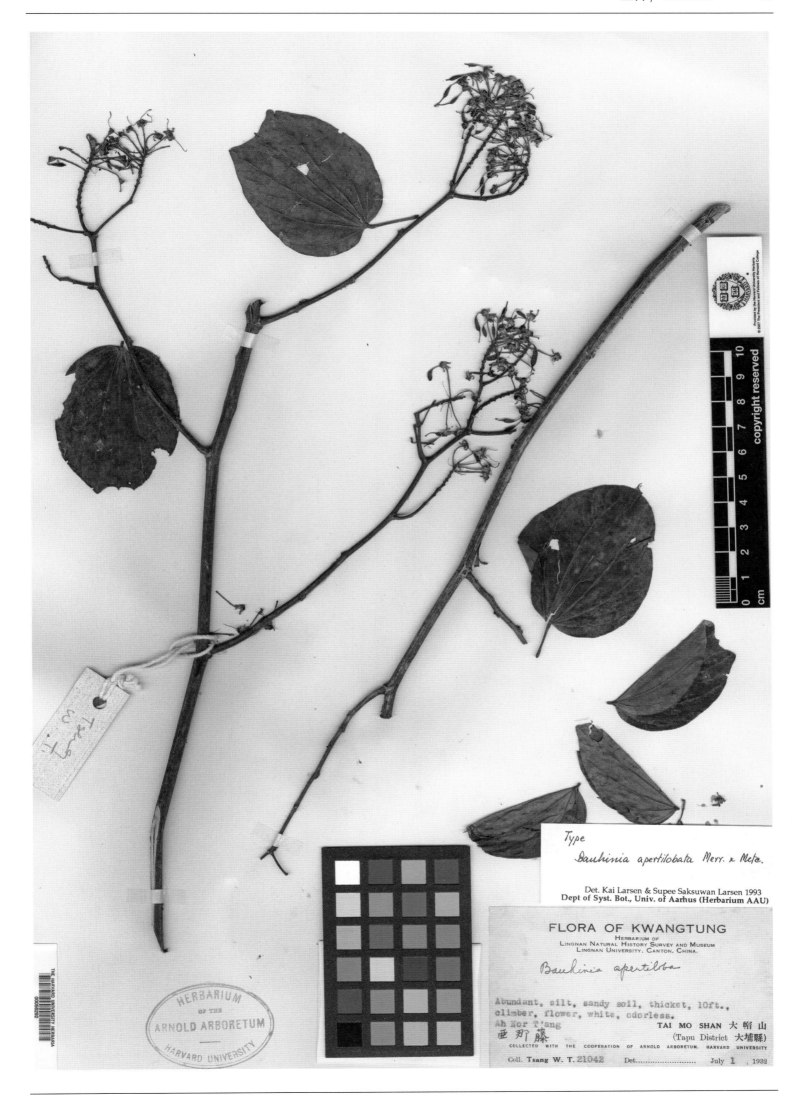

阔裂叶羊蹄甲 *Bauhinia apertilobata* Merr. & Metc. in Lingnan Sci. J. 16(1): 83, f. 4. 1937. **Holotype:** China. Guangdong: Dapu, 1932-07-01, W. T. Tsang 21042 (A).

丽江羊蹄甲 **Bauhinia bohniana** L. Chen in J. Arnold Arbor. 19(2): 129. 1938. **Holotype**: China. Yunnan: Lijiang, eastern slopes of Lijiang Snow Range, 1922-(05-10)-??, J. F. Rock 3905 (A).

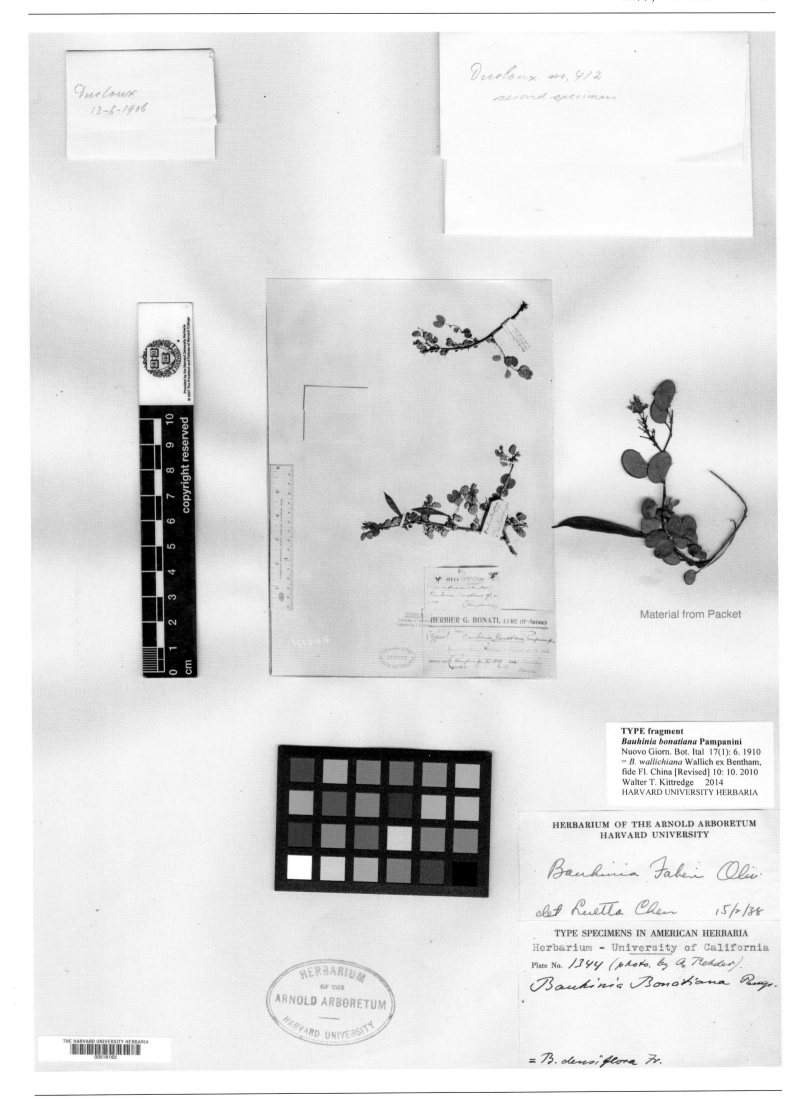

昆明羊蹄甲 *Bauhinia bonatiana* Pampan. in Nuov. Giorn. Bot. Ital. n. s. 17(1): 6, f. 1. 1910. **Isosyntype**: China. Yunnan: Kunming, 1906-06-13, F. Ducloux 412 (A).

密花羊蹄甲 *Bauhinia caterviflora* L. Chen in J. Arnold Arbor. 19(2): 129. 1938. **Holotype**: China. Yunnan: Simao, alt. 1 220 m, A. Henry 12344 (A).

棒花羊蹄甲 *Bauhinia claviflora* L. Chen in J. Arnold Arbor. 20(4): 437. 1939. **Holotype**: China. Yunnan: Che-li (=Jinghong), Menghai, Meng-soong (=Mengsong), Dah-meng-lung (=Damenglong), alt. 1 800 m, 1936-09-??, C. W. Wang 78485 (A).

李叶羊蹄甲 *Bauhinia didyma* L. Chen in J. Arnold Arbor. 19(2): 131. 1938. **Holotype**: China. Guangdong: Yeungchun (=Yangchun), 1935-11-16, C. Wang 38777 (A).

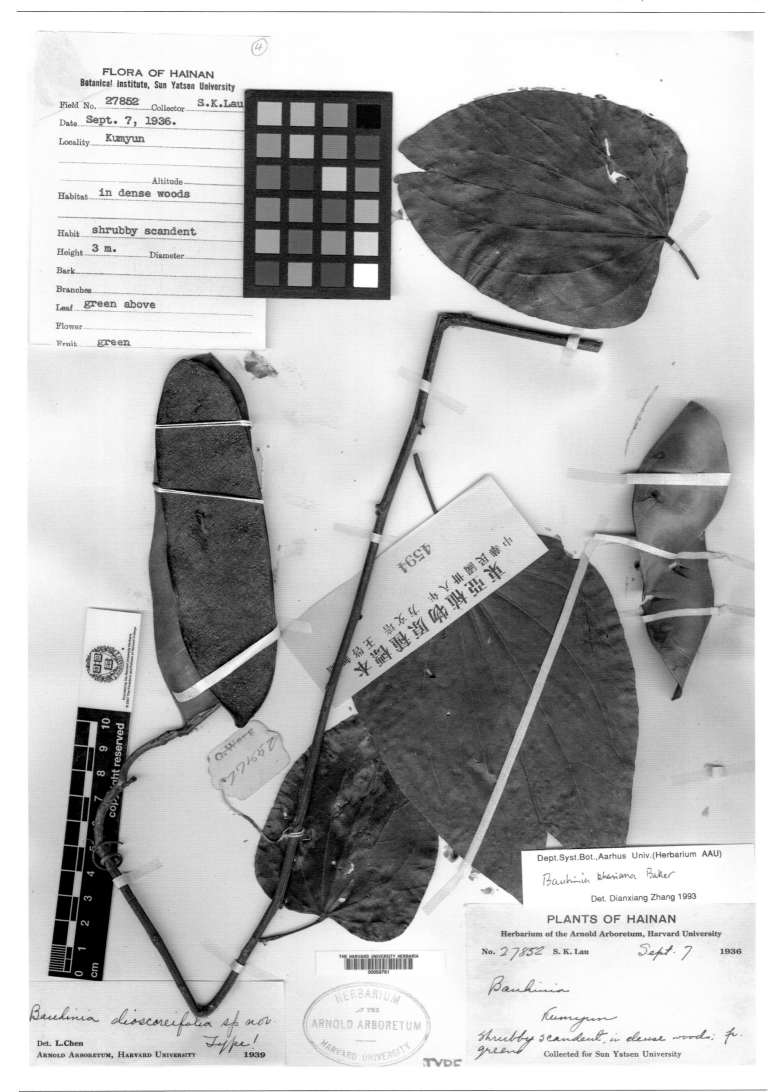

薯叶藤 *Bauhinia dioscoreifolia* L. Chen in J. Arnold Arbor. 20(4): 438. 1939. **Holotype**: China. Hainan: Dongfang, Kumyun, 1936-09-07, S. K. Lau 27852 (A).

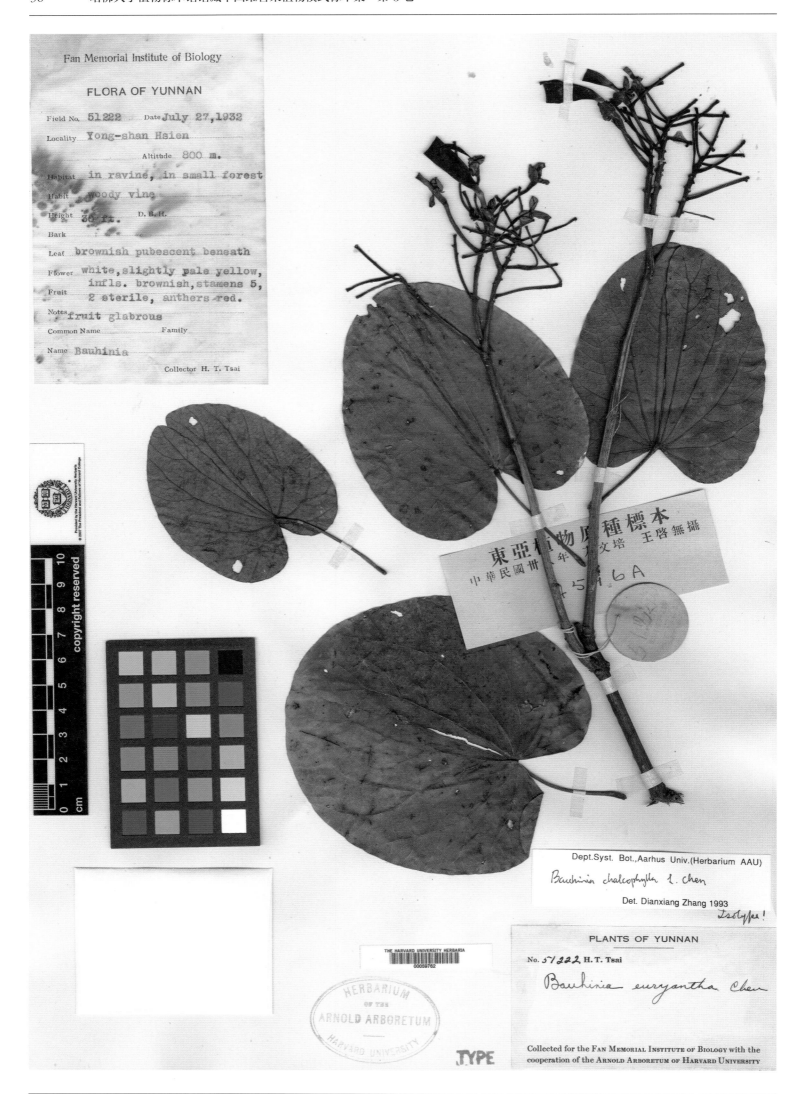

多花羊蹄甲 *Bauhinia euryantha* L. Chen in J. Arnold Arbor. 19(2): 131. 1938. **Isotype**: China. Yunnan: Yongshan, alt. 800 m, 1932-07-27, H. T. Tsai 51222 (A).

小鞍叶羊蹄甲 *Bauhinia faberi* Oliv. var. *microphylla* Oliv. ex Craib in Sargent, Pl. Wils. 2(1): 89. 1914. **Syntype:** China. Hubei: Western Hubei, Precise locality not known, A. Henry 7179 (A).

Vidi

Det. Kai Larsen & Supee Saksuwan Larsen 1993
Dept of Syst. Bot., Univ. of Aarhus (Herbarium AAU)

PLANTS OF HAINAN

Collected for The New York Botanical Garden in cooperation
with the Botanical Institute of the College of Agriculture, Sun
Yatsen University, Second and Third Hainan Expeditions.

No. 44559　　N. K. Chun & C. L. Tso　　1932-33

Bauhinia *hainanensis* Merr. & Chun n.sp.

Yaichow; alt. 100 ft.; climber,
climbing on shrubs; fl. pinkish white and
fragrant, anther deep red.

海南羊蹄甲 ***Bauhinia hainanensis*** Merr. & Chun ex L. Chen in J. Arnold Arbor. 19(2): 132. 1938. **Holotype**: China. Hainan: Yaichow (=Sanya), alt. 31 m, 1932-12-25, N. K. Chun & C. L. Tso 44559 (A).

红河羊蹄甲 *Bauhinia henryi* Craib in Bull. Misc. Inform. Kew 1913(9): 353.1913. **Isotype:** China. Yunnan: Manpan, Red River Valley, alt. 458 m, A. Henry 10175 (A).

侯氏羊蹄甲 *Bauhinia howii* Merr. & Chun in Sunyatsenia 2: 243, pl. 48. 1935. **Isotype**: China. Hainan: Yaichow (=Sanya), 1933-07-11, F. C. How 71005 (A).

Bauhinia glauca (Wall. ex Benth.)Benth. subsp. *hupehana* (Craib)T.Chen

Det. Kai Larsen & Supee Saksuwan Larsen 1990
Botanisk Institut—Aarhus Universitet (Herbarium AAU)

No. 3373　ARNOLD ARBORETUM.

EXPEDITION TO CHINA, 1907-09.

Western Hupeh.

Coll. E. H. Wilson

鄂羊蹄甲 *Bauhinia hupehana* Craib in Sargent, Pl. Wils. 2(1): 89. 1914. **Isotype:** China. Hubei: Changlo (=Zigui), alt. 305~610 m, 1907-05-??, E. H. Wilson 3373 (A).

大叶鄂羊蹄甲 *Bauhinia hupehana* Craib var. *grandis* Craib in Sargent, Pl. Wils. 2(1): 90. 1914. **Holotype:** China. Sichuan: Ebian, Wa Shan, alt. 458~915 m, 1908-(06-10)-??, E. H. Wilson 3372 (A).

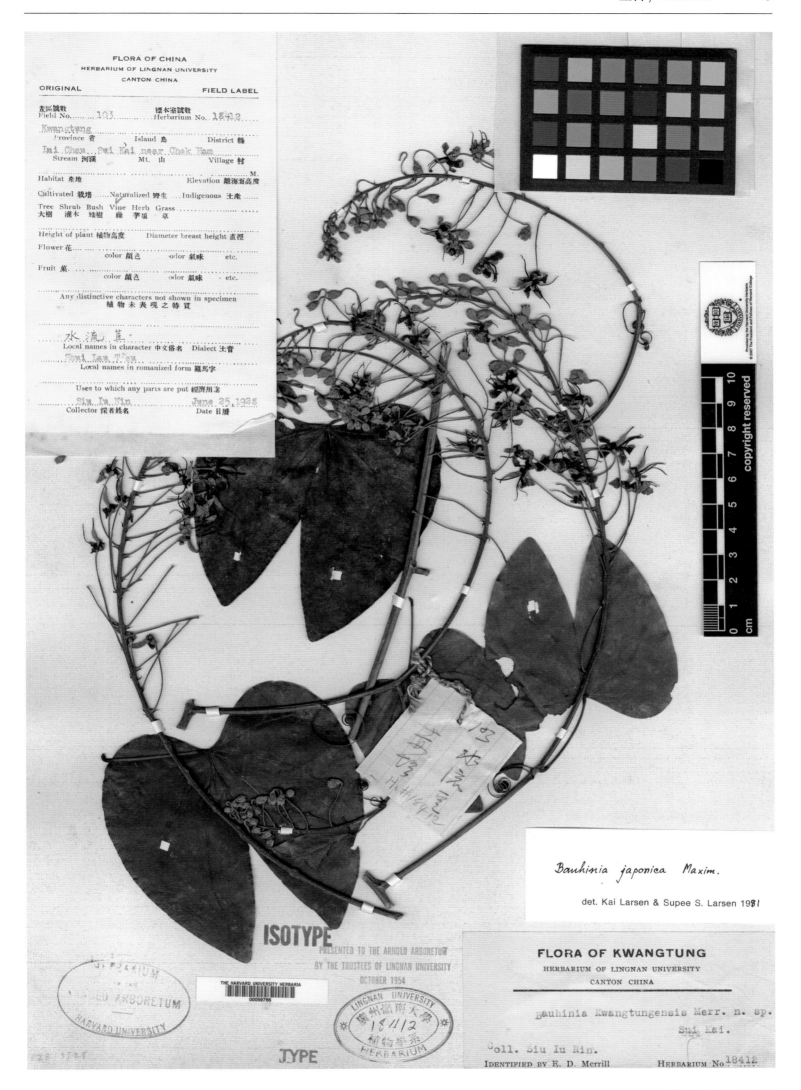

粤羊蹄甲 *Bauhinia kwantungensis* Merr. in Lingnan Sci. J. 13(1): 29. 1934. **Isotype**: China. Guangdong: Imi Chau, Sai Kai, near Chek Ham, 1928-06-25, S. I. Nin 103 (= Lingnan University 18412) (A).

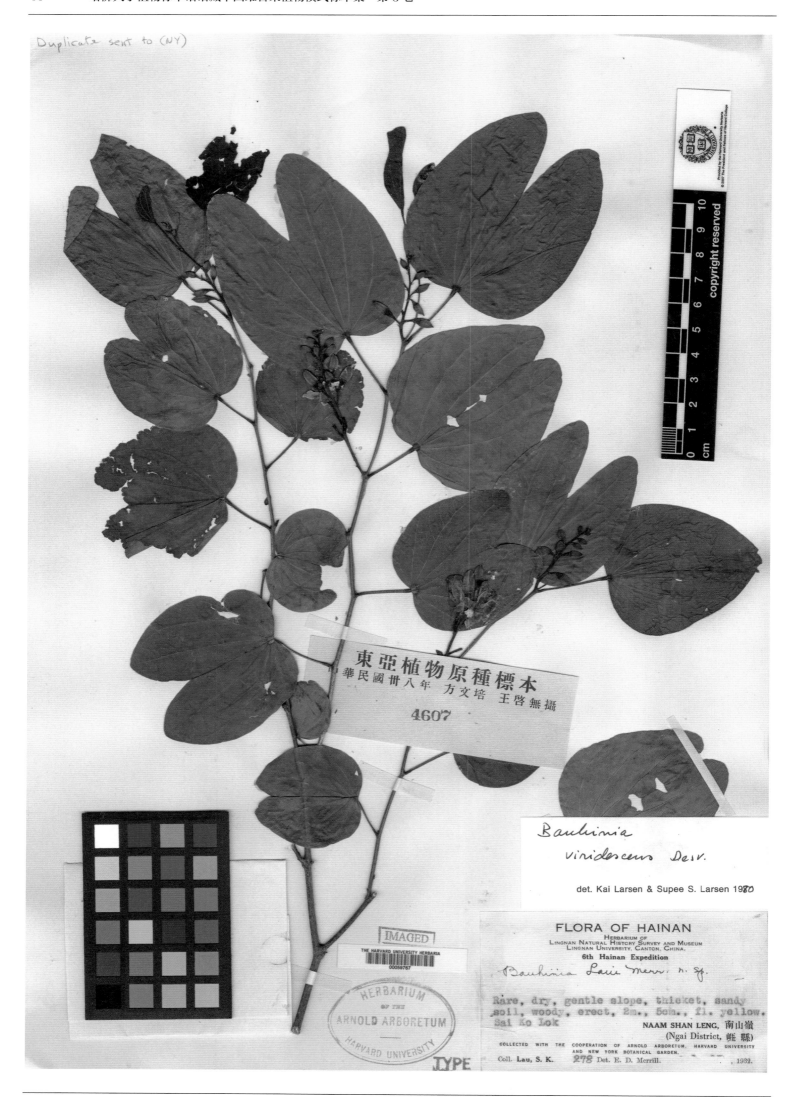

白枝羊蹄甲 ***Bauhinia laui*** Merr. in Lingnan Sci. J. 14(1): 9, f. 3. 1935. **Holotype**: China. Hainan: Ngai (=Sanya), 1932-07-17, S. K. Lau 278 (A).

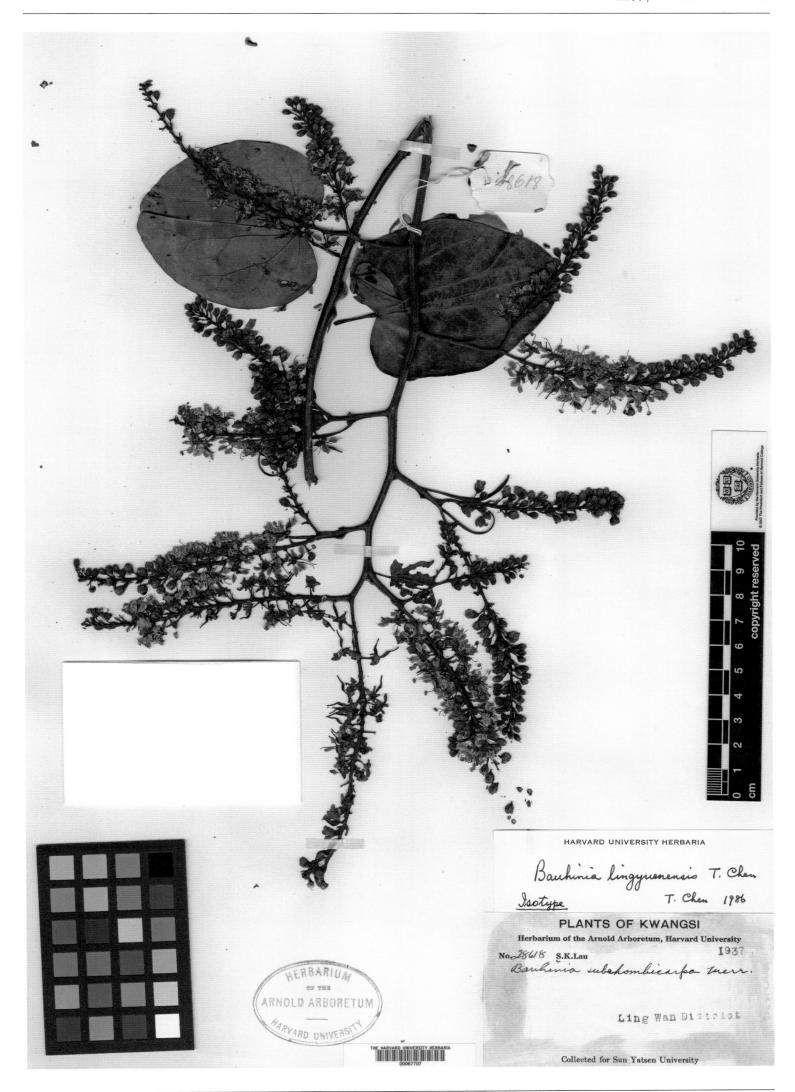

凌云羊蹄甲 *Bauhinia lingyuenensis* T. Chen in Guihaia 8(1): 45. 1988. **Isotype:** China. Guangxi: Lingwan (=Lingyun), 1937-12-13, S. K. Lau 28618 (A).

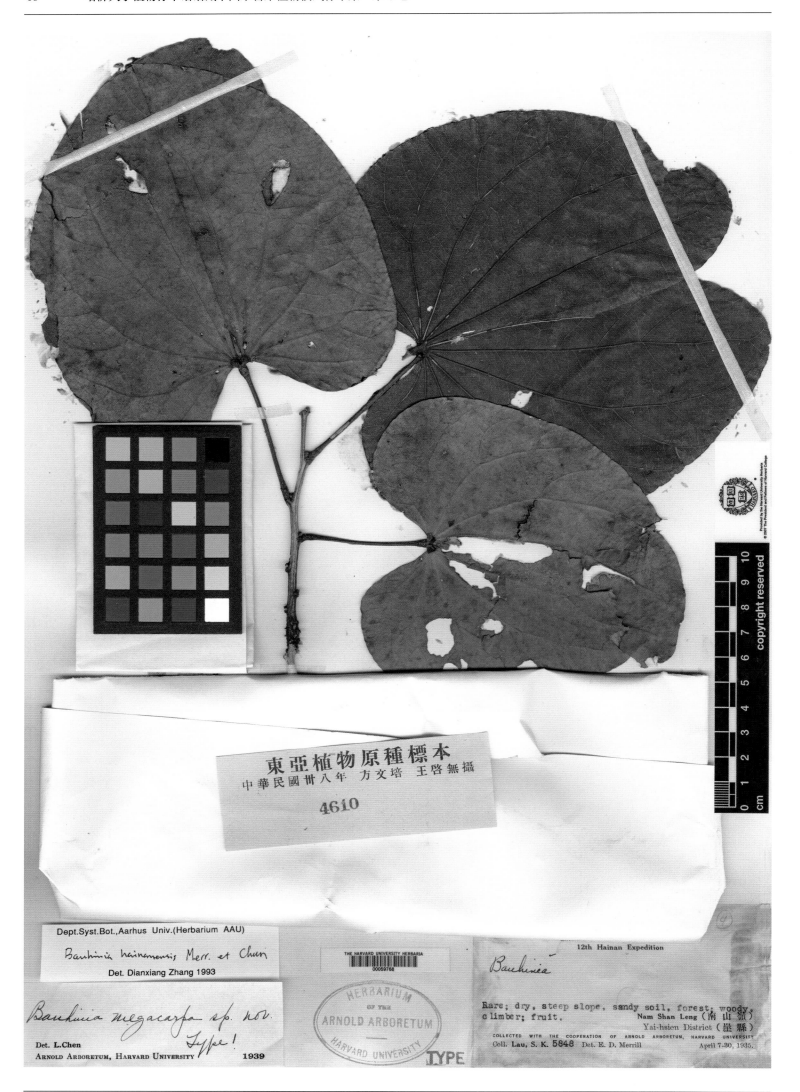

大果羊蹄甲 *Bauhinia megacarpa* L. Chen in J. Arnold Arbor. 20(4): 438. 1939. **Holotype**: China. Hainan: Yai-hsien (=Sanya), 1935-04-(07-30), S. K. Lau 5848 (A).

显脉羊蹄甲 *Bauhinia pernervosa* L. Chen in J. Arnold Arbor. 19(2): 132. 1938. **Isotype**: China. Yunnan: Southeast Yunnan, Mengtze (=Mengzi), alt. 1 525 m, A. Henry 10763 B (A).

近菱果羊蹄甲 *Bauhinia subrhombicarpa* Merr. in Lingnan Sci. J. 14(1): 9, f. 2. 1935. **Isotype**: China. Hainan: Ngai (=Sanya), 1932-08-(07-25), S. K. Lau 386 (A).

田林羊蹄甲 *Bauhinia tianlinensis* T. Chen & D. X. Zhang in Nordic J. Bot. 18(2): 141, 145, f. 2. 1998. **Isotype**: China. Guangxi: Tianlin, alt. 600 m, 1957-11-25, C. C. Chang 10961 (GH).

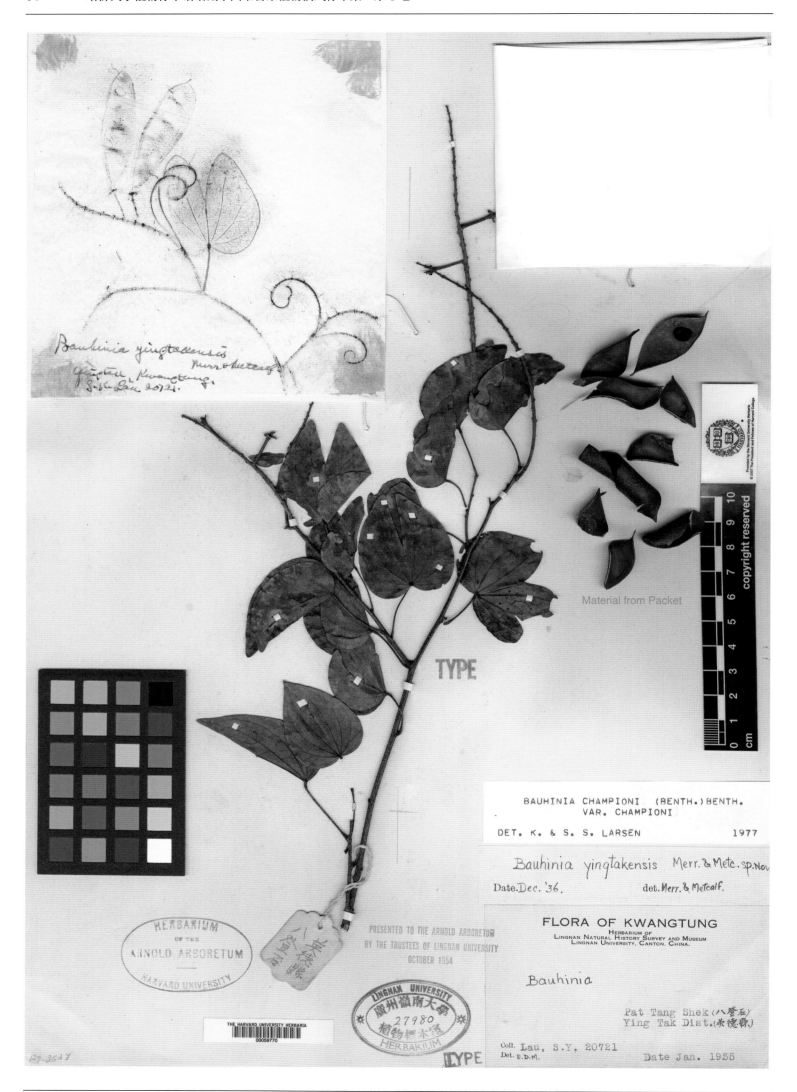

英德羊蹄甲 *Bauhinia yingtakensis* Merr. & Metc. in Lingnan Sci. J. 16(1): 85, f. 5. 1937. **Isotype:** China. Guangdong: Ying Tak (=Yingde), 1935-01-??, S. K. Lau 20721 (A).

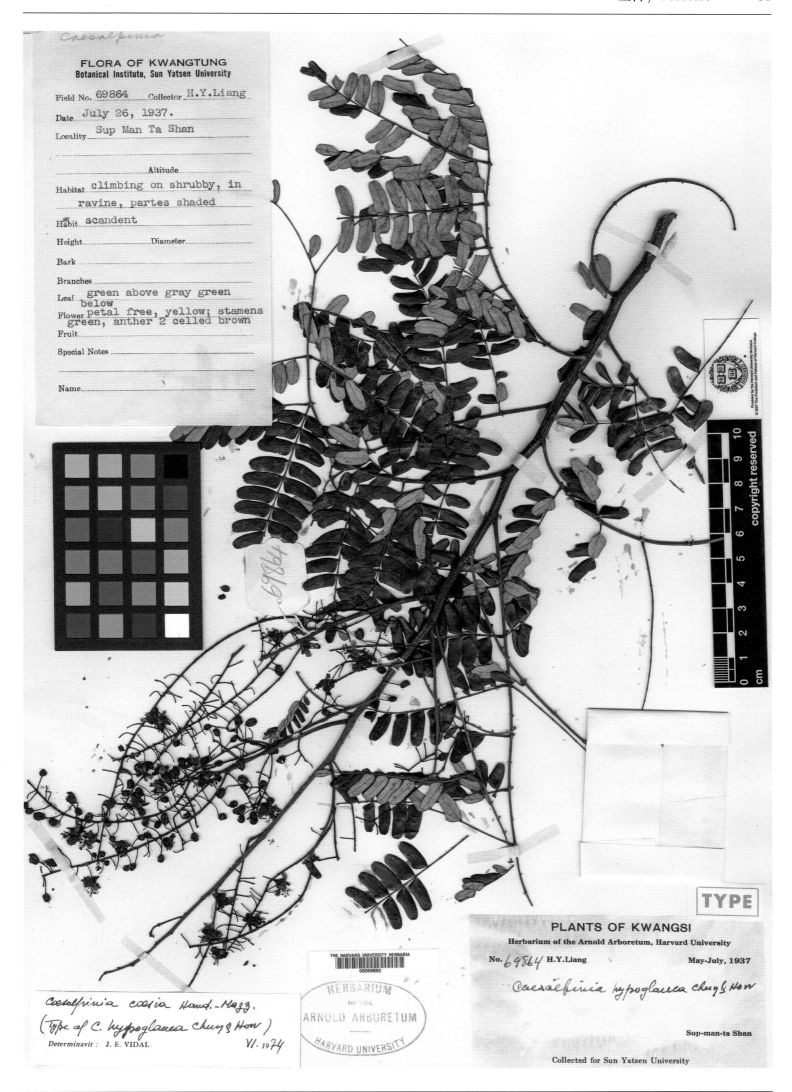

粉白苏木 *Caesalpinia hypoglauca* Chun & F. C. How in Acta Phytotax. Sin. 7(1): 20, pl. 6, f. 2. 1958. **Isotype:** China. Guangxi: Shiwan Dashan, 1937-07-26, H. Y. Liang 69864 (A).

广东云实 *Caesalpinia kwangtungensis* Merr. in J. Arnold Arbor. 8(1): 7. 1927. **Isotype:** China. Guangdong: Qujiang, 1924-07-14, Canton Christian College 12838 (A).

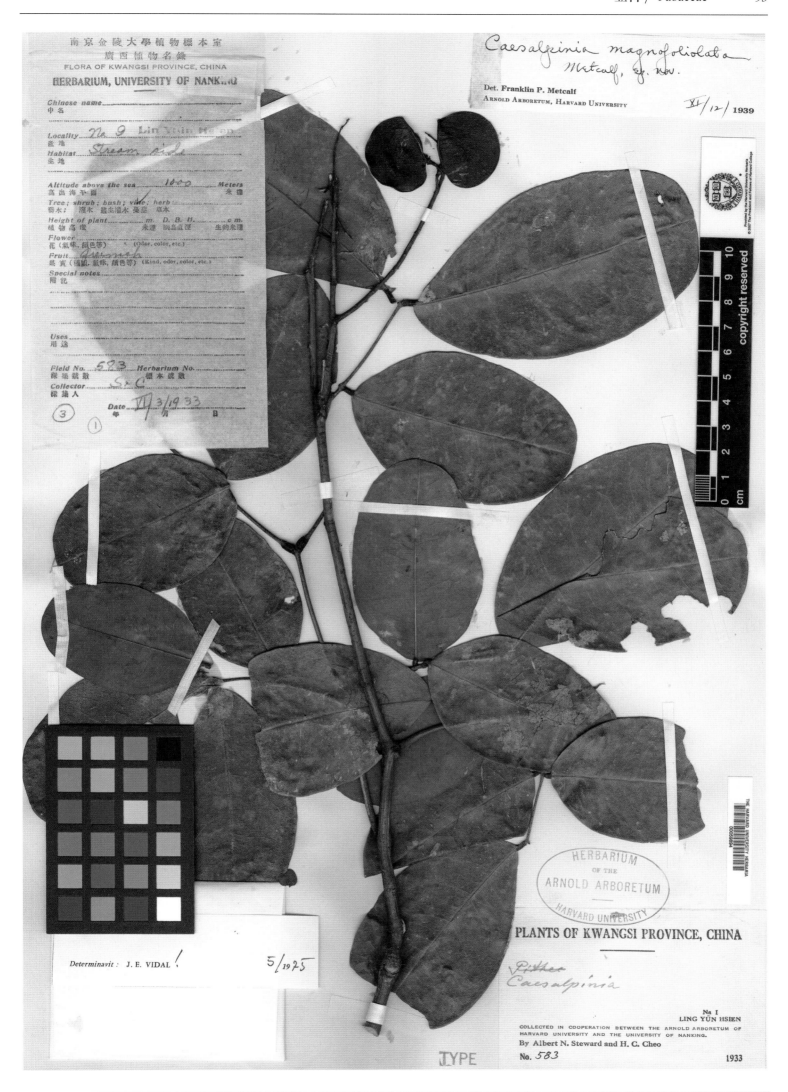

大叶云实 *Caesalpinia magnifoliolata* Metc. in Lingnan Sci. J. 19(4): 553, f. 4. 1940. **Holotype**: China. Guangxi: Lingyun, alt. 1 000 m, 1933-06-03, A. N. Steward & H. C. Cheo 583 (A).

四川云实 *Caesalpinia szechuenensis* Craib in Sargent, Pl. Wils. 2(1): 92. 1914. **Holotype:** China. Sichuan: Kiating (=Leshan), alt. 305~458 m, 1908-05-??, E. H. Wilson 3255 (A).

FLORA OF CHINA

Field No. *H.1032* Date *13/5/1929*
Locality *Chiaochénghsien,*
Shansi Altitude *3000 ft.*
Habitat
Habit
Height
Leaf
Flower
Fruit
Notes
Common Name Family
Name
Collector *W. Y. Hsia*

Material from Packet

Hsia no. 1032

Shansi-Chihli Exp.
Coll. W. Y. Hsia, 1929
No. *1032*

Type

HERBARIUM OF THE ARNOLD ARBORETUM.
HARVARD UNIVERSITY.

FLORA OF CHINA — *Shansi*

Calophaca sinica Rehd., sp. nov.

No. 1032
W. Y. Hsia

HERBARIUM
OF THE
ARNOLD ARBORETUM
HARVARD UNIVERSITY

THE HARVARD UNIVERSITY HERBARIA
00059953

丽豆 *Calophaca sinica* Rehd. in J. Arnold Arbor. 14(3): 210. 1933. **Holotype**: China. Shanxi: Jiaocheng, alt. 915 m, 1929-05-13, W. Y. Hsia 1032 (A).

Campylotropis argentea Schindl.

cited in J.Jpn.Bot. 77: 201. *Syntype*

Det.: Y.Iokawa (Joetsu University of Education, Japan)

2002.

银叶莸子梢 *Campylotropis argentea* Schindl. in Fedde, Repert. Sp. Nov. 11: 426. 1912. **Isotype**: China. Yunnan: Mengzi, alt. 1 500 m, 1912-04-26, A. Henry 10384 (A).

贵州菗子草 *Campylotropis bodinieri* Schindl. in Fedde, Repert. Sp. Nov. 11: 339. 1912. **Isosyntype**: China. Guizhou: Precise locality not known, 1898-10-24, Bodinier 2488 (A).

小托叶密脉莸子草 *Campylotropis bonii* Schindl. var. *stipellata* Iokawa & H. Ohashi in J. Japan. Bot. 79(4): 227, f. 2004.
Holotype: China. Guangxi: Pin-lam, alt. 885 m, 1935-08-26, S. P. Ko 55627 (A).

Campylotropis brevifolia Ricker

cited in J.Jpn.Bot. 77: 203.　Syntype

Det.: Y.Iokawa (Joetsu University of Education, Japan)

2002

HANDEL-MAZZETTI, ITER SINENSE 1914-1918,

sumptibus Academiae scientiarum Vindobonensis susceptum.

Nr. 5604. Campylotropis brevifolia Ricker　Type

Campylotropis

nimis incompleta

Not. ad pl. viv.: fl. intense rosei　det. (Schindler)

Prov. **SETSCHWAN** austro-occid.: In regione subtropica convallis fluminis Yalung, 27°42', in declivibus siccis inter vicos Datung et Delipu.

Substr. schistaceo ; alt. s. m. ca. 1250-1500 m.

Leg. 14.X.1914 Dr. Heinr. Frh. v. Handel-Mazzetti. (Diar. Nr. 953.)

短序梳子梢 *Campylotropis brevifolia* Rick. in J. Wash. Acad. Sci. 36(2): 37. 1946. **Holotype**: China. Sichuan: Yalung Jiang; between Datung & Delipu, alt. 1 250~1 500 m, 1914-10-14, H. Handel-Mazzetti 5604 (A).

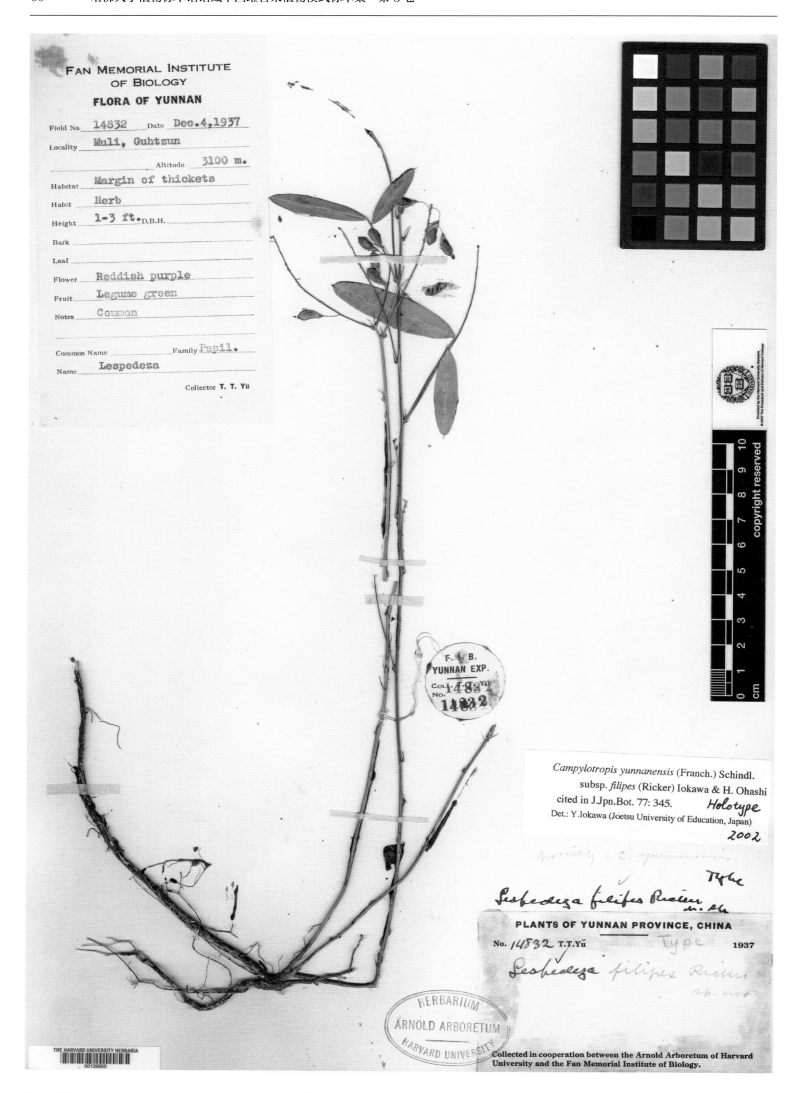

丝梗菝子草 *Campylotropis filipes* Rick. in J. Wash. Acad. Sci. 36(2): 37. 1946. **Holotype**: China. Sichuan: Muli, alt. 3 100 m, 1937-12-04, T. T. Yu 14832 (A).

Campylotropis macrocarpa (Bunge) Rehder
var. *macrocarpa* f. *macrocarpa*
cited in J.Jpn.Bot. 77: 270.
Det.: Y.Iokawa (Joetsu University of Education, Japan)
2002

DR. AUG. HENRY'S COLLECTIONS FROM
CENTRAL CHINA, 1885-88.

NO. 6508.

Prov. HUPEH.

纤枝菝子草 *Campylotropis gracilis* Rick. in J. Wash. Acad. Sci. 36(2): 38. 1946. **Holotype**: China. Hubei: Western Hubei, Precise locality not known, (1885-1888)-??-??, A. Henry 6508 (GH).

大叶菌子草 *Campylotropis grandifolia* Schindl. in Fedde, Repert. Sp. Nov. 11: 346. 1912. **Syntype**: China. Yunnan: Mile, A. Henry 9888, 9890 (A).

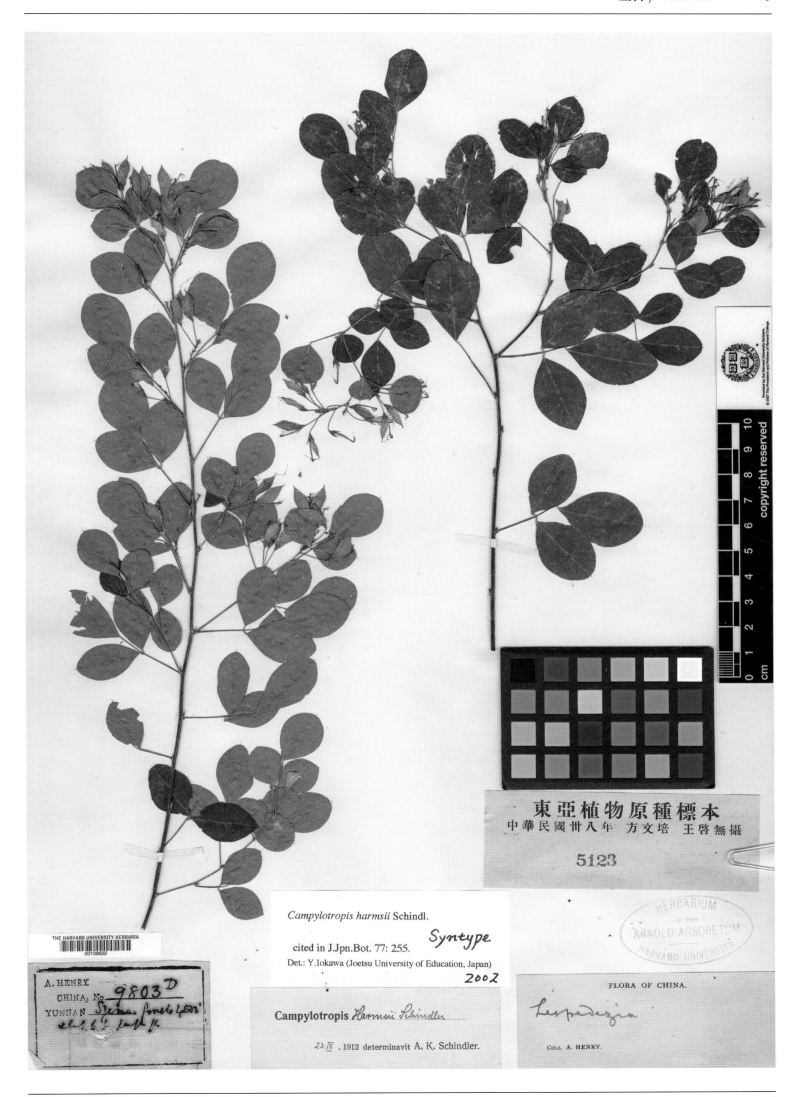

A. HENRY
CHINA, No. 9803 D
YUNNAN

東亞植物原種標本
中華民國卅八年 方文培 王啓無攝
5123

Campylotropis harmsii Schindl.

Syntype

cited in J.Jpn.Bot. 77: 255.

Det.: Y.Iokawa (Joetsu University of Education, Japan)

2002

Campylotropis Harmsii Schindler

23.IX. 1912 determinavit A. K. Schindler.

HERBARIUM
OF THE
ARNOLD ARBORETUM
HARVARD UNIVERSITY

FLORA OF CHINA.

Lespedeza

Coll. A. HENRY.

思茅菽子草 ***Campylotropis harmsii*** Schindl. in Fedde, Repert. Sp. Nov. 11: 342. 1912. **Syntype**: China. Yunnan: Simao, alt. 1 300 m, A. Henry 9803 D (A).

何思梶子草 Campylotropis hersi Rick. in J. Wash. Acad. Sci. 36(2): 38. 1946. **Holotype**: China. Northern Chihli, Nankow Pass, 1921-08-15, J. Hers 1601 (A).

莫尔托拉莸子草 *Campylotropis mortolana* Rick. in J. Wash. Acad. Sci. 36(2): 39. 1946. **Holotype**: China. Yunnan or Sichuan: Precise locality not known, cultivated at Mortola Garden in Italy, 1903-08-??, C. Schneider s. n. (A).

Campylotropis *polyantha* (Franch.) Schindl.
var. *neglecta* (Schindl.) Iokawa et H. Ohashi
in J.Jpn.Bot. 77: 319.
Holotype
.Iokawa (Joetsu University of Education, Japan)
2002

THE HARVARD UNIVERSITY HERBARIA
00219317

A. HENRY
CHINA, No. 9626
YUNNAN Mengtze, 4600'
shrub 2'-3', fruit 1/2

Campylotropis *neglecta* Schindler sp.
1.11. 1912 determinavit A. K. Schindler.

FLORA OF CHINA.
Desmodium.
Coll. A. HENRY.

蒙自莸子草 *Campylotropis neglecta* Schindl. in Fedde, Repert. Sp. Nov. 11: 340. 1912. **Holotype**: China. Yunnan: Mengzi, alt. 1 403 m, A. Henry 9626 (A).

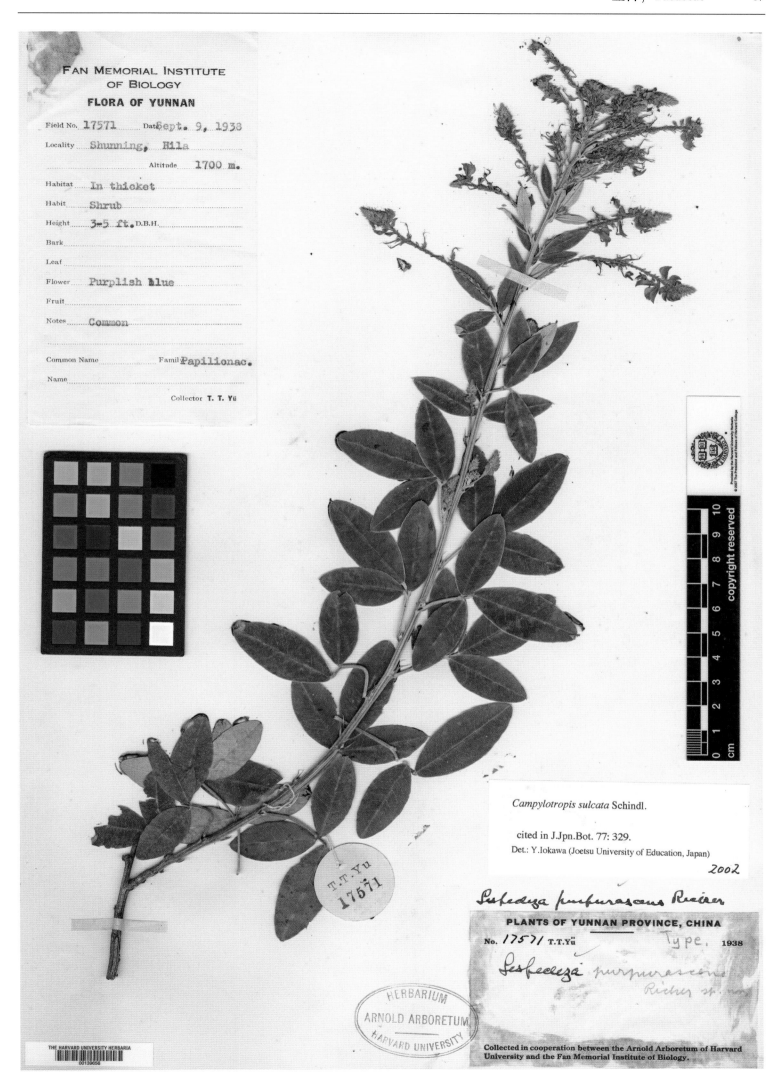

Fan Memorial Institute
OF BIOLOGY

FLORA OF YUNNAN

Field No. 17571   Date Sept. 9, 1938

Locality Shunning, Hila

Altitude 1700 m.

Habitat In thicket

Habit Shrub

Height 3-5 ft. D.B.H.

Bark

Leaf

Flower Purplish Blue

Fruit

Notes Common

Common Name   Famil Papilionac.

Name

Collector T. T. Yü

T.T.Yu 17571

Campylotropis sulcata Schindl.

cited in J.Jpn.Bot. 77: 329.

Det.: Y.Iokawa (Joetsu University of Education, Japan)

2002

Lespedeza purpurascens Rivier

PLANTS OF YUNNAN PROVINCE, CHINA

No. 17571 T.T.Yü   Type. 1938

Lespedeza purpurascen
Rivier st.

HERBARIUM
ARNOLD ARBORETUM
HARVARD UNIVERSITY

Collected in cooperation between the Arnold Arboretum of Harvard
University and the Fan Memorial Institute of Biology.

THE HARVARD UNIVERSITY HERBARIA

00139656

紫花菝子草 *Campylotropis purpurascens* Rick. in J. Wash. Acad. Sci. 36(2): 39. 1946. **Holotype**: China. Yunnan: Shunning (=Fengqing), alt. 1 700 m, 1938-09-09, T. T. Yu 17571 (A).

川西杭子梢 *Campylotropis sargentiana* Schindl. in Fedde, Repert. Sp. Nov. 11: 341. 1912. **Holotype**: China. Sichuan: Romi-chango, alt. 1 830~2 440 m, 1908-07-02, E. H. Wilson 3492 (A).

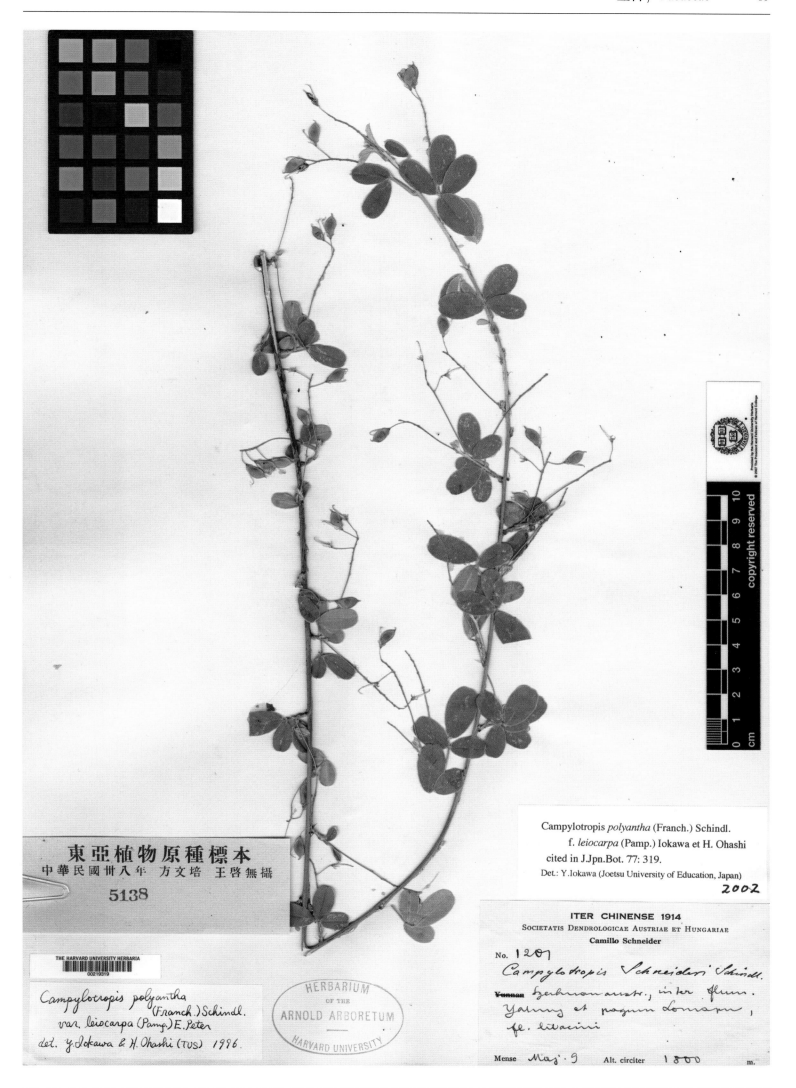

THE HARVARD UNIVERSITY HERBARIA
00219319

東亞植物原種標本
中華民國卅八年 方文培 王啓無採
5138

Campylotropis polyantha
(Franch.) Schindl.
var. leiocarpa (Pamp.) E. Peter
det. Y. Iokawa & H. Ohashi (TUS) 1996.

HERBARIUM
OF THE
ARNOLD ARBORETUM
—
HARVARD UNIVERSITY

Campylotropis *polyantha* (Franch.) Schindl.
f. *leiocarpa* (Pamp.) Iokawa et H. Ohashi
cited in J.Jpn.Bot. 77: 319.
Det.: Y.Iokawa (Joetsu University of Education, Japan)
2002

ITER CHINENSE 1914
SOCIETATIS DENDROLOGICAE AUSTRIAE ET HUNGARIAE
Camillo Schneider

No. 1201
Campylotropis Schneideri Schindl.
Yunnan Szechuan austr., inter flum.
Yalung et pagum Lomapu,
fl. lilacini

Mense Maj. 9   Alt. circiter 1800 m.

盐源莸子草 *Campylotropis schneideri* Schindl. in Fedde, Repert. Sp. Nov. 21: 20. 1925. **Isotype**: China. Sichuan: Yanyuan, Lomapu, alt. 1 800 m, 1914-05-09, C. Schneider 1201 (A).

Campylotropis

PLANTÆ SINENSES

№ 2268   Type

Lespedeza smithii Rickr

Prov. Sze-ch'uan, reg. bor. prope Ta-tien, ad austr. versus in fruticetis apricis. ca. 2000 m. s. m.; 19 2/7 22.

Det.   leg. HARRY SMITH
                                                        Universitas Regia Upsaliensis.

Campylotropis macrocarpa (Bunge) Rehder
var. macrocarpa f. macrocarpa
cited in J.Jpn.Bot. 77: 270.
Det.: Y.Iokawa (Joetsu University of Education, Japan)
2002.

四川菽子草*Campylotropis smithii* Rick. in J. Wash. Acad. Sci. 36(2): 40. 1946. **Holotype**: China. Sichuan: Ta-tien, alt. 2 000 m, 1922-07-02, H. Smith 2268 (A).

FLORA OF YUNNAN

Field No. 70331　　Date　Sept. 1935

Locality 德欽設治局 (A-tun-tze)

Altitude 2700 m.

Habitat Mountain slope

Habit woody plants

Height　　　　D.B.H.

Bark

Leaf

Flower light purple

Fruit

Notes

Common Name　　Family leg.

Name

Collector 王啓無 C. W. Wang

Campylotropis polyantha (Franch.) Schindl.

var. *polyantha* f. *polyantha*

cited in J.Jpn.Bot. 77: 318.

Det.: Y.Iokawa (Joetsu University of Education, Japan)

2002.

Lespedeza wangii Rieux n au

PLANTS OF YUNNAN PROVINCE, CHINA

No. 70331　C.W.Wang　　Type　1935-36

Campylotropis

(Lespedeza wangii Rickes

Collected in cooperation between the Arnold Arboretum of Harvard
University and the Fan Memorial Institute of Biology.

THE HARVARD UNIVERSITY HERBARIA
00139658

HERBARIUM
ARNOLD ARBORETUM
HARVARD UNIVERSITY

德钦桃子草 *Campylotropis wangii* Rick. in J. Wash. Acad. Sci. 36(2): 40. 1946. **Holotype**: China. Yunnan: A-tun-tze (=Dêqên),
alt. 2 700 m, 1935-09-??, C. W. Wang 70331(A).

小叶菜子草 *Campylotropis wilsonii* Schindl. in Fedde, Repert. Sp. Nov. 11: 343. 1912. **Isosyntype**: China. Sichuan: Mao Xian, Min Valley, alt. 1 525 m, 1903-08-23, E. H. Wilson 3387 a (A).

毛掌叶锦鸡儿 *Caragana leveillei* Kom. in Trudy Imp. St.-Peterb. Bot. Sada 29: 207, pl. 5A. 1909. **Isosyntype**: China. Hebei: Tchao-Tchao, 1905-05-07, L. Chanet 21 (A).

HERBARIUM OF THE ARNOLD ARBORETUM.
HARVARD UNIVERSITY.

Caragana reticulata Rehd.
sp. nov.

Caragana sp. nov.
specimen No 410
date : May 22,1919
locality : Yungning,Tsiliping
n. Honan
altitude : about 1100 m.
name : yeh pien tow " wild beans"
J. Hers. 野扁豆

Holotype
Caragana reticulata Rehder
J. Arnold Arbor. 7: 169. 1926.

D. E. BOUFFORD   1 June 2006
HARVARD UNIVERSITY HERBARIA

网脉锦鸡儿 *Caragana reticulata* Rehd. in J. Arnold Arbor. 7(3): 169. 1926. **Holotype**: China. Henan: Yungning (=Luoning), alt. 1 100 m, 1919-05-22, J. Hers 410 (A).

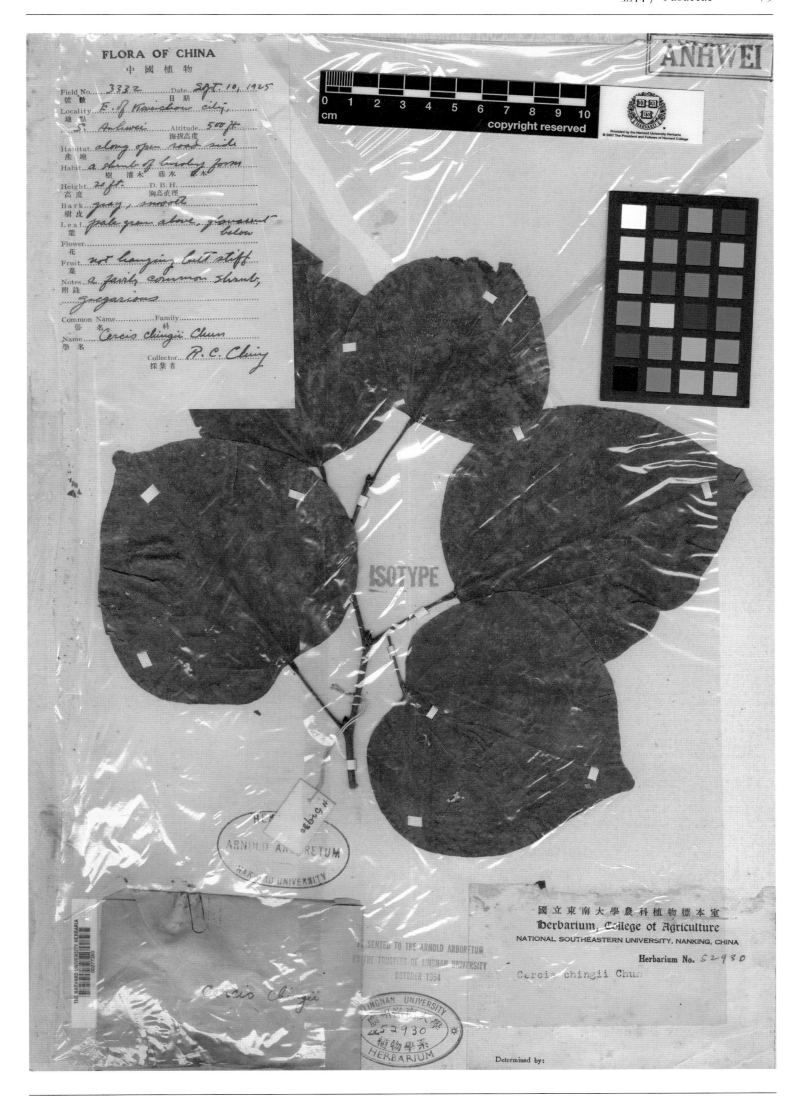

黄山紫荆 *Cercis chingii* Chun in J. Arnold Arbor. 8(1): 20. 1927. **Syntype:** China. Anhui: Huang Shan, Kweichow (=Huizhou), alt. 153 m, 1925-09-10, R. C. Ching 3332 (A).

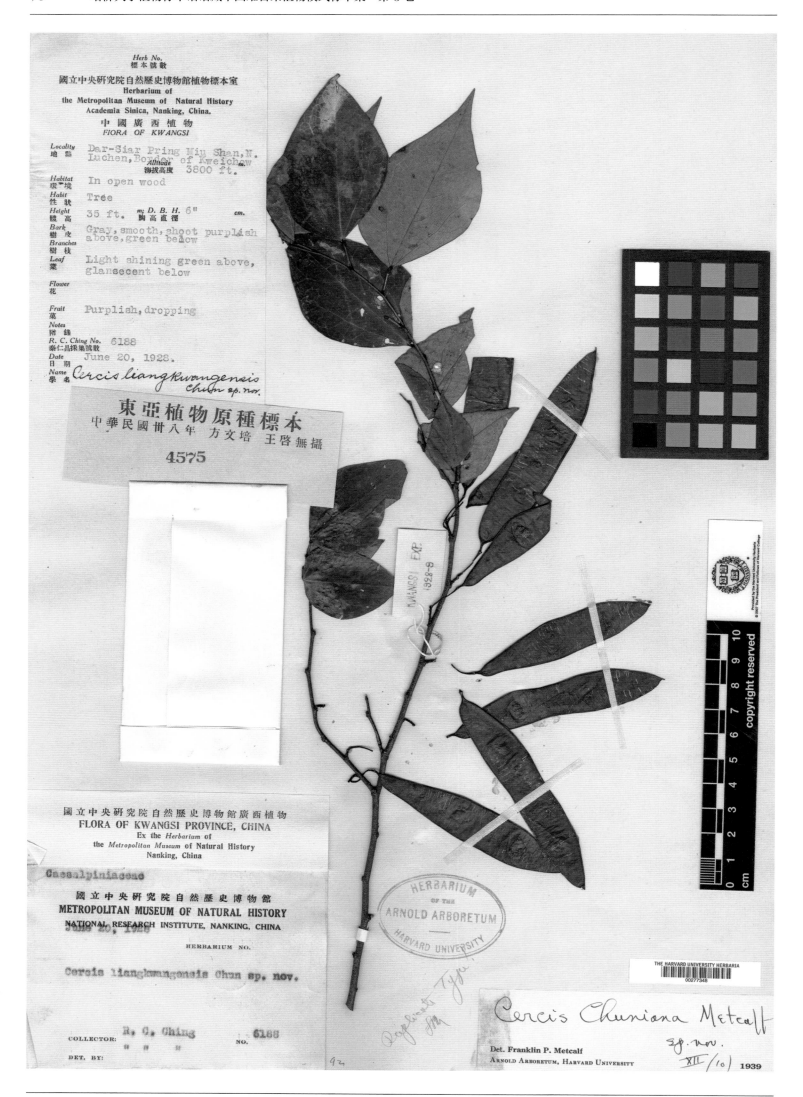

广西紫荆 *Cercis chuniana* Metc. in Lingnan Sci. J. 19(4): 551, f. 2. 1940. **Syntype**: China. Guangxi: Luocheng, alt. 1 159 m, 1928-06-20, R. C. Ching 6188 (A).

少花紫荆 *Cercis pauciflora* H. L. Li in Bull. Torrey Bot. Club 71(4): 425. 1944. **Holotype**: China. Sichuan: Emeishan, Emei Shan, alt. 800~1 600 m, 1937-10-??, Y. S. Liu 1700 (A).

DR. AUG. HENRY'S COLLECTIONS FROM
CENTRAL CHINA, 1885-88.

NO. 5602.

Cercis racemosa, Oliv. n.sp

Prov. SZECHWAN.

isoholotype

垂丝紫荆 *Cercis racemosa* Oliv. in Hook. Icon. Pl. 19(4): pl. 1894. 1889. **Isotype**: China. Chongqing: Wushan, A. Henry 5602 (A).

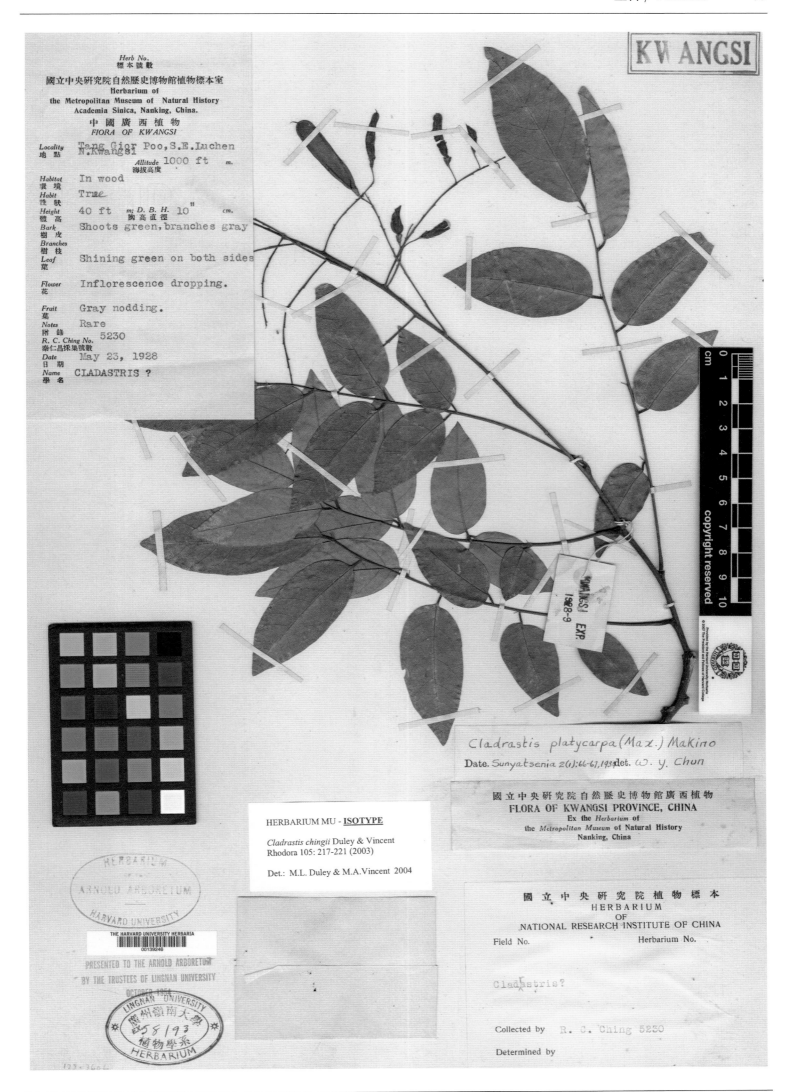

仁昌香槐 *Cladrastis chingii* Duley & Vincent in Rhodora 105: 217, f. 7. 2003. **Isotype**: China. Guangxi: Luocheng, alt. 305 m, 1928-05-23, R. C. Ching 5230 (A).

小花香槐 *Cladrastis sinensis* Hemsl. in J. Linn. Soc. Bot. 29: 304. 1892. **Isotype:** China. Sichuan: Kangding, alt. 2 745~4 118 m, 1890-12-??, A. E. Pratt 129 (GH).

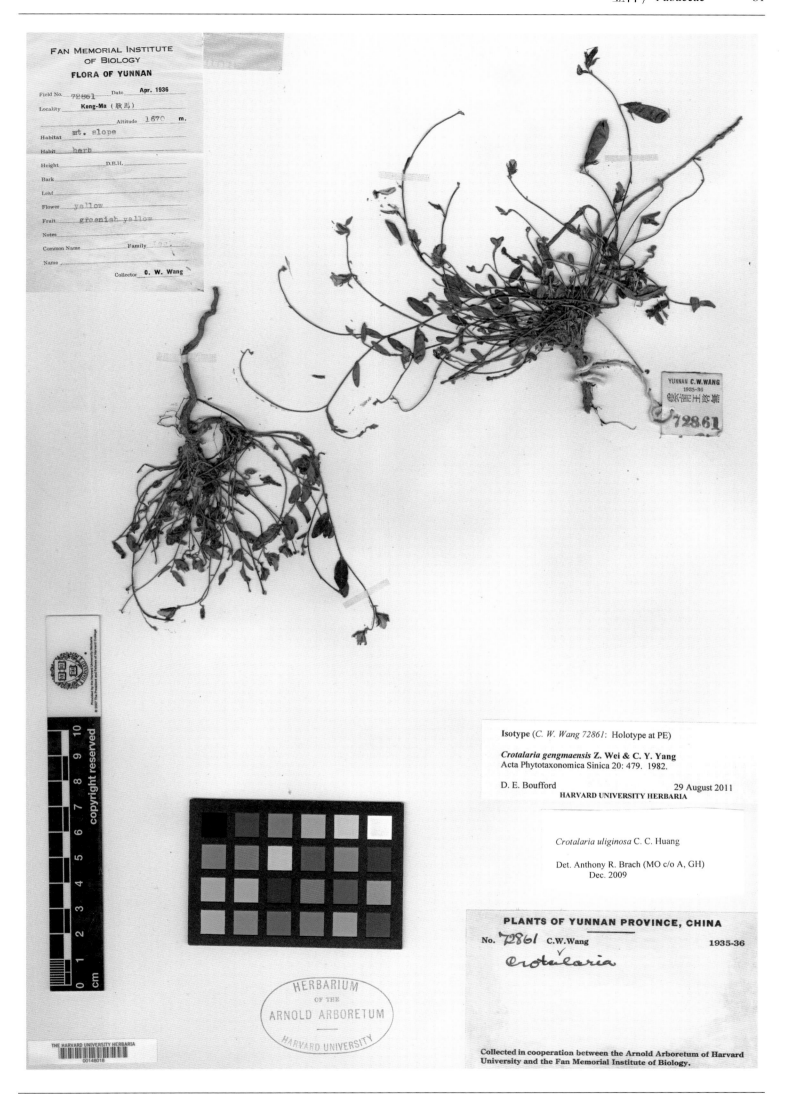

YUNNAN C.W.WANG
1935-36
皇家植王家藏
72861

copyright reserved

cm

Isotype (*C. W. Wang 72861*: Holotype at PE)

***Crotalaria gengmaensis* Z. Wei & C. Y. Yang**
Acta Phytotaxonomica Sinica 20: 479. 1982.

D. E. Boufford　　　　　　　29 August 2011
HARVARD UNIVERSITY HERBARIA

Crotalaria uliginosa C. C. Huang

Det. Anthony R. Brach (MO c/o A, GH)
Dec. 2009

PLANTS OF YUNNAN PROVINCE, CHINA

No. 72861　C.W.Wang　　　　　1935-36

Crotalaria

Collected in cooperation between the Arnold Arboretum of Harvard
University and the Fan Memorial Institute of Biology.

耿马猪屎豆 ***Crotalaria gengmaensis*** Z. Wei & C. Y. Yang in Acta Phytotax. Sin. 20(4): 479, f. 1: 7–12. 1982. **Holotype**:
China. Yunnan: Gengma, alt. 1 670 m, 1936-04-??, C. W. Wang 72861 (A).

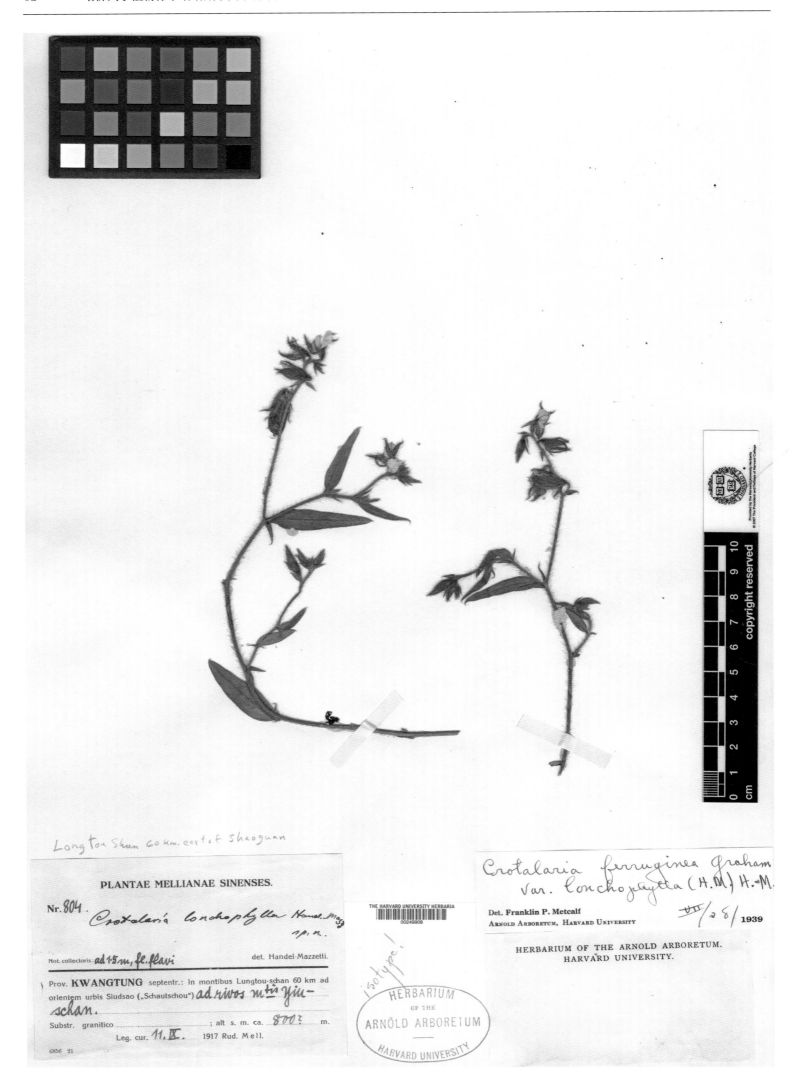

矛叶猪屎豆 *Crotalaria lonchophylla* Hand.-Mazz. in Anz. Akad. Wiss. Wien. Math.-Nat. 59: 56. 1922. **Isotype**: China. Guangdong: Qujiang, Longtou Shan, 1917-09-11, Mell 804 (A).

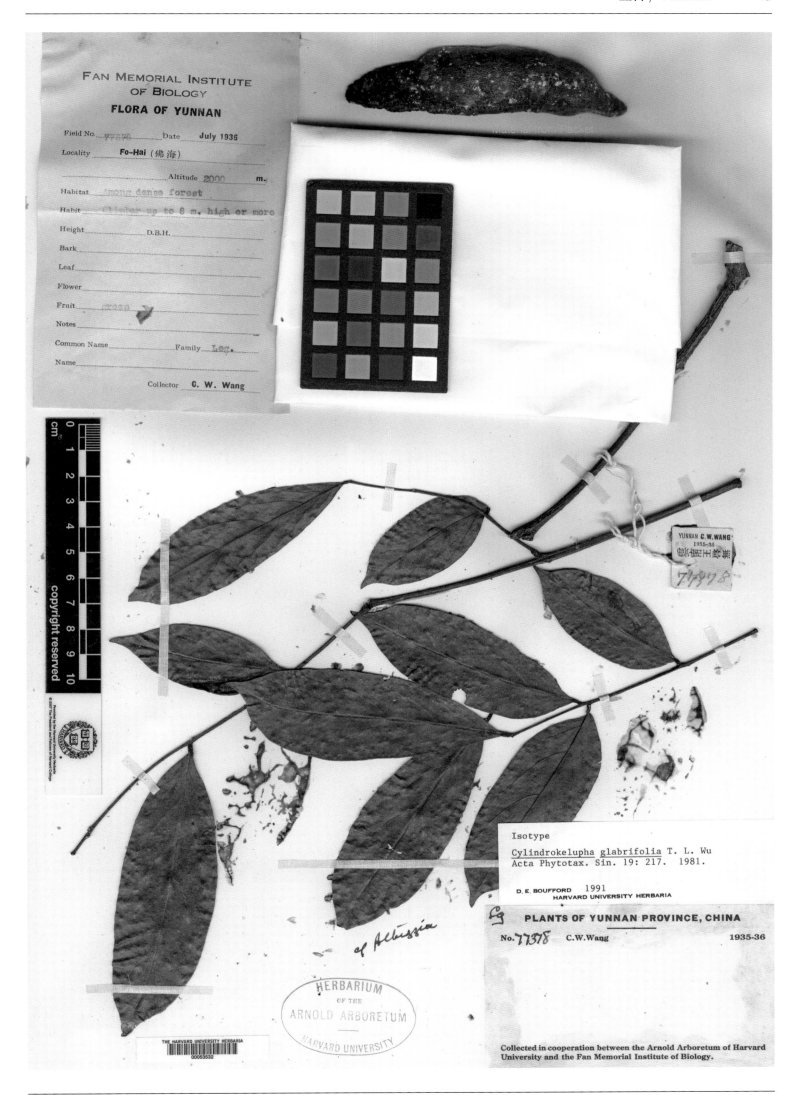

光叶棋子豆 *Cylindrokelupha glabrifolia* T. L. Wu in Acta Phytotax. Sin. 19(2): 217, pl. 8: 2. 1981. **Isotype**: China. Yunnan: Fo-Hai (=Menghai), alt. 2 000 m, 1936-07-??, C. W. Wang 77378 (A).

Syntype (Henry 3437, 4132, 4138, 4561, 10503,
Farges 1076 cited)
Dalbergia dyeriana Prain ex Harms
J. Asiat. Soc. Bengal 70(2): 44. 1901.

1 November 2007

D. E. BOUFFORD
HARVARD UNIVERSITY HERBARIA

A. HENRY
CHINA, No. 10,503
YUNNAN Mengtze, mt. forests
5500'- large climbing climb-
yellowish fls.

THE HARVARD UNIVERSITY HERBARIA
00148088

HERBARIUM
OF THE
ARNOLD ARBORETUM
HARVARD UNIVERSITY

FLORA OF CHINA.

Dalbergia Dyeriana Prain

Coll. A. HENRY.

大金刚藤 *Dalbergia dyeriana* Prain ex Harms in J. Asiat. Soc. Beng. Part. 2, Nat. Hist. 70: 44. 1901. **Isosyntype**: China. Yunnan: Mengzi, alt. 1 678 m, A. Henry 10503 (A).

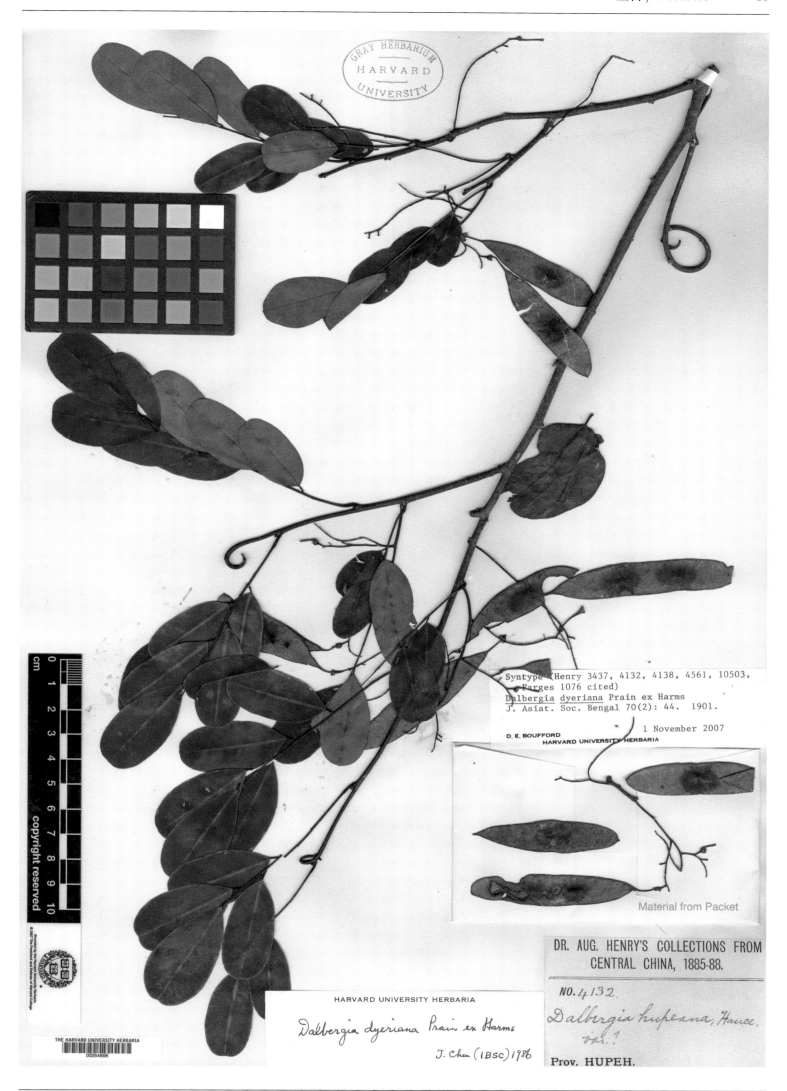

Syntype (Henry 3437, 4132, 4138, 4561, 10503,
Farges 1076 cited)
Dalbergia dyeriana Prain ex Harms
J. Asiat. Soc. Bengal 70(2): 44. 1901.

D. E. BOUFFORD　　　　　　　　　　　　1 November 2007
HARVARD UNIVERSITY HERBARIA

Material from Packet

DR. AUG. HENRY'S COLLECTIONS FROM
CENTRAL CHINA, 1885-88.

NO.4132.

Dalbergia hupeana, Hance.
va. 1

Prov. HUPEH.

HARVARD UNIVERSITY HERBARIA

Dalbergia dyeriana Prain ex Harms

J. Chen (IBSC) 1986

THE HARVARD UNIVERSITY HERBARIA
00254896

大金刚藤 *Dalbergia dyeriana* Prain ex Harms in J. Asiat. Soc. Beng. Part 2, Nat. Hist. 70: 44. 1901. **Isosyntype**: China. Hubei: Western Hubei, Precise locality not known, (1885-1888)-??-??, A. Henry 4132 (GH).

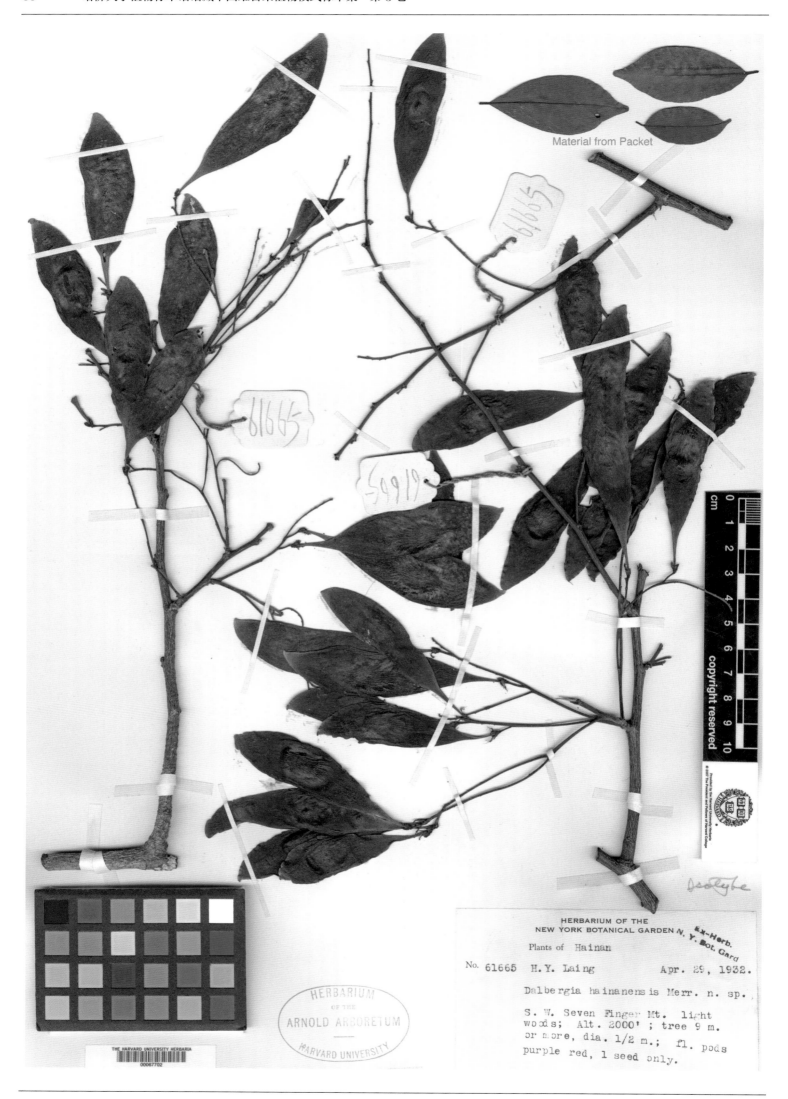

Material from Packet

HERBARIUM OF THE
NEW YORK BOTANICAL GARDEN N. Y. Bot. Gard

Plants of Hainan

No. 61665   H. Y. Laing   Apr. 29, 1932.

Dalbergia hainanensis Merr. n. sp.

S. W. Seven Finger Mt. light
woods; Alt. 2000'; tree 9 m.
or more, dia. 1/2 m.; fl. pods
purple red, 1 seed only.

海南黄檀 *Dalbergia hainanensis* Merr. & Chun in Sunyatsenia 2(1): 32. 1934. **Isotype**: China. Hainan: Lingshui, Seven Finger Mt., alt. 610 m, 1932-04-29, H. Y. Liang 61665 (A).

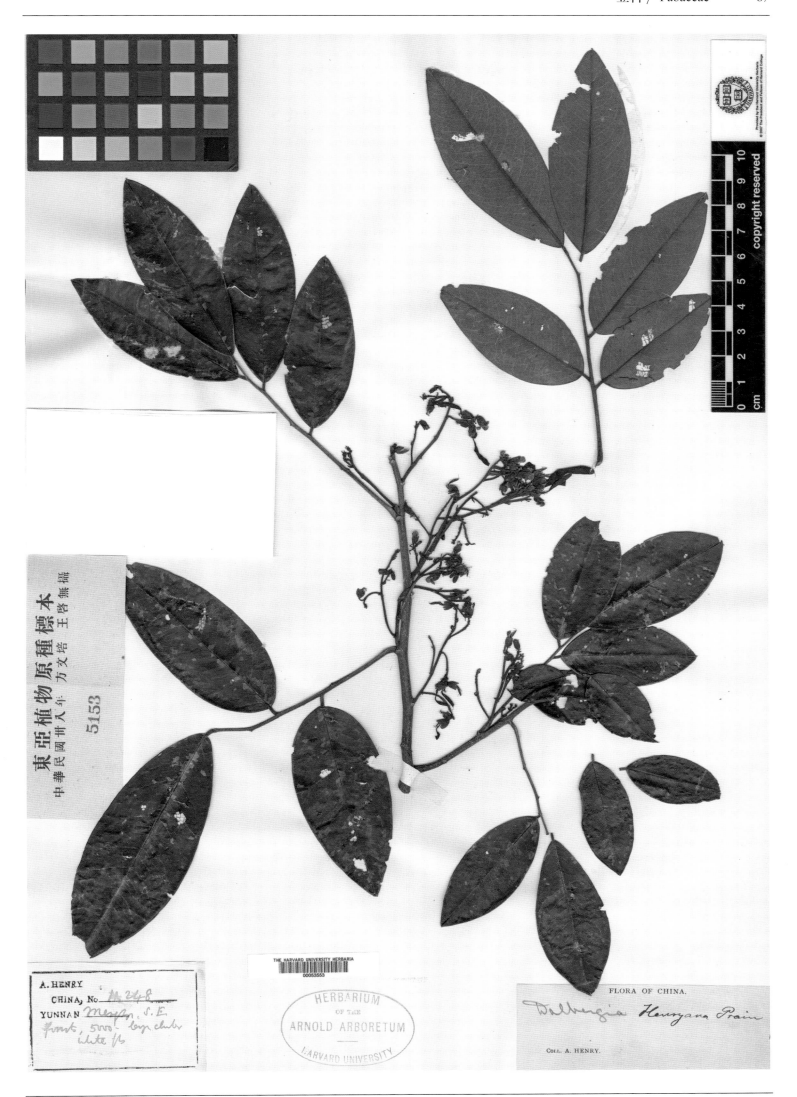

蒙自黄檀 *Dalbergia henryana* Prain in J. Asiat. Soc. Beng. Part 2, Nat. Hist. 70: 46. 1901. **Isotype**: China. Yunnan: Mengzi, alt. 1 525 m, A. Henry 11248 (A).

降香黄檀 *Dalbergia odorifera* T. Chen in Acta Phytotax. Sin. 8(4): 351. 1963. **Isotype**: China. Hainan: Kan-en (=Dongfang), 1934-04-28, S. K. Lau 3879 (A).

白沙黄檀 *Dalbergia peishaensis* Chun & T. Chen in Acta Phytotax. Sin. 7(1): 24, pl. 8, f. 2. 1958. **Isotype**: China. Hainan: Baisha, 1936-04-19, S. K. Lau 26326 (A).

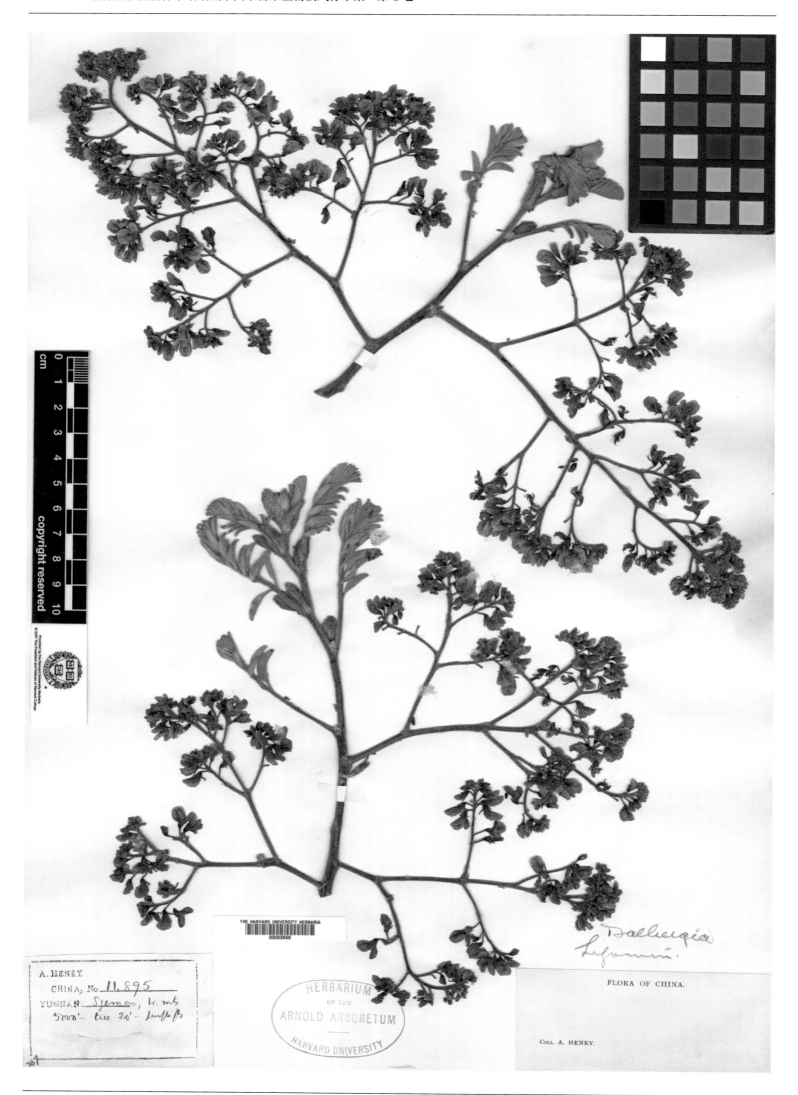

思茅黄檀 *Dalbergia szemaoensis* Prain in Ann. Roy. Bot. Gard. (Calcutta) 10(1): 91. 1904. **Isotype**: China. Yunnan: Simao, alt. 1 525 m, A. Henry 11895 (A).

红果黄檀 *Dalbergia tsoi* Merr. & Chun in Sunyatsenia 2: 244, pl. 49. 1935. **Isotype**: China. Hainan: Baoting, alt. 519 m, 1932-08-22, N. K. Chun & C. L. Tso 43634 (A).

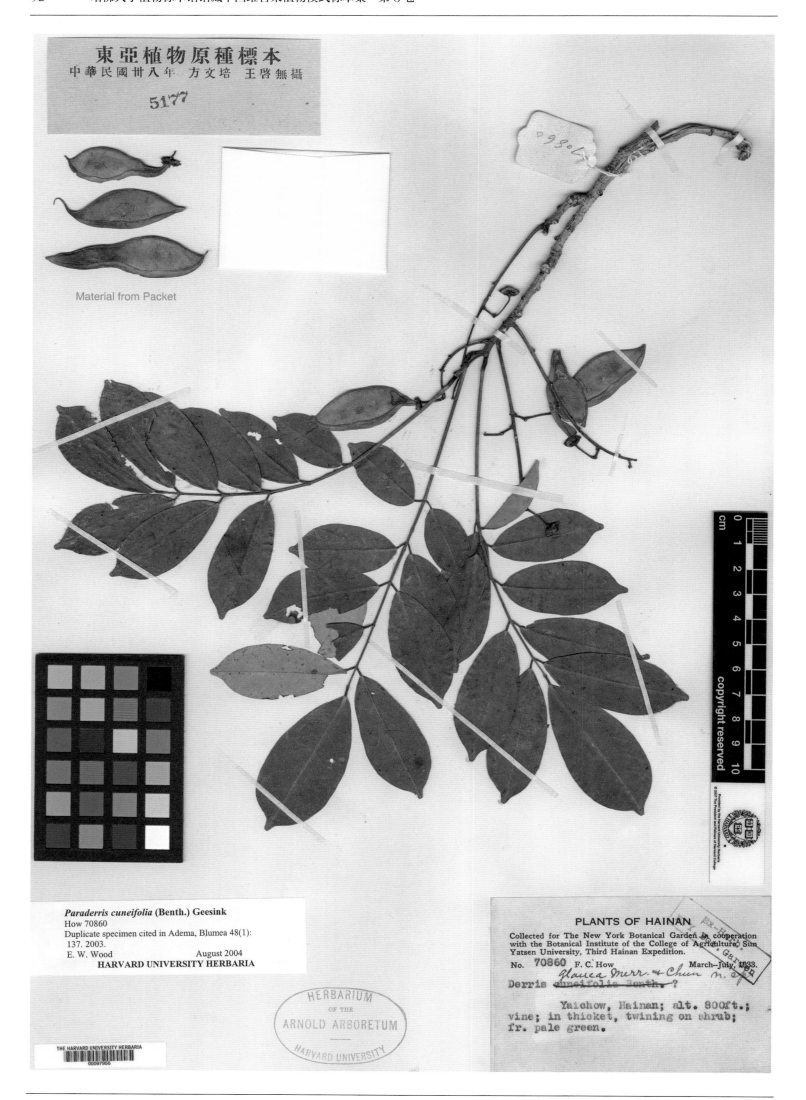

粉叶鱼藤 *Derris glauca* Merr. & Chun in Sunyatsenia 2: 246, pl. 50. 1935. **Isotype**: China. Hainan: Yaichow (=Sanya), alt. 244 m, 1933-06-04, F. C. How 70860 (A).

Desmodium *forrestii Schindl.*
Isotype

Repert. Sp. nov. 22:267. 1926
Det. Bernice G. Schubert *368.*   *March, 1964*

D. *tiliifolium (D.Don) Wall.*
var. *rhabdocladum (Franch.) Schindl.*

PLANTS OF E. TIBET AND S.W. CHINA.
COLLECTED BY GEORGE FORREST.
COLLECTOR FOR A. K. BULLEY of NESS, NESTON, CHESHIRE.

4226.
Desmodium rhabocladum Fr.
Tali Range
W. Yunnan, China

EX HERBARIO
HORTI REGII BOTANICI
EDINENSIS

THE HARVARD UNIVERSITY HERBARIA
00053819

大理山蚂蝗 *Desmodium forrestii* Schindl. in Notes Roy. Bot. Gard. Edinb. 15: 131. 1926. **Isotype**: China. Yunnan: Dali, alt. 2 100~2 700 m, 1906-(08-09)-??, G. Forrest 4226 (A).

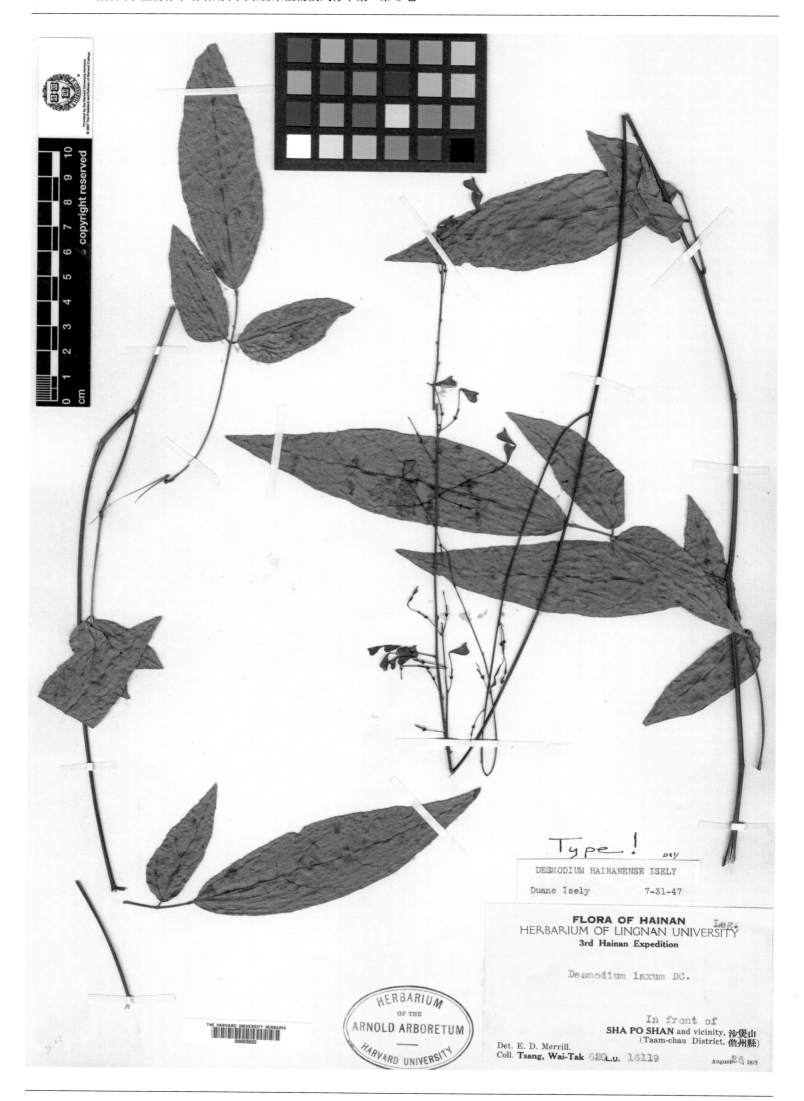

海南山蚂蝗 *Desmodium hainanense* Isely in Brittonia 7(3): 206, f. 2, 27. 1951. **Holotype**: China. Hainan: Taam-chau (=Danzhou), 1927-08-26, W. T. Tsang 620 (A).

盐源山蚂蝗 *Desmodium handelii* Schindl. in Anz. Akad. Wiss. Wien, Math.-Nat. 62: 234. 1925. **Isotype**: China. Sichuan: Yanyuan, Lumapu, alt. 1 750 m, 1914-05-10, H. Handel-Mazzetti 428 (=2113) (A).

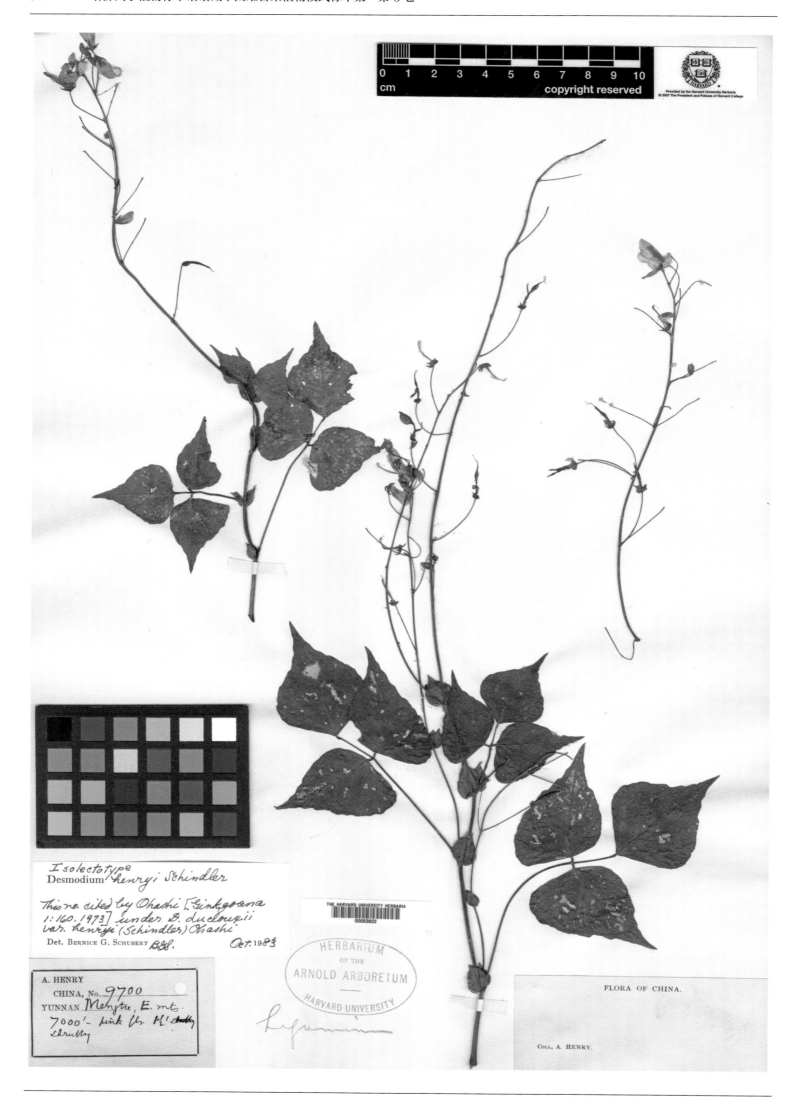

亨利山蚂蝗 *Desmodium henryi* Schindl. in Fedde, Repert. Sp. Nov. 22: 260. 1926. **Isosyntype**: China. Yunnan: Mengzi, alt. 2 135 m, A. Henry 9700 (A).

亨利镰扁豆 **Dolichos henryi** Harms in Fedde, Repert. Sp. Nov. 17: 137. 1921. **Isotype**: China. Yunnan: Yuanjiang, Red River Valley, Manpan, alt. 305 m, A. Henry 10132 (A).

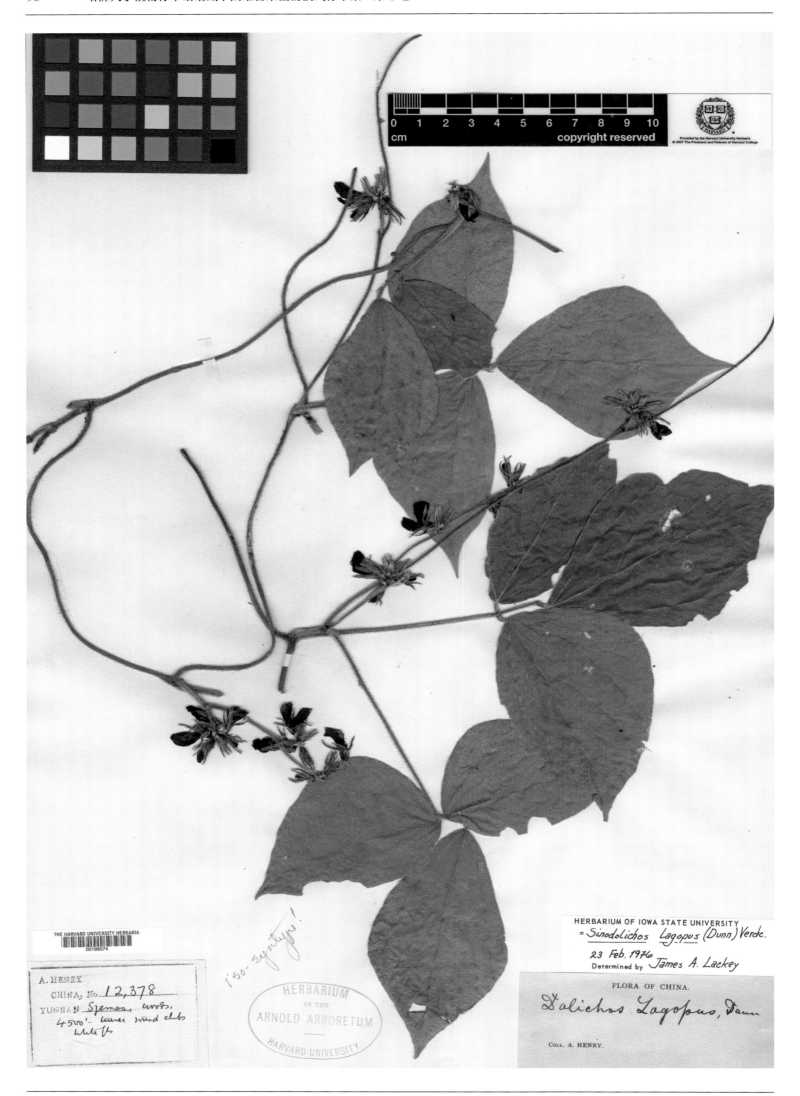

华扁豆 *Dolichos lagopus* Dunn in J. Linn. Soc. Bot. 35: 490. 1903. **Isosyntype**: China. Yunnan: Simao, alt. 1 373 m, A. Henry 12378 (A).

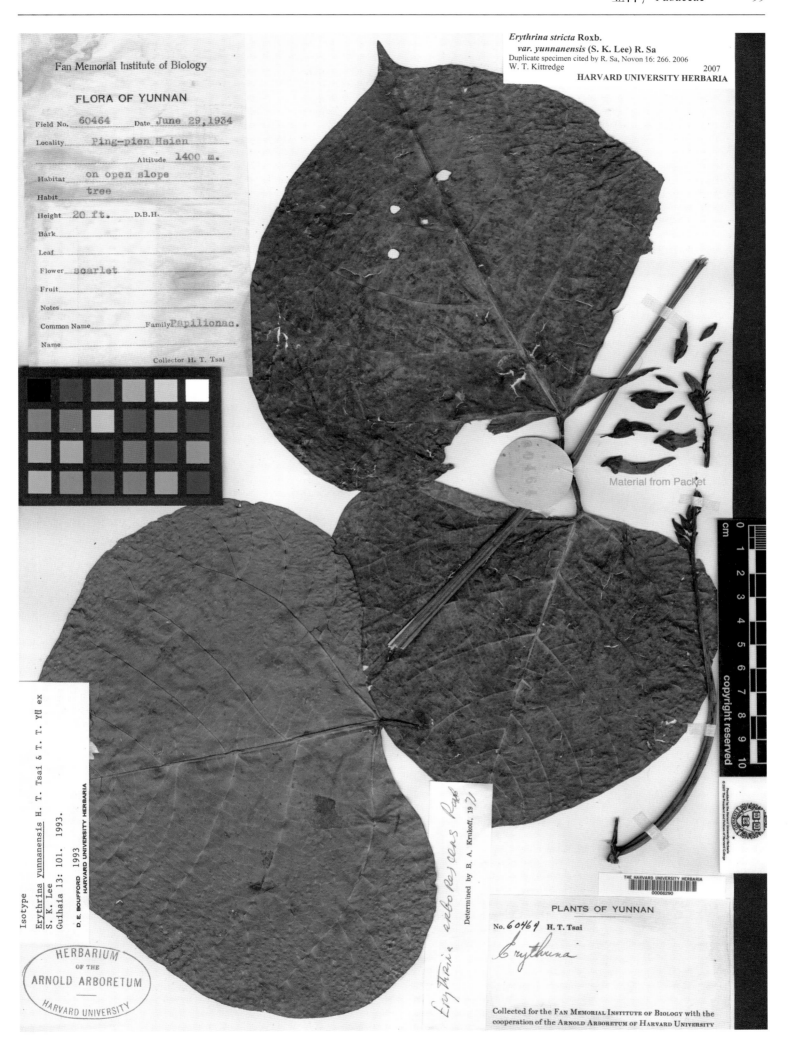

云南刺桐 *Erythrina yunnanensis* Tsai & Yu ex S. K. Lee in Guihaia 13(2): 101. 1993. **Isotype**: China. Yunnan: Pingbian, alt. 1 400 m, 1934-06-29, H. T. Tsai 60464 (A).

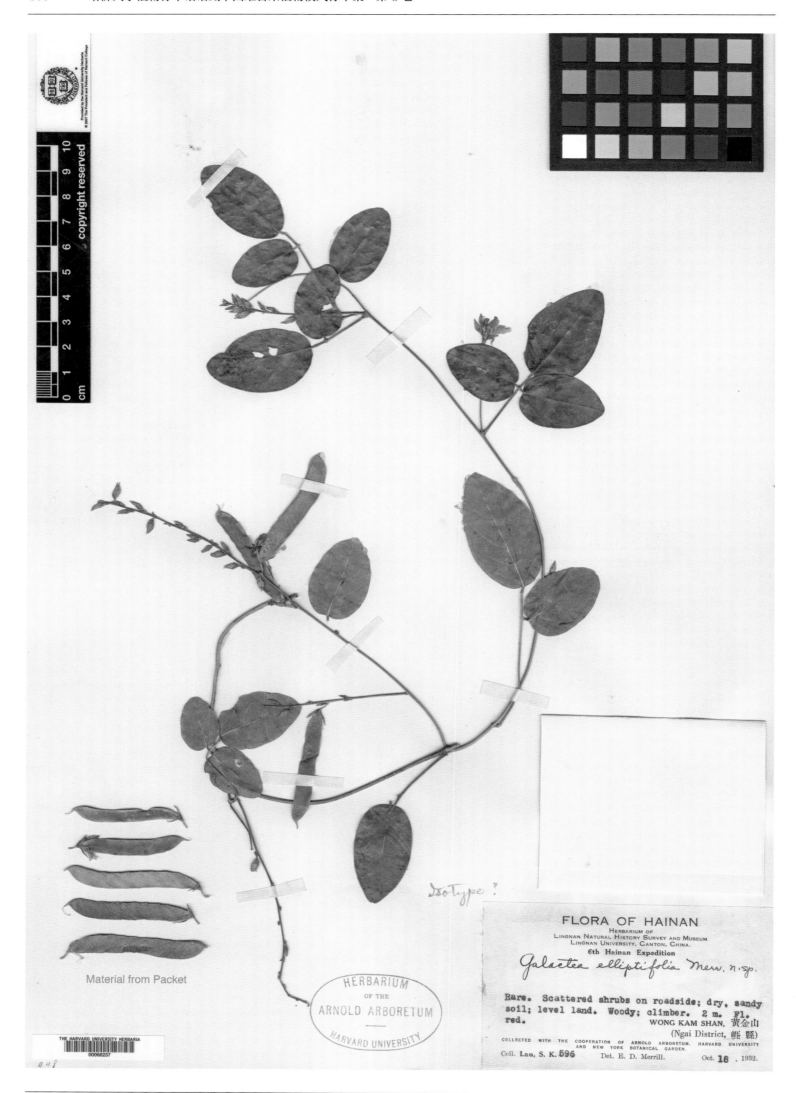

椭圆叶乳豆 *Galactia elliptifoliola* Merr. in Lingnan Sci. J. 14(1): 12, f. 4. 1935. **Holotype**: China. Hainan: Ngai (=Sanya), 1932-10-18, S. K. Lau 596 (A).

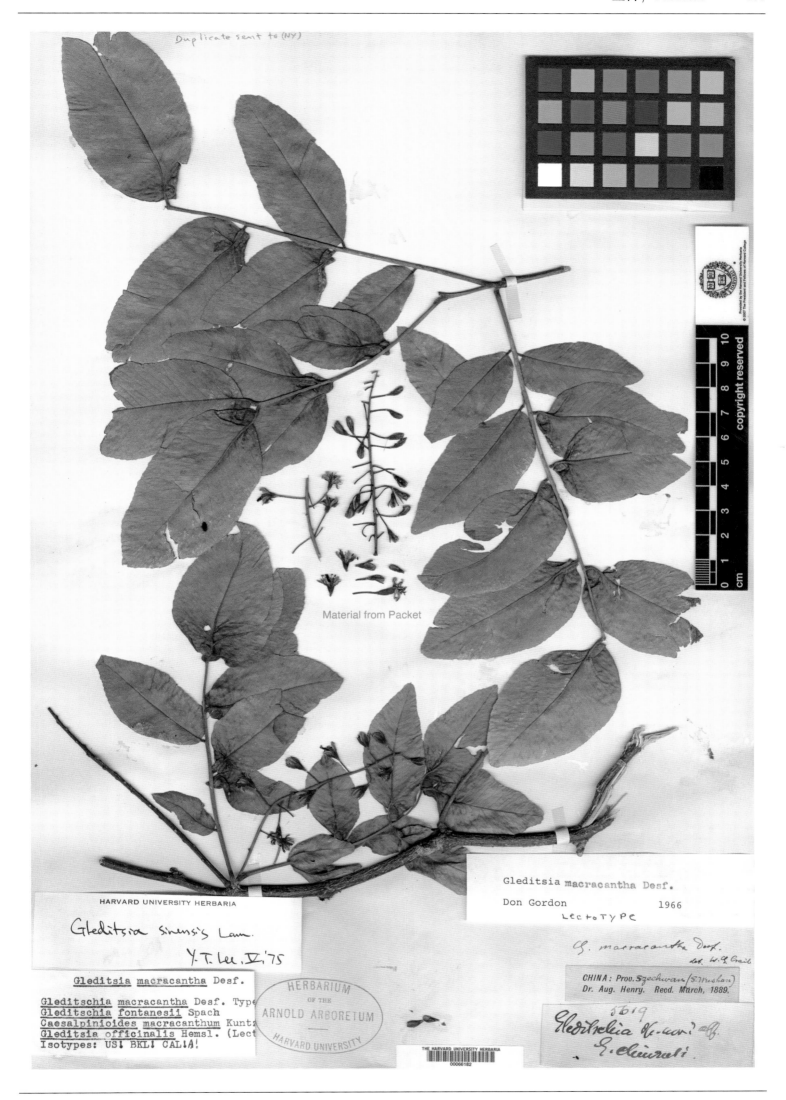

猪牙皂 *Gleditsia officinalis* Hemsl. in Bull. Misc. Inform. Kew 1892(64): 82. 1892. **Isosyntype:** China. Chongqing: Wushan, A. Henry 5619 (A).

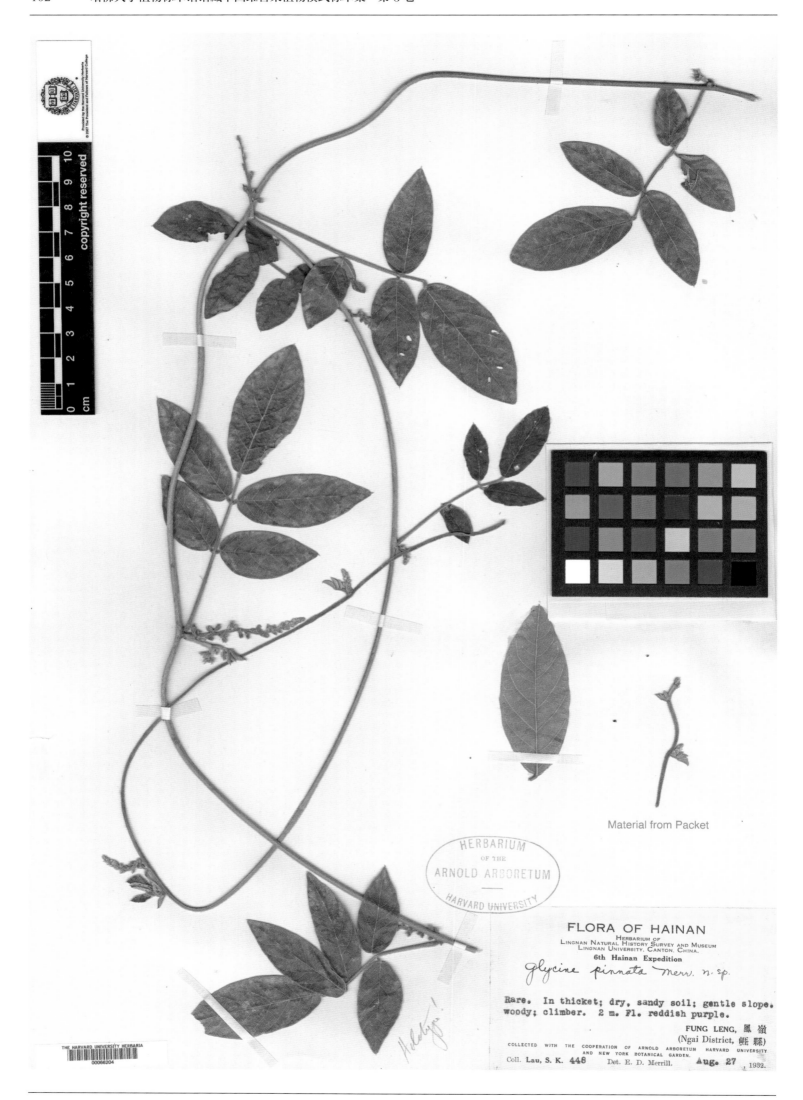

Material from Packet

FLORA OF HAINAN
HERBARIUM OF
LINGNAN NATURAL HISTORY SURVEY AND MUSEUM
LINGNAN UNIVERSITY, CANTON, CHINA.
6th Hainan Expedition

Glycine pinnata Merr. n. sp.

Rare. In thicket; dry, sandy soil; gentle slope.
woody; climber. 2 m. Fl. reddish purple.

FUNG LENG, 鳳 嶺
(Ngai District, 崖縣)
COLLECTED WITH THE COOPERATION OF ARNOLD ARBORETUM HARVARD UNIVERSITY
AND NEW YORK BOTANICAL GARDEN.
Coll. Lau, S. K. 448　　Det. E. D. Merrill.　Aug. 27, 1932.

羽叶大豆 *Glycine pinnata* Merr. in Lingnan Sci. J. 14(1): 15. 1935. **Holotype**: China. Hainan: Ngai (=Sanya), 1932-08-27, S. K. Lau 448 (A).

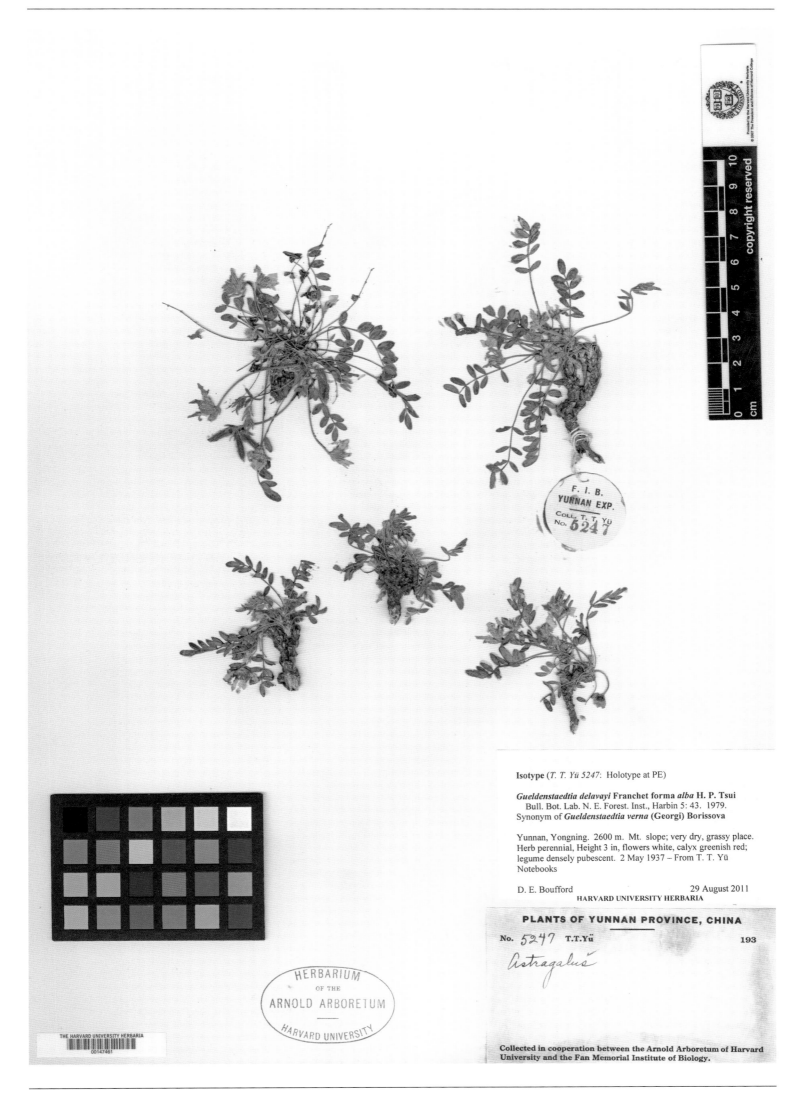

Isotype (*T. T. Yü 5247*: Holotype at PE)

Gueldenstaedtia delavayi Franchet forma *alba* H. P. Tsui
Bull. Bot. Lab. N. E. Forest. Inst., Harbin 5: 43. 1979.
Synonym of *Gueldenstaedtia verna* (Georgi) Borissova

Yunnan, Yongning. 2600 m. Mt. slope; very dry, grassy place.
Herb perennial, Height 3 in, flowers white, calyx greenish red;
legume densely pubescent. 2 May 1937 – From T. T. Yü
Notebooks

D. E. Boufford   29 August 2011
HARVARD UNIVERSITY HERBARIA

PLANTS OF YUNNAN PROVINCE, CHINA

No. 5247 T.T.Yü   193

Astragalus

Collected in cooperation between the Arnold Arboretum of Harvard
University and the Fan Memorial Institute of Biology.

白花米口袋 *Gueldenstaedtia delavayi* Franch. f. *alba* H. P. Tsui in Bull. Bot. Lab. N.-E. Forest. Inst., Harbin 5: 43. 1979.
Isotype: China. Yunnan: Yongning (=Ninglang), alt. 2 600 m, 1937-05-02, T. T. Yu 5247 (A).

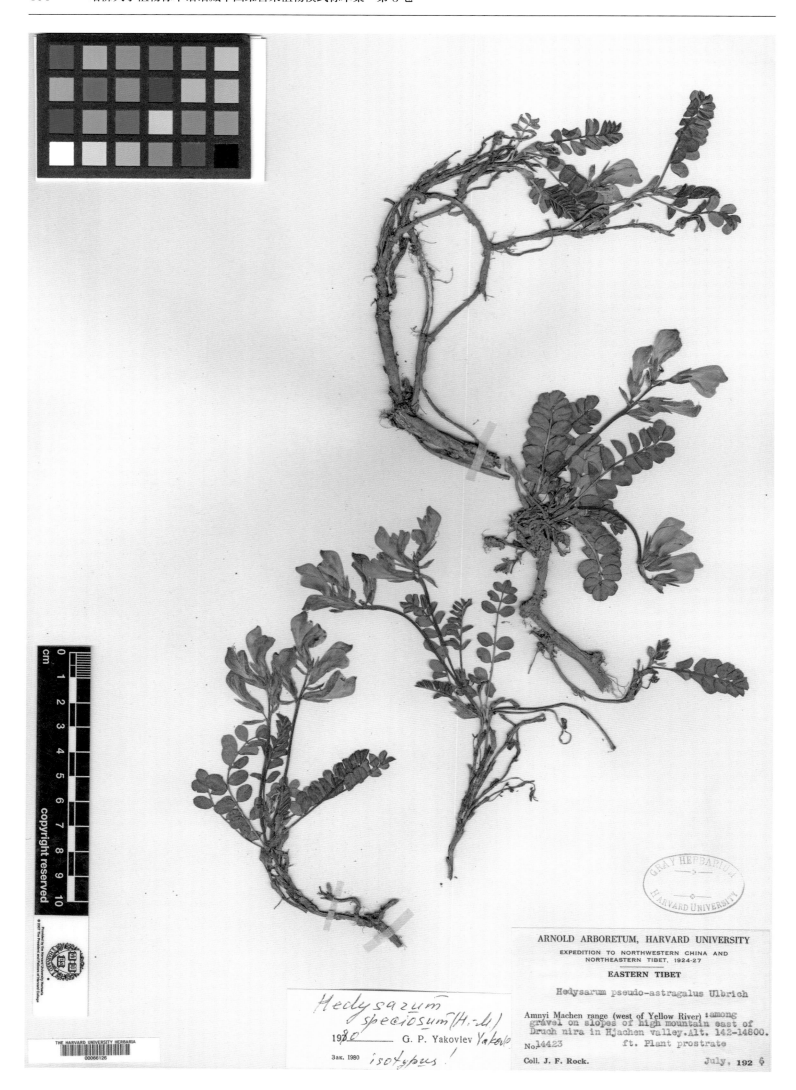

Hedysarum speciosum (H.-M.)

1980 ———— G. P. Yakovlev *Yakovlev*

Зак. 1980　*isotypus!*

ARNOLD ARBORETUM, HARVARD UNIVERSITY
EXPEDITION TO NORTHWESTERN CHINA AND
NORTHEASTERN TIBET, 1924-27

EASTERN TIBET

Hedysarum pseudo-astragalus Ulbrich

Amnyi Machen range (west of Yellow River) : among
gravel on slopes of high mountain east of
Druch nira in Hjachen valley. Alt. 142-14800.
No. 14423　　ft. Plant prostrate

Coll. J. F. Rock.　　　　　　　July, 192 6

靓黄耆 *Hedysarum tuberosum* B. Fedtsch. var. *speciosum* Hand.-Mazz. in Sym. Sin. 7(3): 567. 1933. **Isotype**: China. Xizang: Eastern Xizang, Amnyi Matschen, Drutschnira, alt. 4 331~4 514 m, 1926-07-??, J. F. Rock 14423 (GH).

刺状木蓝 *Indigofera bungeana* Walp. f. *spinescens* Kobuski in J. Arnold Arbor. 9: 81. 1928. **Holotype**: China. Gansu: Lower Tebbu (=Têwo), alt. 1 952 m, 1926-09-05, J. F. Rock 14743 (A).

灰岩木蓝 *Indigofera calcicola* Craib in Notes Roy. Bot. Gard. Edinb. 9: 108. 1916. **Isosyntype**: China. Yunnan: Lijiang, alt. 3 355 m, 1914-??-??, G. Forrest 10505 (A).

疏花木蓝 *Indigofera chuniana* Metc. in Sunyatsenia 4: 155, pl. 38, f. 31. 1940. **Holotype**: China. Hainan: Yaichow (=Sanya), 1933-09-02, H. Y. Liang 62847 (A).

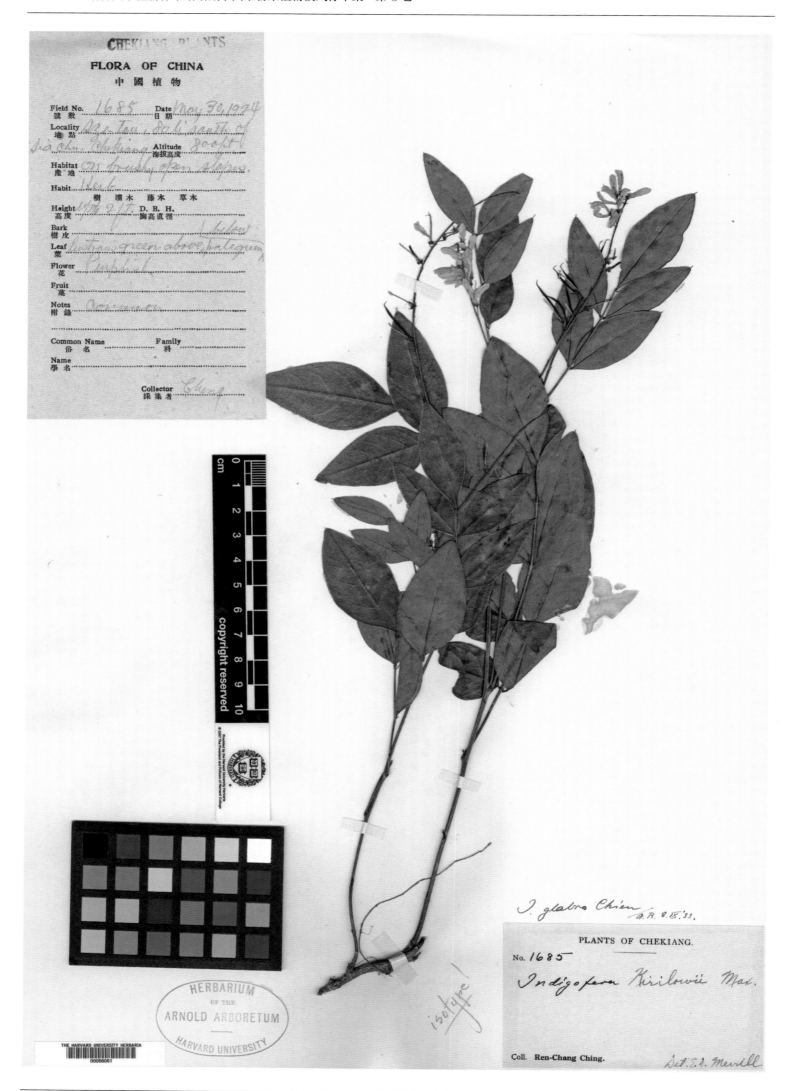

光木蓝 *Indigofera glabra* Chien in Contr. Biol. Lab. Sci. Soc. China, Bot. Ser. 8(2): 130. 1932. **Isotype**: China. Zhejiang: Xianju, alt. 244m, 1924-05-30, R. C. Ching 1685 (A).

海南木蓝 *Indigofera hainanensis* Tsai & Yu in Bull. Fan Mem. Inst. Biol., Bot. 7(1): 30. 1936. **Isotype**: China. Hainan: Ngai (=Sanya), 1932-08-(07-25), S. K. Lau 445 (A).

木里木蓝 *Indigofera muliensis* Y. Y. Fang & C. Z. Zheng in Acta Phytotax. Sin. 21(3): 333, f. 8. 1983. **Isotype**: China. Sichuan: Muli, alt. 3 250 m, 1937-06-12, T. T. Yu 6154 (A).

FAN MEMORIAL INSTITUTE
OF BIOLOGY
FLORA OF YUNNAN

Field No. 70619　　Date　June 1935

Locality　麗江縣 (Li-kiang Hsien)

Altitude　2300　m.

Habitat　Mountain slope

Habit

Height　　D.B.H.

Bark

Leaf

Flower　♂ yellow

Fruit

Notes

Common Name　　Family　Leg.

Name

Collector　王啓無 C. W. Wang

YUNNAN C. W. WANG
1935-36
王啓無
70619

Material from Packet

Isotype (*C. W. Wang 70619*: Holotype at PE)

Indigofera simaoensis Y. Y. Fang & C. Z. Zheng
var. **macrophylla** Y. Y. Fang & C. Z. Zheng
Acta Phytotax. Sin. 21: 336. 1983.

D. E. Boufford　　　　　　　29 August 2011
HARVARD UNIVERSITY HERBARIA

PLANTS OF YUNNAN PROVINCE, CHINA

No. 70619　C.W.Wang　　　　　1935-36

Indigofera

Indigofera esquirolii Levl

HARVARD UNIVERSITY HERBARIA 27/04/1997

HERBARIUM
OF THE
ARNOLD ARBORETUM
HARVARD UNIVERSITY

THE HARVARD UNIVERSITY HERBARIA
00149401

Collected in cooperation between the Arnold Arboretum of Harvard
University and the Fan Memorial Institute of Biology.

大叶垂序木蓝 *Indigofera simaoensis* Y. Y. Fang & C. Z. Zheng var. *macrophylla* Y. Y. Fang & C. Z. Zheng in Acta Phytotax. Sin. 21(3): 336. 1983. **Isotype**: China.Yunnan: Lijiang, alt. 2 300 m, 1935-06-??, C. W. Wang 70619 (A).

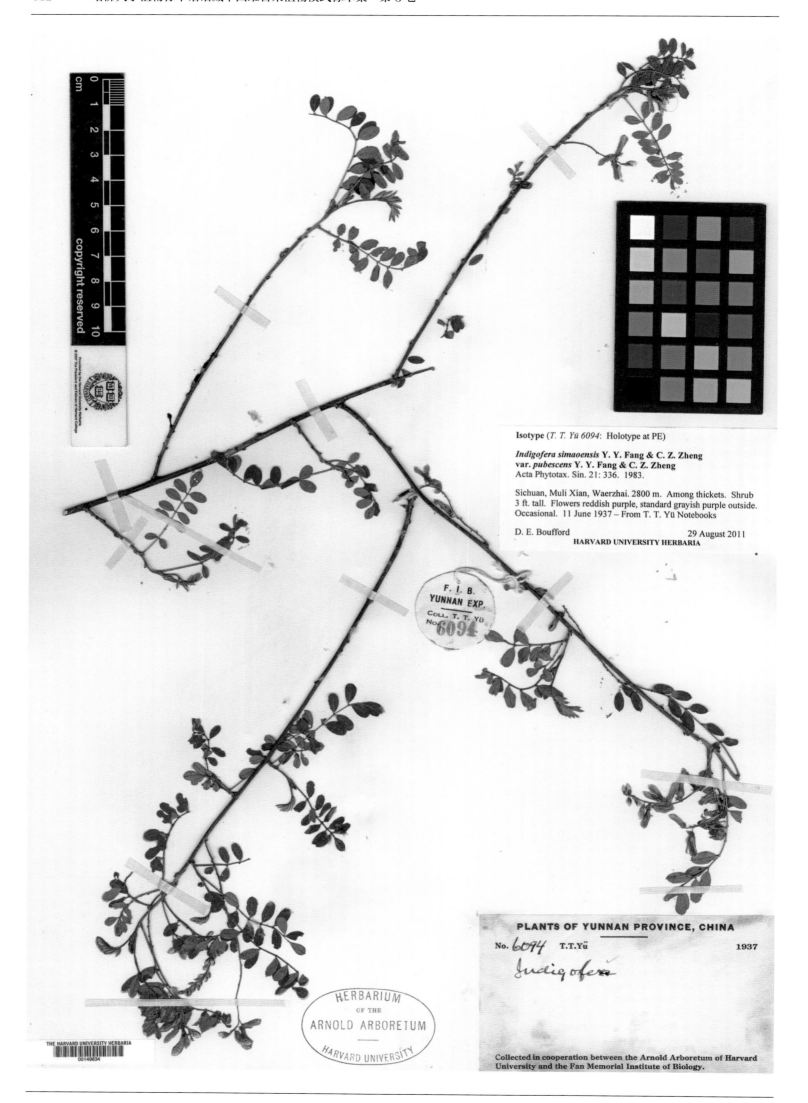

Isotype (*T. T. Yü 6094*: Holotype at PE)

Indigofera simaoensis Y. Y. Fang & C. Z. Zheng
var. ***pubescens*** Y. Y. Fang & C. Z. Zheng
Acta Phytotax. Sin. 21: 336. 1983.

Sichuan, Muli Xian, Waerzhai. 2800 m. Among thickets. Shrub
3 ft. tall. Flowers reddish purple, standard grayish purple outside.
Occasional. 11 June 1937 – From T. T. Yü Notebooks

D. E. Boufford   29 August 2011
HARVARD UNIVERSITY HERBARIA

F. I. B.
YUNNAN EXP.
COLL. T. T. Yü
No. 6094

PLANTS OF YUNNAN PROVINCE, CHINA

No. 6094　T.T.Yü　　　1937

Indigofera

Collected in cooperation between the Arnold Arboretum of Harvard
University and the Fan Memorial Institute of Biology.

毛垂序木蓝 *Indigofera simaoensis* Y. Y. Fang & C. Z. Zheng var. *pubescens* Y. Y. Fang & C. Z. Zheng in Acta Phytotax. Sin.
21(3): 336. 1983. **Isotype**: China. Sichuan: Muli, alt. 2 800 m, 1937-06-11, T. T. Yu 6094 (A).

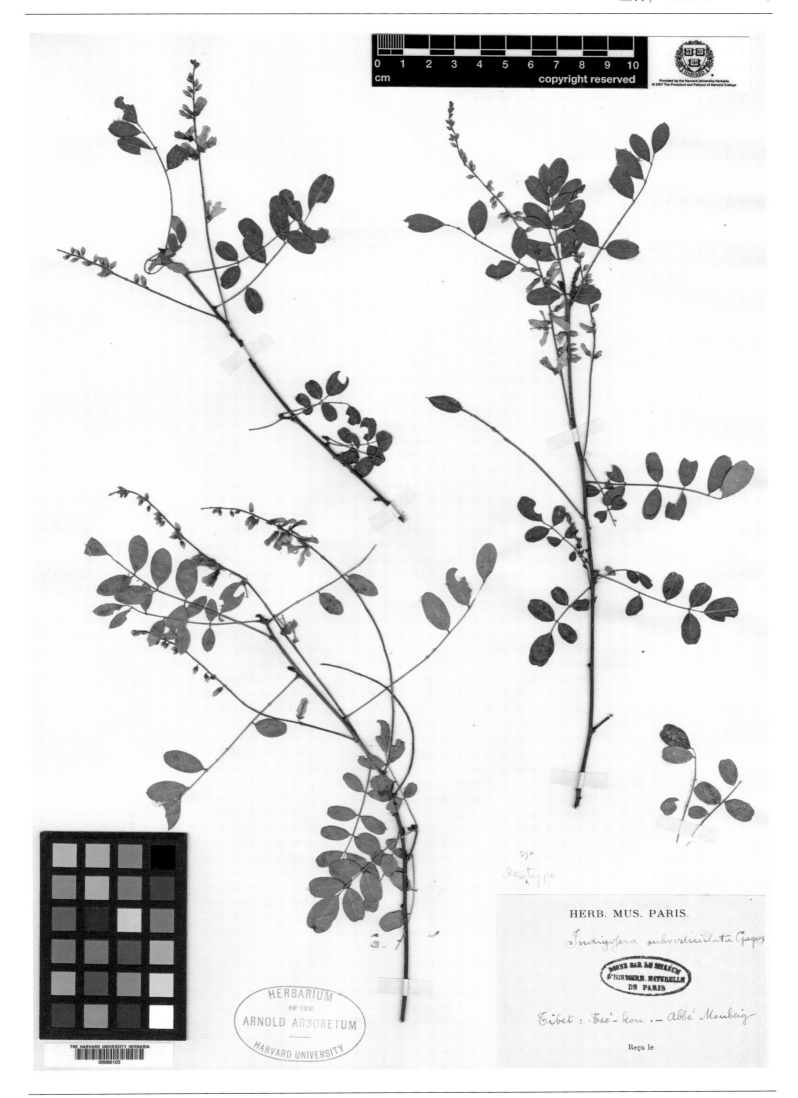

轮花木蓝 *Indigofera subverticillata* Gagnep. in Notulae Syst. Herb. Mus. Paris 3: 120. 1915. **Isosyntype**: China. Yunnan: Weixi, Tse-kou, T. Monbeig s. n.(A).

腾冲木蓝 *Indigofera tengyuehensis* Tsai & Yu in Bull. Fan Mem. Inst. Biol. Bot. 7(1): 31. 1936. **Isotype**: China. Yunnan: Tengchong,1923-03-??, J. F. Rock 8042 (A).

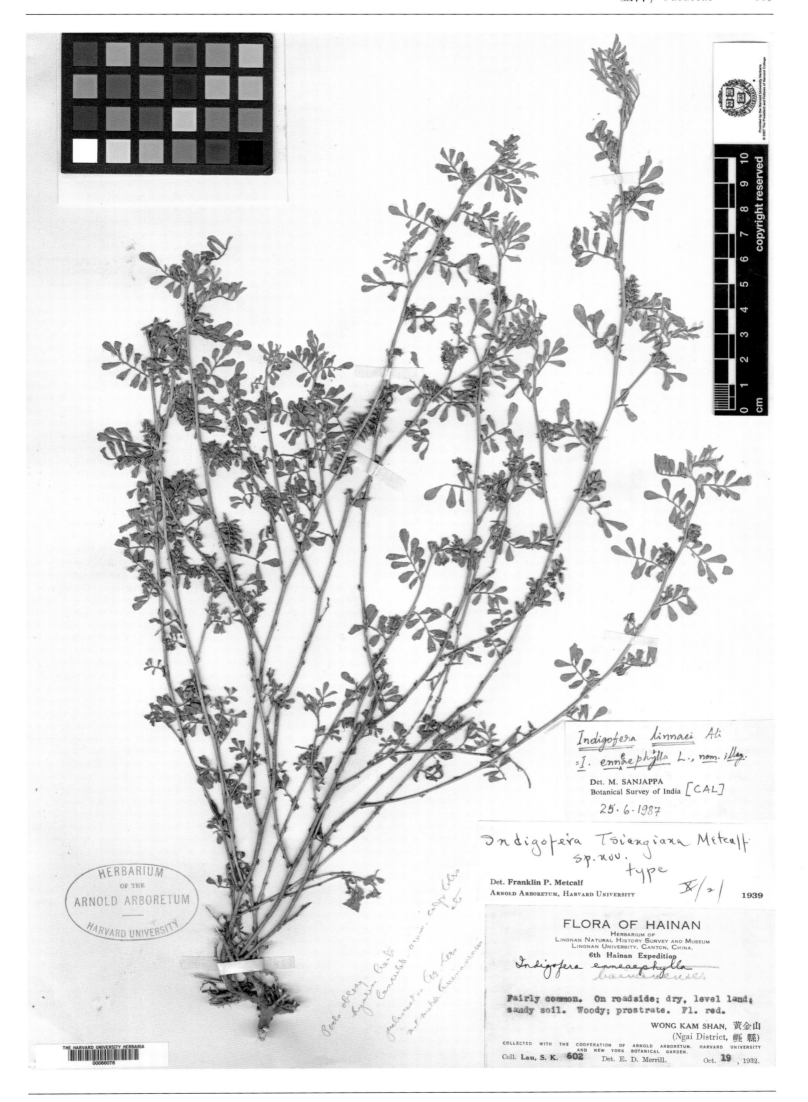

三亚木蓝 *Indigofera tsiangiana* Metc. in Sunyatsenia 4: 156, pl. 39, f. 32. 1940. **Holotype**: China. Hainan: Ngai (=Sanya), 1932-10-19, S. K. Lau 602 (A).

房县山黧豆 *Lathyrus sargentianus* Craib in Bull. Misc. Inform. Kew 1914(1): 27. 1914. **Isosyntype**: China. Hubei: Fang Xian, alt. 2 135 m, 1907-(06-09)-??, E. H. Wilson 265 (GH).

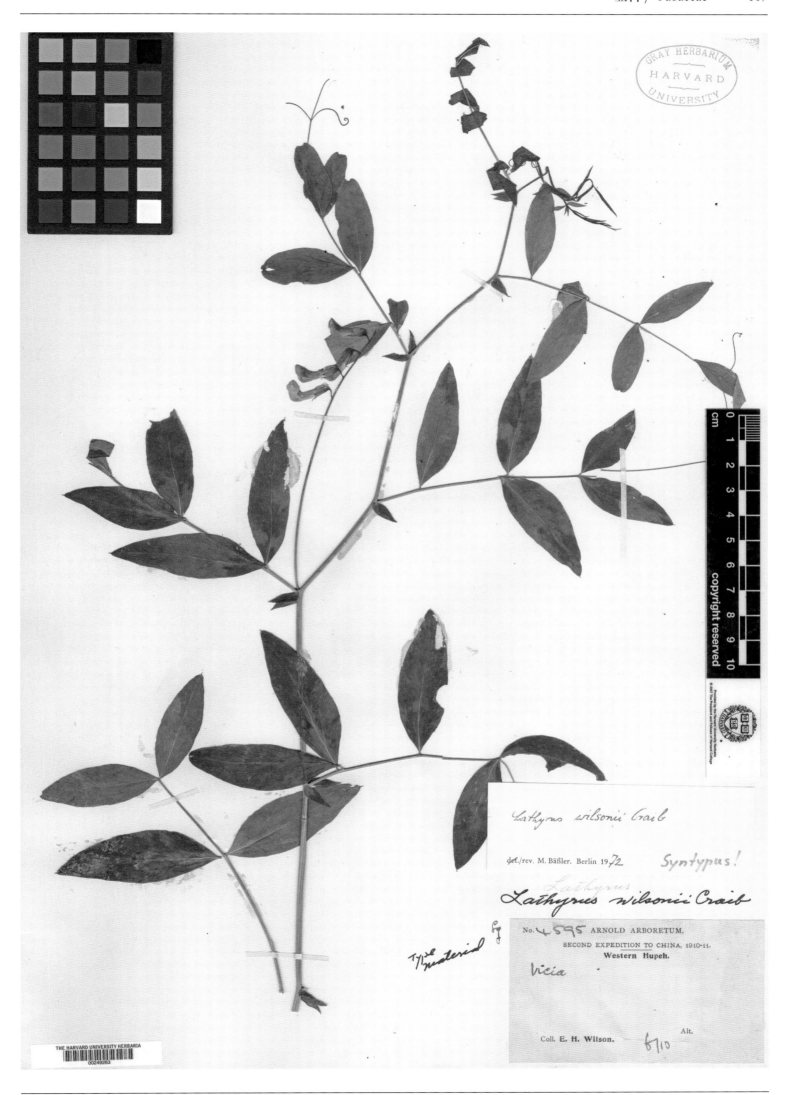

湖北山黧豆*Lathyrus wilsonii* Craib in Bull. Misc. Inform. Kew 1914(1): 27. 1914. **Isosyntype**: China. Hubei: Western Hubei, Precise locality not known, 1910-06-??, E. H. Wilson 4595 (GH).

白花胡枝子 *Lespedeza albiflora* Rick. in Amer. J. Bot. 33(4): 257. 1946. **Holotype**: China. Guangdong: Huiyang, 1935-10-(01-19), W. T. Tsang 25896 (A).

淡灰胡枝子 *Lespedeza canescens* Rick. in Lingnan Sci. J. 20: 200. 1942. **Holotype**: China. Hubei: Western Hubei, Precise locality not known, (1885-1888)-??-??, A. Henry 2746 (GH).

元江杭子草 ***Lespedeza henryi*** Schindl. in Fedde, Repert. Sp. Nov. 9: 517. 1911. **Isotype**: China. Yunnan: Yuanchang (=Yuanjiang), alt. 763 m, A. Henry 13212 (A).

湖北胡枝子 Lespedeza hupehensis Rick. in Lingnan Sci. J. 20: 202. 1942. **Isotype**: China. Hubei: Wuchang, 1932-09-06, H. H. Chung 9169 (A).

阔叶糗子草 *Lespedeza latifolia* Dunn in J. Linn. Soc. Bot. 35: 488. 1903. **Isotype**: China. Yunnan: Mile, A. Henry 9889 (A).

安徽胡枝子 *Lespedeza metcalfii* Rick. Amer. J. Bot. 33(4): 258. 1946. **Holotype**: China. Anhui: Chien Shan (=Qian Shan), Tien Chu Shan (=Tianzhu Shan), 1936-06-24, C. S. Fan & Y. Y. Li 215 (A).

奇异胡枝子 *Lespedeza paradoxa* Rick. in Amer. J. Bot. 33(4): 258. 1946. **Holotype**: China. Anhui: Qingyang, Chiuhwashan (=Jiuhua Shan), 1933-08-17, S. C. Sun 1174 (A).

绒毛叶葫子草 *Lespedeza velutina* Dunn in Hook. Icon. Pl. 27(4): pl. 2700. 1901. **Isosyntype**: China. Yunnan: Mengzi, alt. 1 403 m, A. Henry 10447 A (A).

南胡枝子 *Lespedeza wilfordii* Rick. in Lingnan Sci. J. 20: 203. 1942. **Holotype**: China. Hongkong, Wilford s. n. (GH).

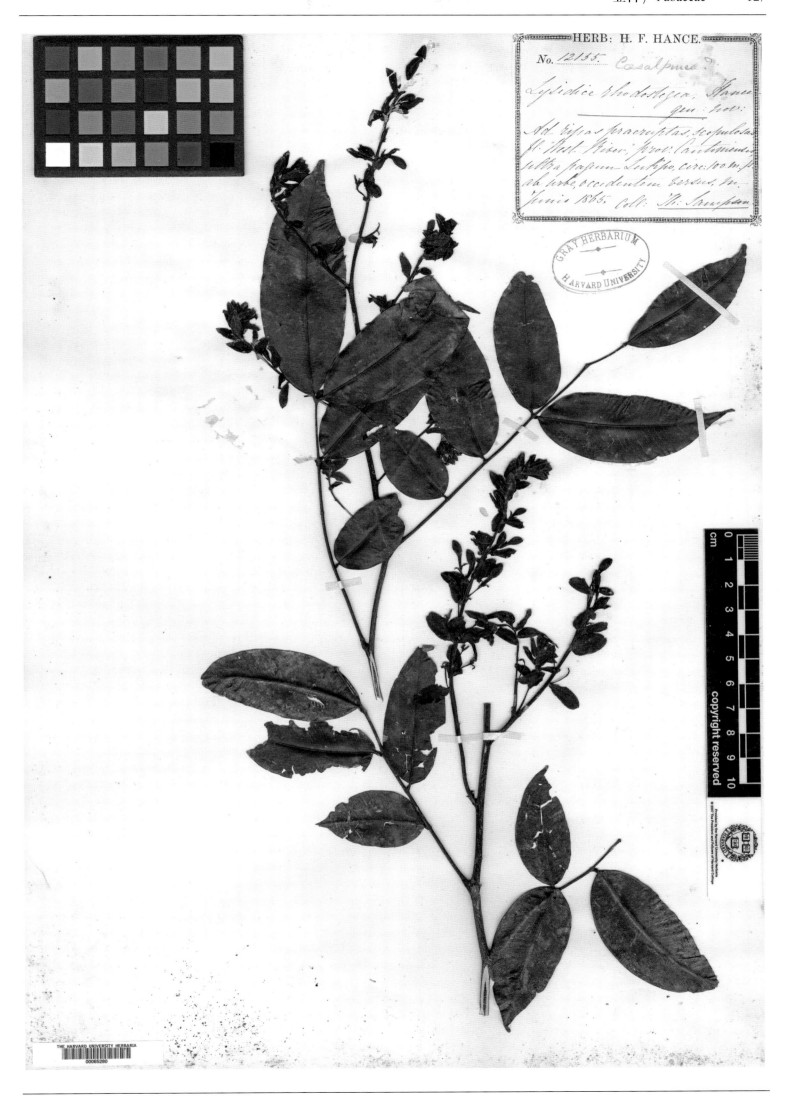

HERB: H. F. HANCE.

No. *12155.* Caesalpinia ?

Lysidice rhodostegia, Hance gen. nov:

Ad ripas praeruptas, scopulosas fl. West River; prov: Cantoniensis, ultra pagum Lukpo, circ: 100 m. ab urbe, occidentem versus, m. Junio 1865. Coll: Th. Sampson

No. *12155.* Caesalpinia ?

仪花 *Lysidice rhodostegia* Hance in J. Bot. 5: 299. 1867. **Isotype:** China. Guangdong: Zhaoqing, West River, alt. 100 m, 1865-06-??, T. Sampson s. n. (= Herb. H. F. Hance 12155) (GH).

香港马鞍树 *Maackia ellipticocarpa* Merr. in J. Arnold Arbor. 26(2): 163, f. 1. 1945. **Holotype**: China. Hongkong, Lantao Island, 1940-09-12, Y. W. Taam 1693 (A).

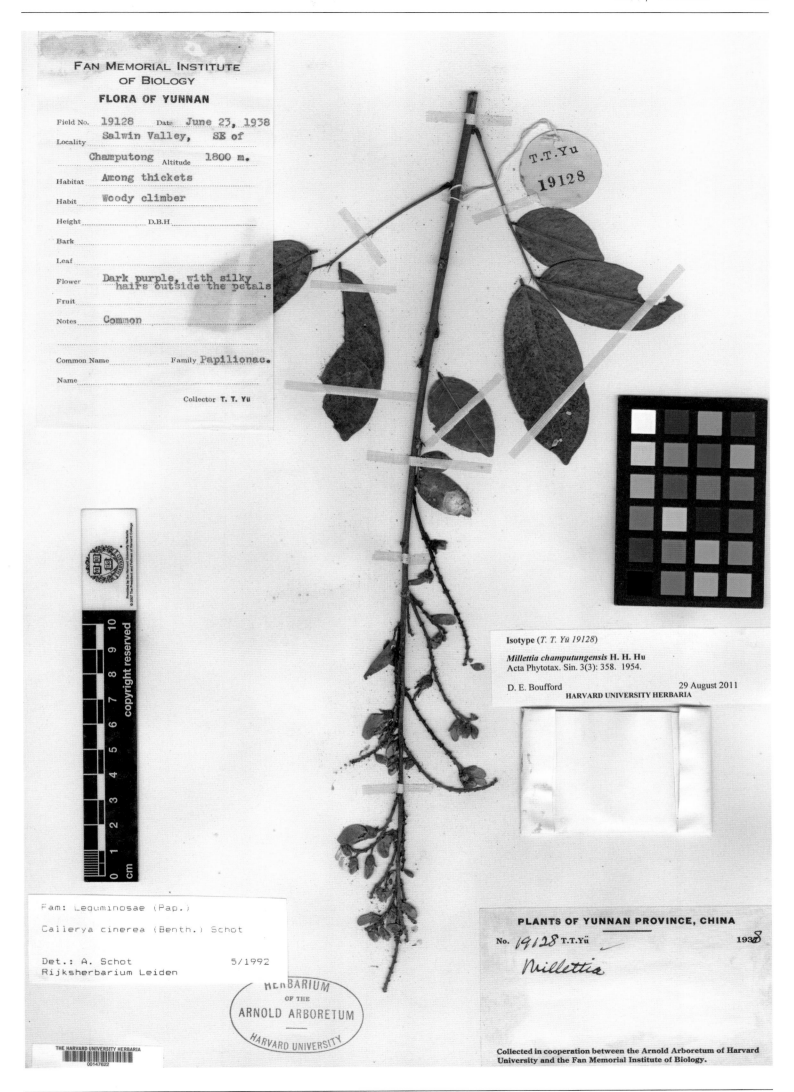

FAN MEMORIAL INSTITUTE OF BIOLOGY

FLORA OF YUNNAN

Field No. 19128   Date June 23, 1938

Locality   Salwin Valley,   SE of

Champutong   Altitude   1800 m.

Habitat   Among thickets

Habit   Woody climber

Height _____ D.B.H _____

Bark _____

Leaf _____

Flower   Dark purple, with silky
          hairs outside the petals

Fruit _____

Notes   Common

Common Name _____ Family Papilionac.

Name _____

                    Collector T. T. Yü

Isotype (*T. T. Yü 19128*)

Millettia champutungensis H. H. Hu
Acta Phytotax. Sin. 3(3): 358. 1954.

D. E. Boufford   29 August 2011
         HARVARD UNIVERSITY HERBARIA

Fam: Leguminosae (Pap.)

Callerya cinerea (Benth.) Schot

Det.: A. Schot   5/1992
Rijksherbarium Leiden

HERBARIUM
OF THE
ARNOLD ARBORETUM
HARVARD UNIVERSITY

THE HARVARD UNIVERSITY HERBARIA
00147622

PLANTS OF YUNNAN PROVINCE, CHINA

No. 19128 T.T.Yü   1938

              Millettia

Collected in cooperation between the Arnold Arboretum of Harvard
University and the Fan Memorial Institute of Biology.

菖蒲桶崖豆藤 *Millettia champutongensis* Hu in Acta Phytotax. Sin. 3(3): 358. 1955. **Isotype**: China. Yunnan: Dali, alt. 1 800 m, 1938-06-02, T. T. Yu 19128 (A).

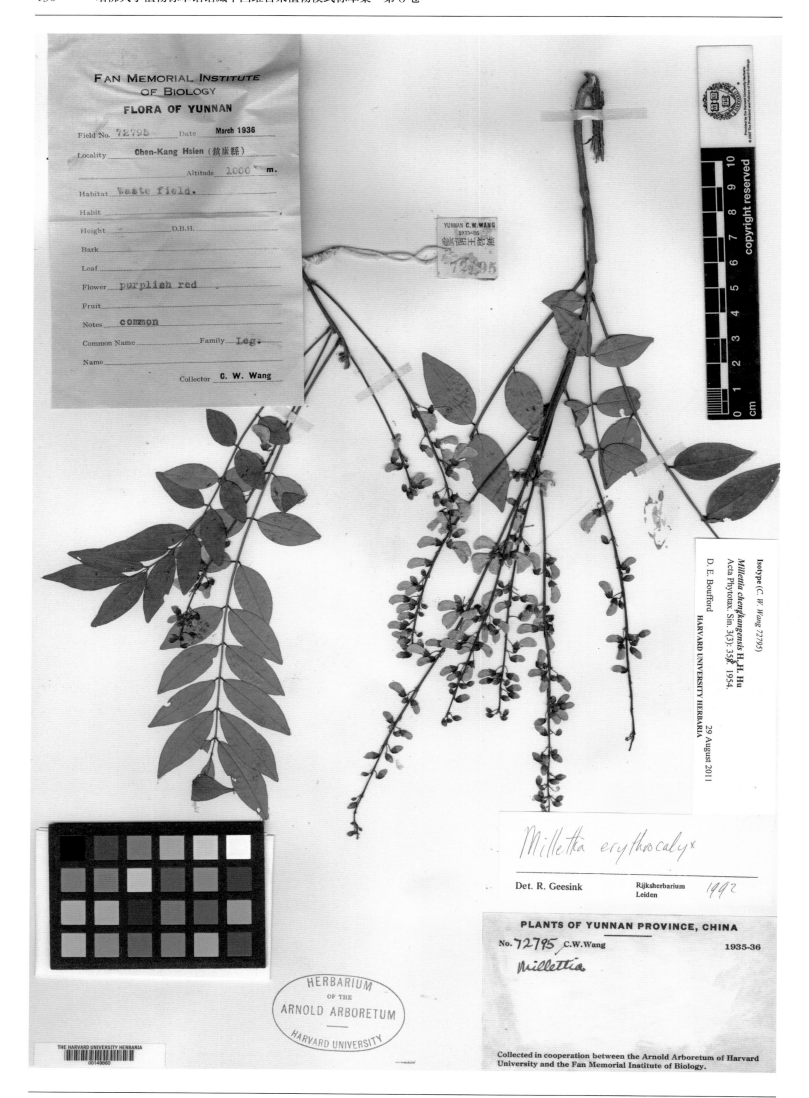

FAN MEMORIAL INSTITUTE
OF BIOLOGY
FLORA OF YUNNAN

Field No. 72795　　Date　March 1936
Locality　Chen-Kang Hsien（鎮康縣）
　　　　　Altitude　1,000　m.
Habitat　Waste field.
Habit
Height　　　　D.B.H.
Bark
Leaf
Flower　purplish red
Fruit
Notes　common
Common Name　　　Family　Leg.
Name
　　　　Collector　C. W. Wang

YUNNAN C.W.WANG
1935-36
雲南植物標本
72795

D. E. Boufford

Isotype (*C. W. Wang 72795*)
Millettia chenkangensis H. H. Hu
Acta Phytotax. Sin. 3(3): 355. 1954.

HARVARD UNIVERSITY HERBARIA

29 August 2011

Milletta erythrocalyx

Det. R. Geesink　　　Rijksherbarium
Leiden　　　1992

HERBARIUM
OF THE
ARNOLD ARBORETUM
—
HARVARD UNIVERSITY

PLANTS OF YUNNAN PROVINCE, CHINA

No. 72795 C.W.Wang　　　1935-36

millettia

Collected in cooperation between the Arnold Arboretum of Harvard
University and the Fan Memorial Institute of Biology.

镇康崖豆藤 *Millettia chenkangensis* Hu in Acta Phytotax. Sin. 3(3): 355. 1955. **Isotype**: China. Yunnan: Zhenkang, alt. 1 000 m, 1936-03-??, C. W. Wang 72795 (A).

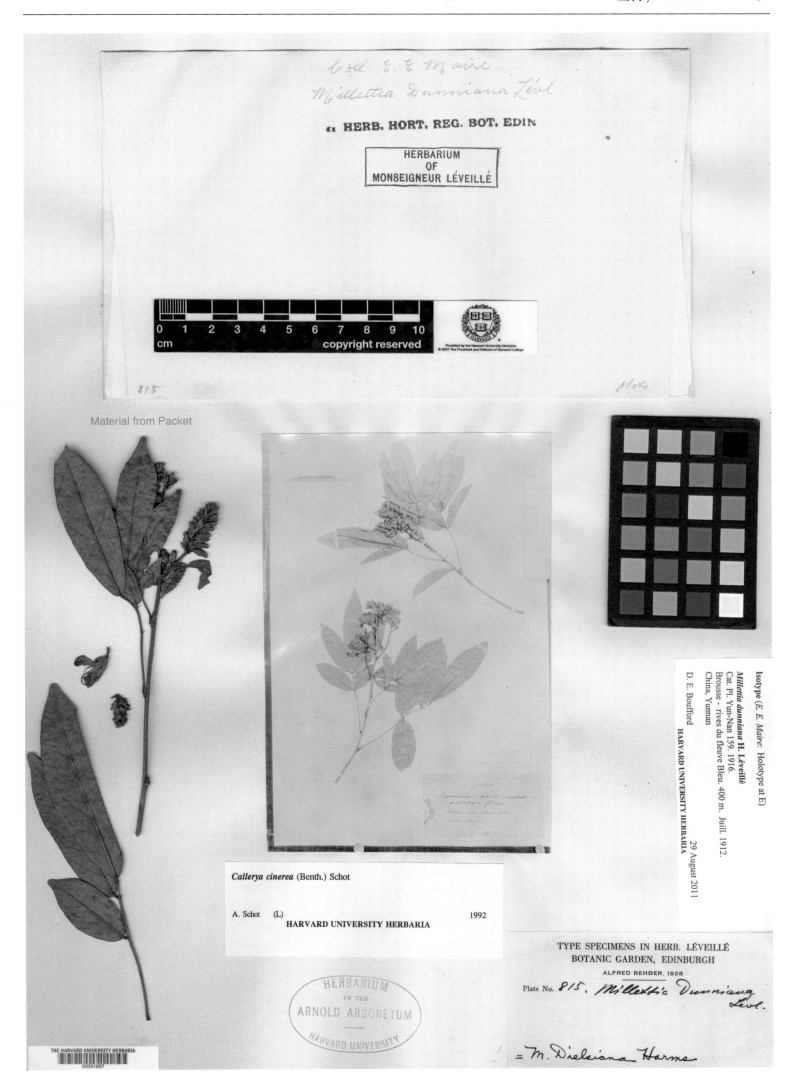

滇崖豆藤 *Millettia dunniana* Lévl. Cat. Pl. Yun-Nan 159. 1916. **Isotype**: China. Yunnan: Brousse, alt. 400 m, 1912-07-??, E. E. Maire s. n. (A).

橄藤子崖豆藤 *Millettia entadoides* Z. Wei in Acta Phytotax. Sin. 23(4): 278, pl. 7. 1985. **Isotype**: China. Yunnan: Zhenkang, alt. 1 500 m, 1936-03-??, C. W. Wang 72150 (A).

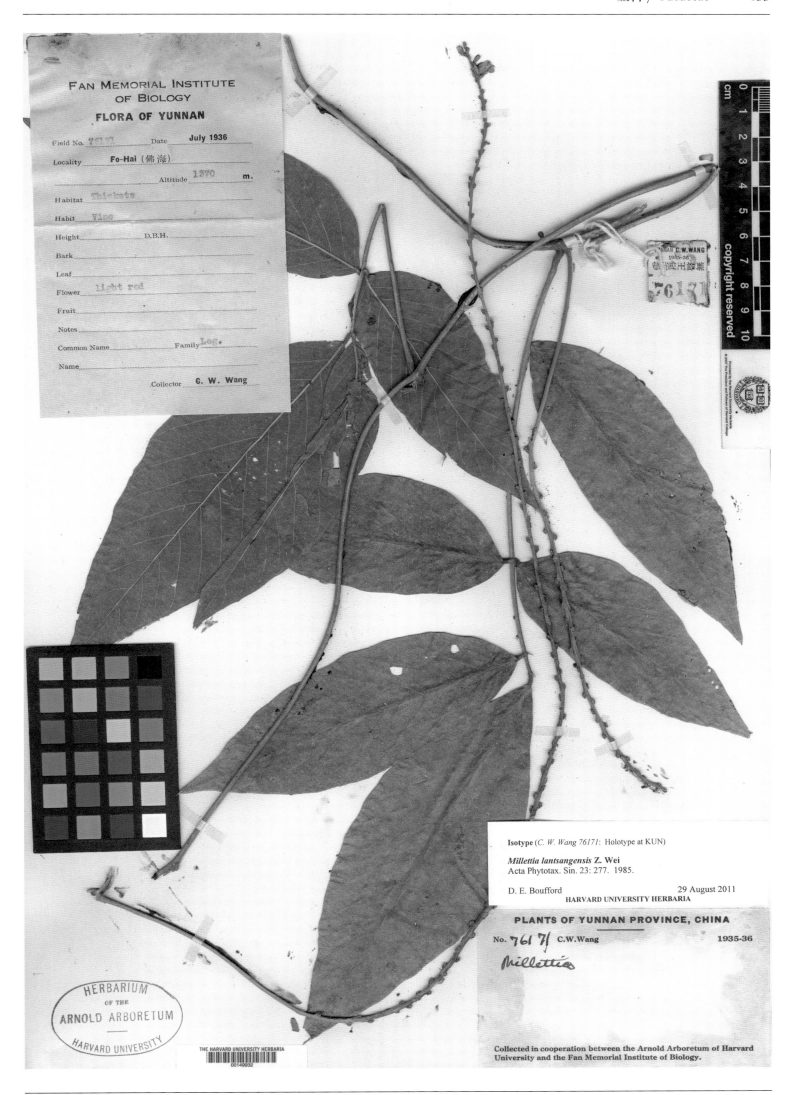

澜沧崖豆藤 *Millettia lantsangensis* Z. Wei in Acta Phytotax. Sin. 23(4): 277, f. 6. 1985. **Isotype**: China. Yunnan: Hohai (=Menghai), alt. 1 370 m, 1936-07-??, C. W. Wang 76171 (A).

倒卵叶崖豆藤 *Millettia obovata* Gagnep. in Notulae Syst. Herb. Mus. Paris 2(12): 361. 1913. **Isotype**: China. Hainan: Lav Tai Shee, 1893-05-04，Anonymous 371 A (A).

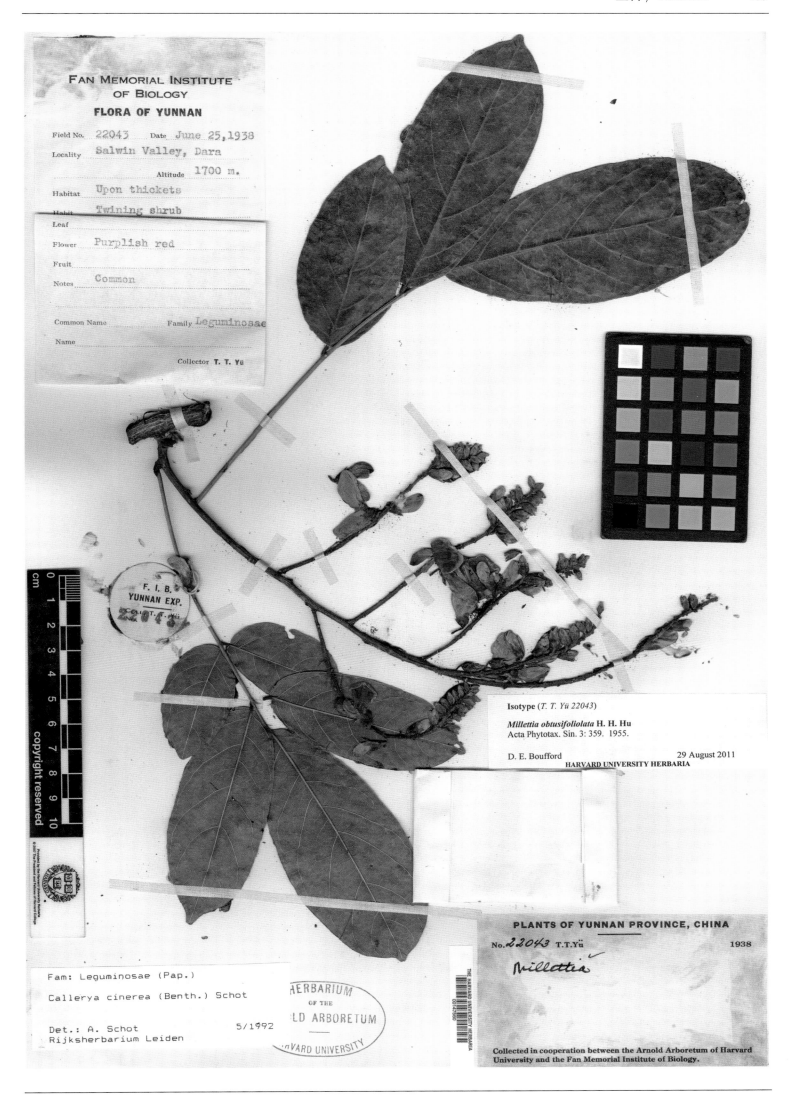

钝叶崖豆藤 *Millettia obtusifoliolata* Hu in Acta Phytotax. Sin. 3(3): 358. 1955. **Isotype**: China. Yunnan: Gongshan, alt. 1 700 m, 1938-06-25, T. T. Yu 22043 (A).

皱果崖豆藤 *Millettia oosperma* Dunn in J. Linn. Soc. Bot. 41: 157. 1912. **Isosyntype**: China. Yunnan: Simao, alt. 1 373 m, A. Henry 12992 A (A).

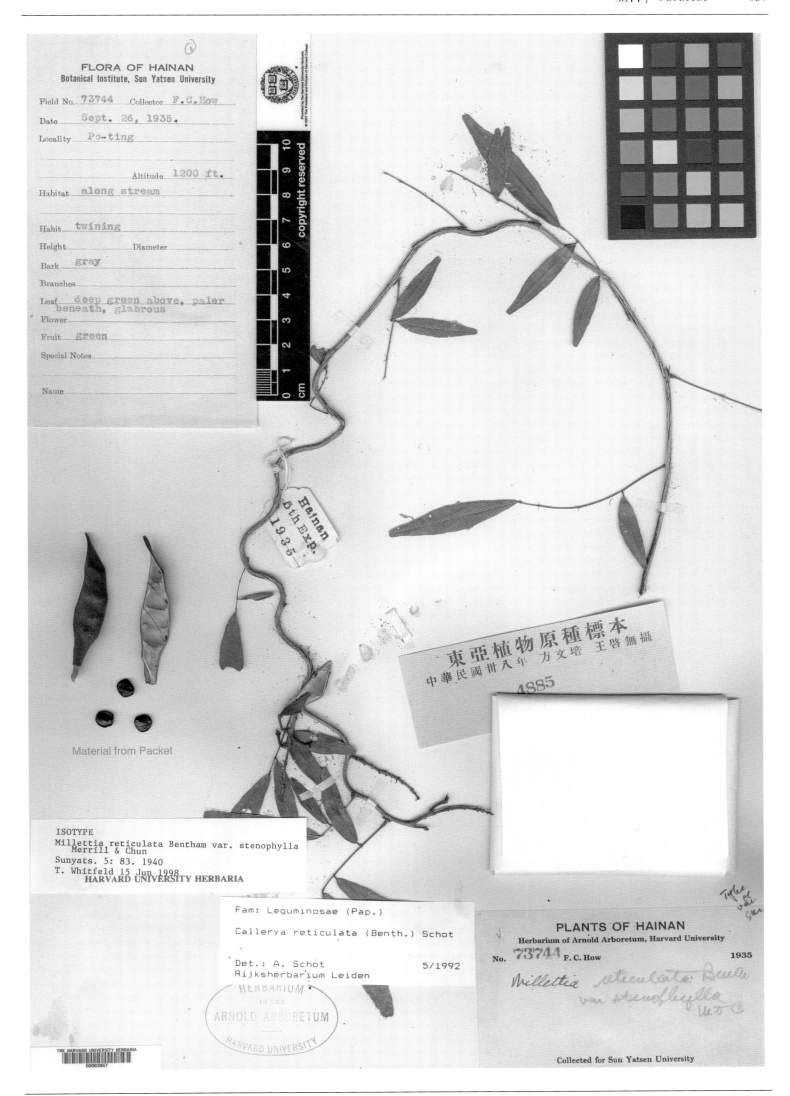

线叶崖豆藤 *Millettia reticulata* Benth. var. *stenophylla* Merr. & Chun in Sunyatsenia 5: 83. 1940. **Isosyntype**: China. Hainan: Baoting, alt. 366 m, 1935-09-26, F. C. How 73744 (A).

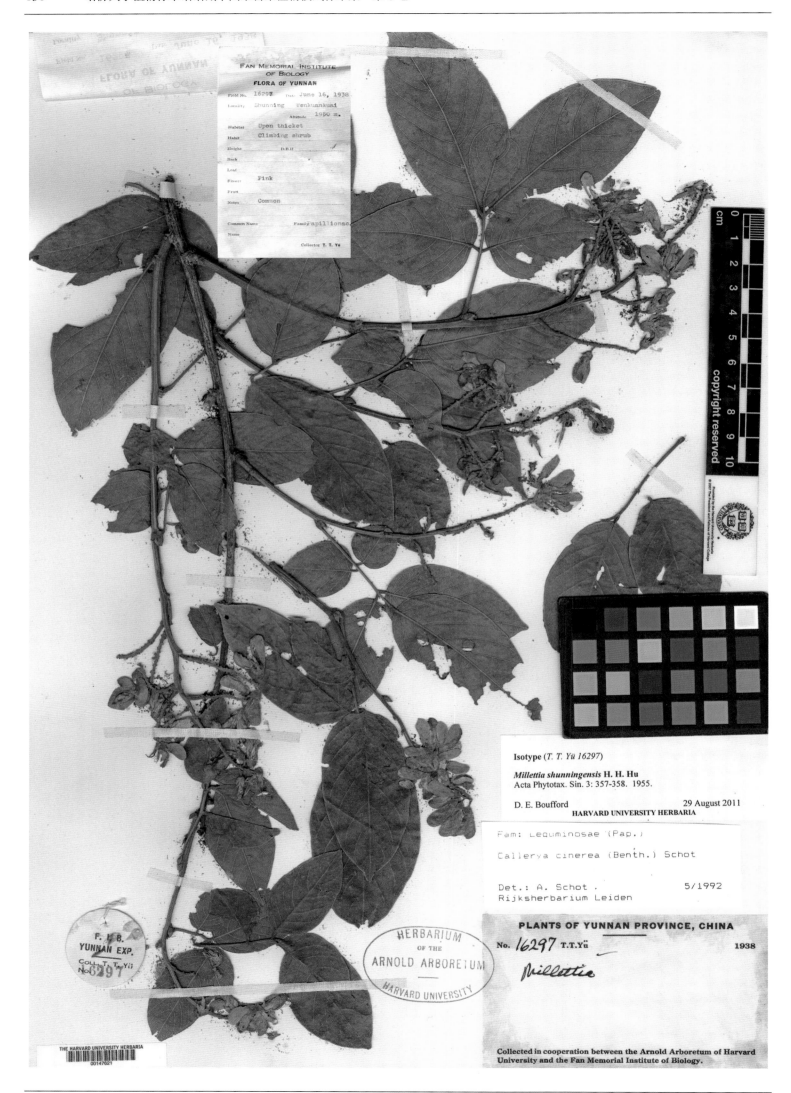

顺宁崖豆藤 *Millettia shunningensis* Hu in Acta Phytotax. Sin. 3(3): 357. 1955. **Isotype**: China. Yunnan: Shunning (=Fengqing), alt. 1950 m, 1938-06-16, T. T. Yu 16297 (A).

喙果鸡血藤 *Millettia tsui* Metc. in Lingnan Sci. J. 19(4): 554, f. 5. 1940. **Holotype**: China. Guangdong: Wengyuan, 1932-12-26, S. K. Lau 891 (A).

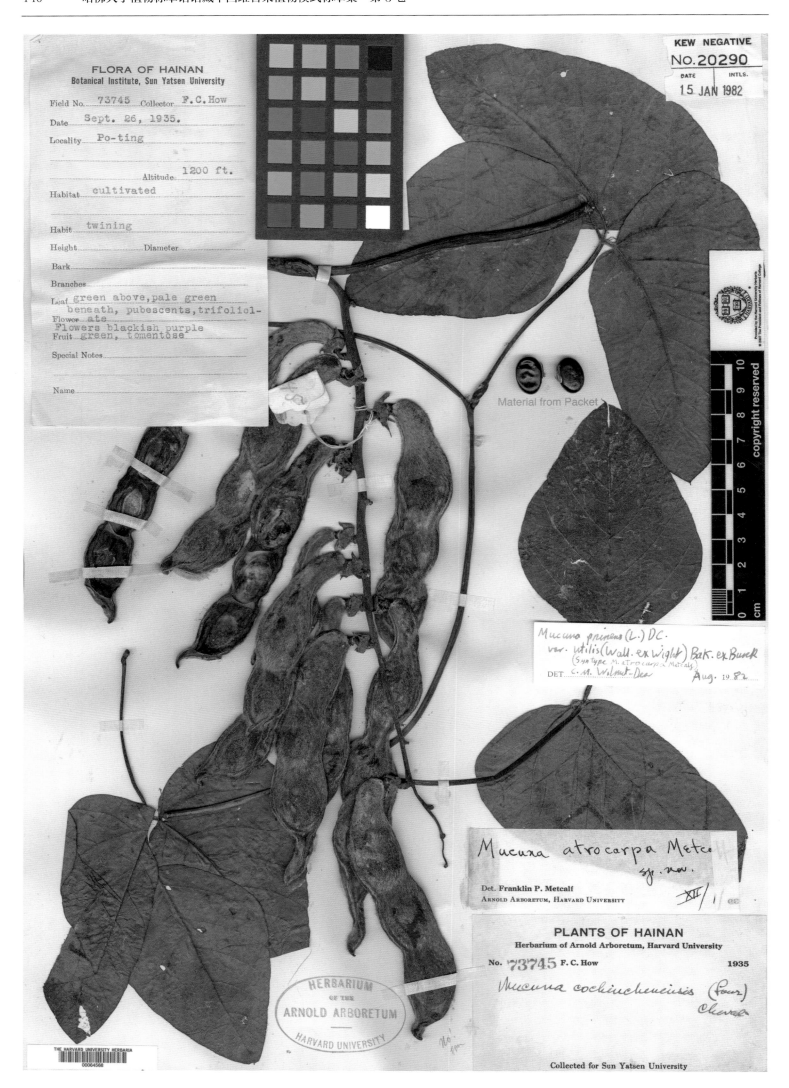

龙爪黧豆 *Mucuna atrocarpa* Metc. in Lingnan Sci. J. 19(4): 559, f. 7. 1940. **Syntype**: China. Hainan: Baoting, alt. 366 m, 1935-09-26, F. C. How 73745 (A).

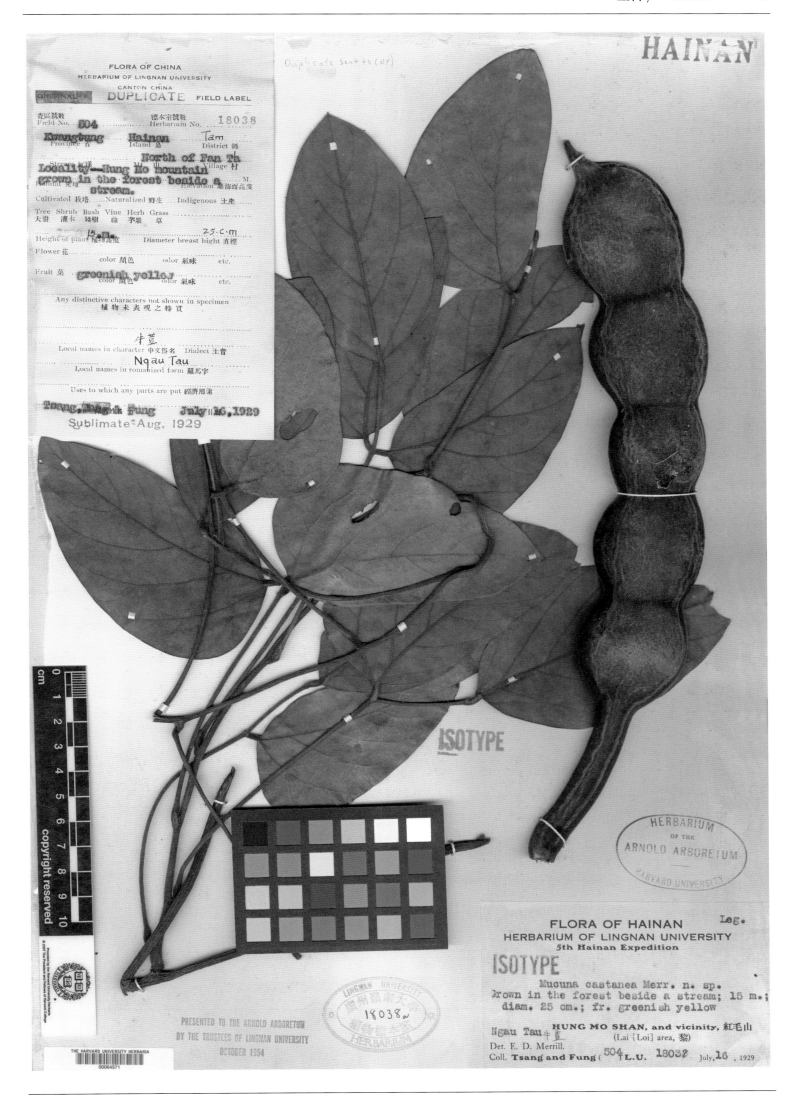

褐毛黎豆 *Mucuna castanea* Merr. in Lingnan Sci. J. 11(1): 44. 1932. **Isotype**: China. Hainan: Hongmao Shan, 1929-07-16, Tsang & Fung 504 (=Lingnan University 18038) (A).

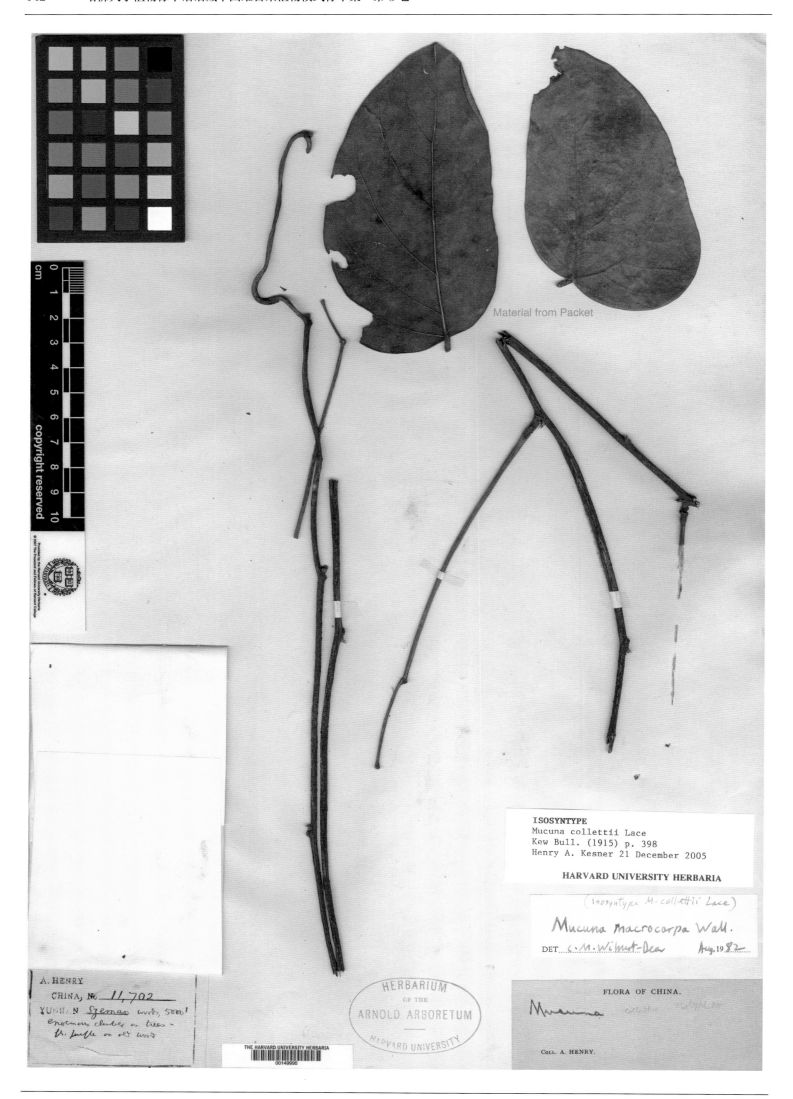

思茅油麻藤 *Mucuna collettii* Lace in Bull. Misc. Inform. Kew 1915(9): 398. 1915. **Isosyntype**: China. Yunnan: Simao, alt. 1 525 m, A. Henry 11702 (A).

闽油麻藤 *Mucuna cyclocarpa* Metc. in Lingnan Sci. J. 19(4): 561, f. 8. 1940. **Holotype**: China. between Jiangxi & Fujian: between Shicheng & Ninghua, Donghua Shan, 1921-05-07, T. H. Wang 334 (A).

贵州油麻藤 *Mucuna esquirolii* Lévl. in Fedde, Repert. Sp. Nov. 7: 231. 1909. **Isotype**: China. Guizhou: Precise locality not known, Esquirol 885 (A).

FAN MEMORIAL INSTITUTE
OF BIOLOGY
FLORA OF YUNNAN

Field No. 78923 Date Oct. 1936

Locality 鎮越縣, 猛棒 (Meng-pung, Jenn-yeh Hsien)

Altitude 800 m.

Habitat River dense woods

Habit long climber

Height D.B.H.

Bark

Leaf

Flower dark purple

Fruit

Notes

Common Name Family Leg.

Name

Collector 王啓無 C. W. Wang

Mucuna hirtipetala Wilmot-Dear & R.Sha

Isotype

Det. Anthony R. Brach (MO c/o A, GH) May 2012

78923

Mucuna sp. "C" aff. M. macrobotrys Hance

DET. C. M. Wilmot-Dear Aug. 1982

PLANTS OF YUNNAN PROVINCE, CHINA

No. 78923 C.W.Wang 1935-36

Mucuna

HERBARIUM
OF THE
ARNOLD ARBORETUM
HARVARD UNIVERSITY

Collected in cooperation between the Arnold Arboretum of Harvard
University and the Fan Memorial Institute of Biology.

Material from Packet

78923
Wang

KEW NEGATIVE
No. 20301
DATE INTLS.
15 JAN 1982

THE HARVARD UNIVERSITY HERBARIA
00149989

毛瓣黧豆 *Mucuna hirtipetala* Wilmot-Dear & R. Sha, Fl. China 10: 215. 2010. **Isotype**: China. Yunnan: Jenn-yeh (=Mengla),
Meng-pung (=Mengpeng), alt. 800 m, 1936-10-??, C. W. Wang 78923 (A).

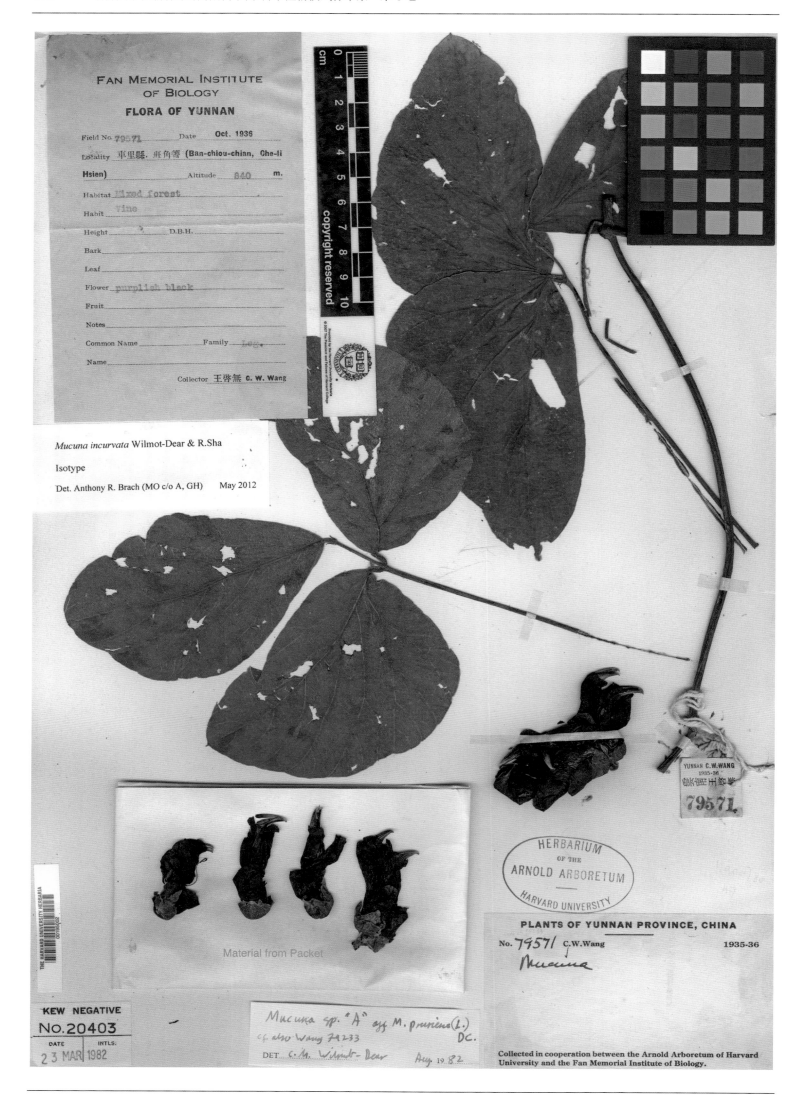

喙瓣黧豆 *Mucuna incurvata* Wilmot-Dear & R. Sha, Fl. China 10: 218. 2010. **Isotype**: China. Yunnan: Che-li (=Jinghong), alt. 840 m, 1936-10-??, C. W. Wang 79571 (A).

褶皮黧豆 *Mucuna lamellata* Wilmot-Dear in Kew Bull. 39(1): 53. 1984. **Holotype**: China. Guangdong: Yangshan, 1932-(07-09)-??, T. M. Tsui 579 (A).

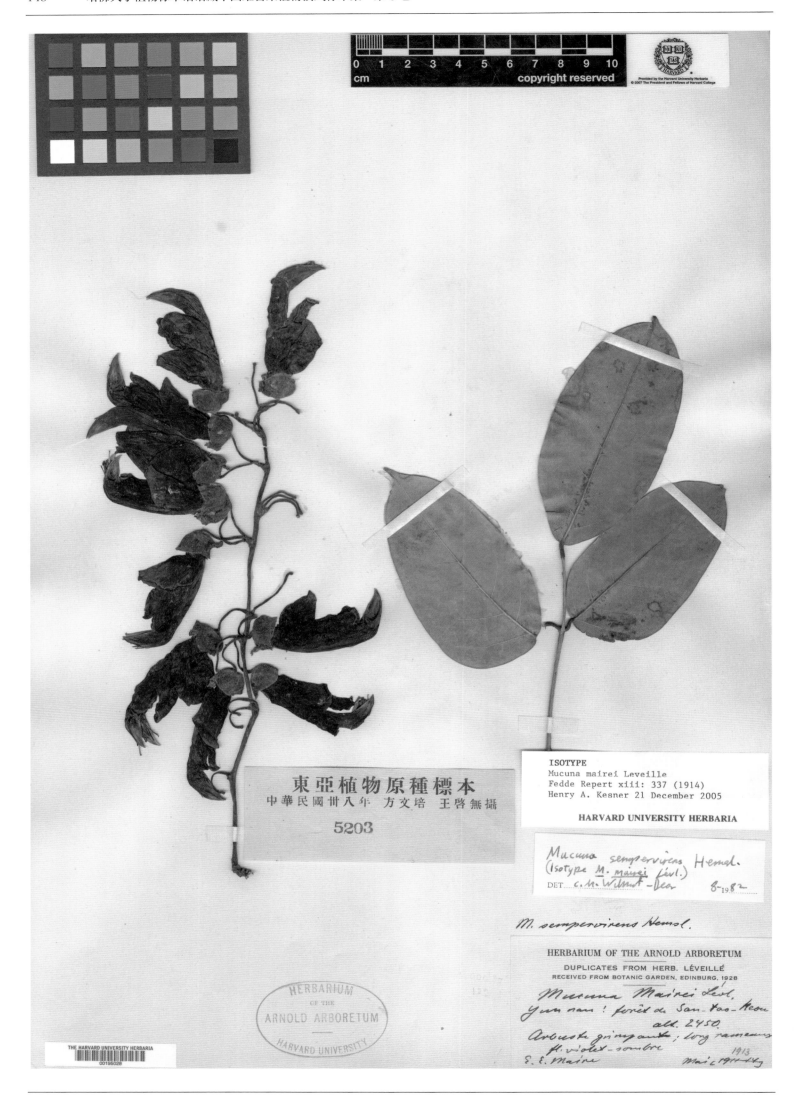

云南黧豆*Mucuna mairei* Lévl. in Fedde, Repert. Sp. Nov. 13: 337. 1914. **Isotype**: China. Yunnan: San-Tao-Keou, alt. 2 450 m, 1913-05-??, E. E. Maire s. n. (A).

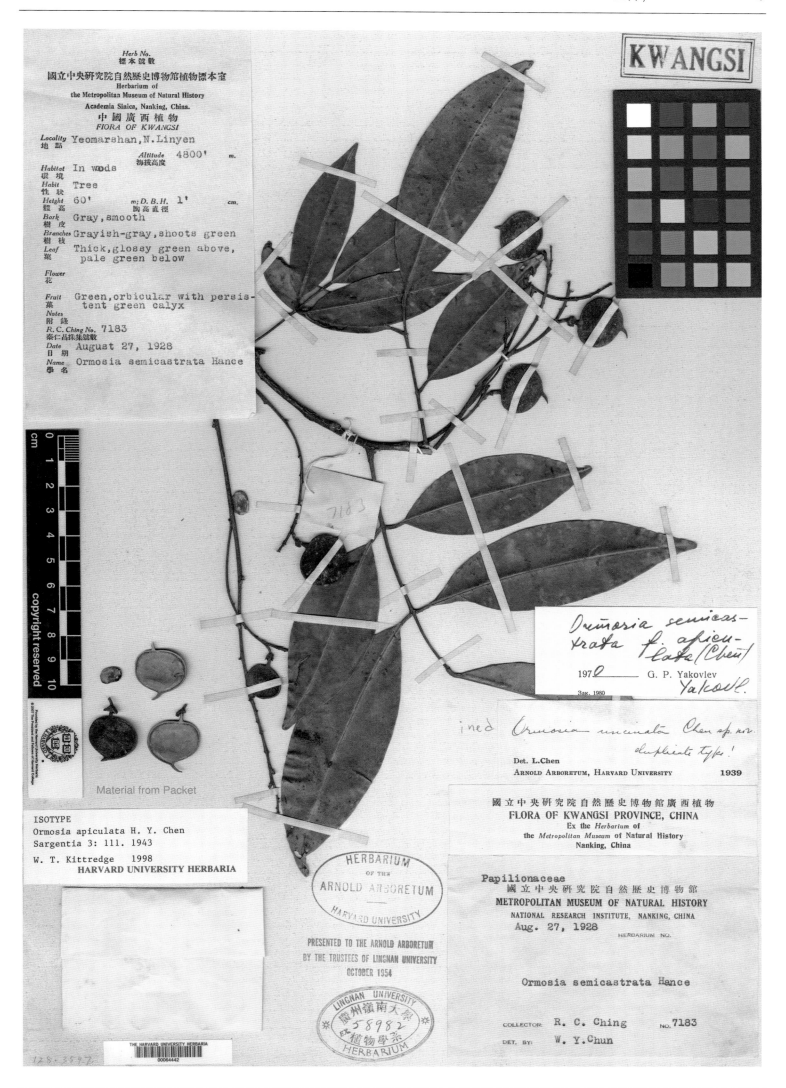

喙顶红豆 *Ormosia apiculata* L. Chen in Sargentia 3: 111. 1943. **Isotype**: China. Guangxi: Lingyun, alt. 1 464 m, 1928-08-27, R. C. Ching 7183 (A).

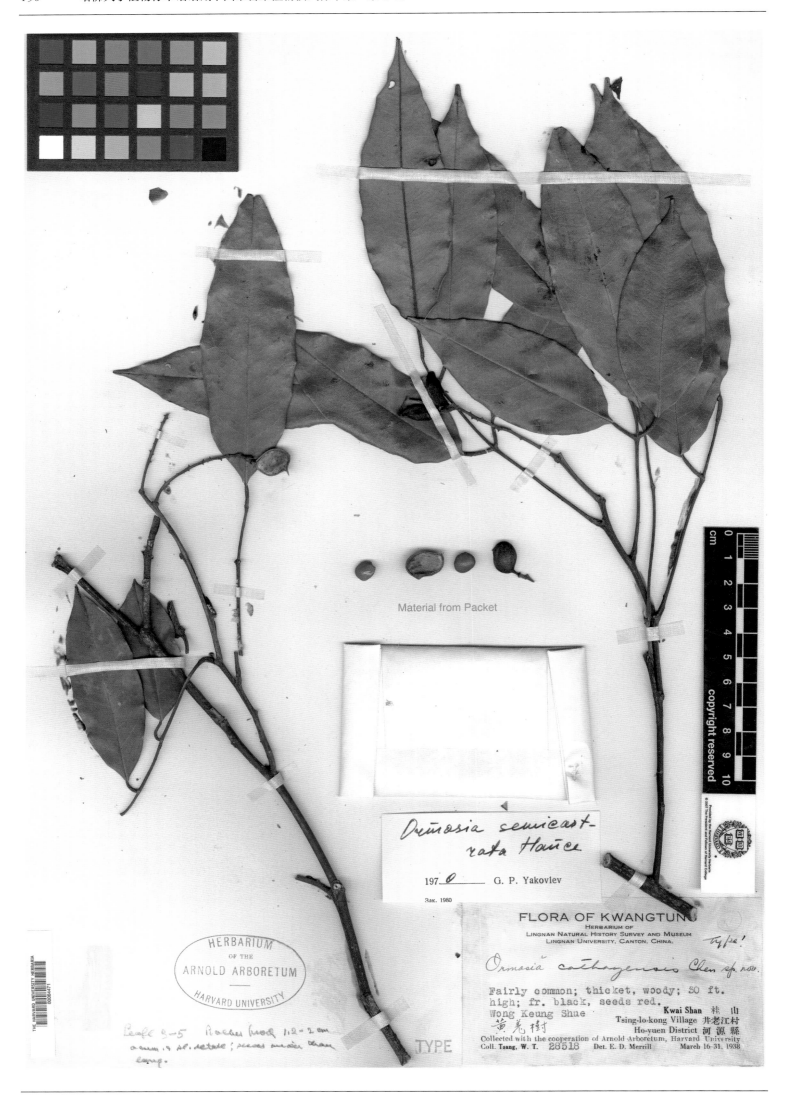

黄姜树 *Ormosia cathayensis* L. Chen in Sargentia 3: 112. 1943. **Holotype**: China. Guangdong: Heyuan, 1938-03-(16-31), W. T. Tsang 28518 (A).

椭圆叶红豆 *Ormosia elliptilimba* Merr. & Chun in Sunyatsenia 2(1): 31, pl. 13. 1934. **Isotype**: China. Hainan: Lingshui, 1932-04-25, S. P. Ko 52184 (A).

花榈木 Ormosia henryi Prain in J. Asiat. Soc. Beng. Part. 2, Nat. Hist. 69(2): 180. 1900. **Isotype**: China. Hubei: Western Hubei, Precise locality not known, (1885-1888)-??-??, A. Henry 7577 (GH).

红豆树 *Ormosia hosiei* Hemsl. & Wils. in Bull. Misc. Inform. Kew 1906(5): 156. 1906. **Isosyntype**: China. Sichuan: Chengdu, alt. 500 m, 1903-09-??, E. H. Wilson 3407 (A).

缘毛红豆 *Ormosia howii* Merr. & Chun in Sargentia 3: 112. 1943. **Holotype**: China. Hainan: Baoting, alt. 549 m, 1935-09-07, F. C. How 73646 (A).

韧荚红豆 *Ormosia indurata* L. Chen in Sargentia 3: 104. 1943. **Holotype**: China. Guangdong: Hwei yang (=Huiyang), 1935-09-(12-30), W. T. Tsang 25830 (A).

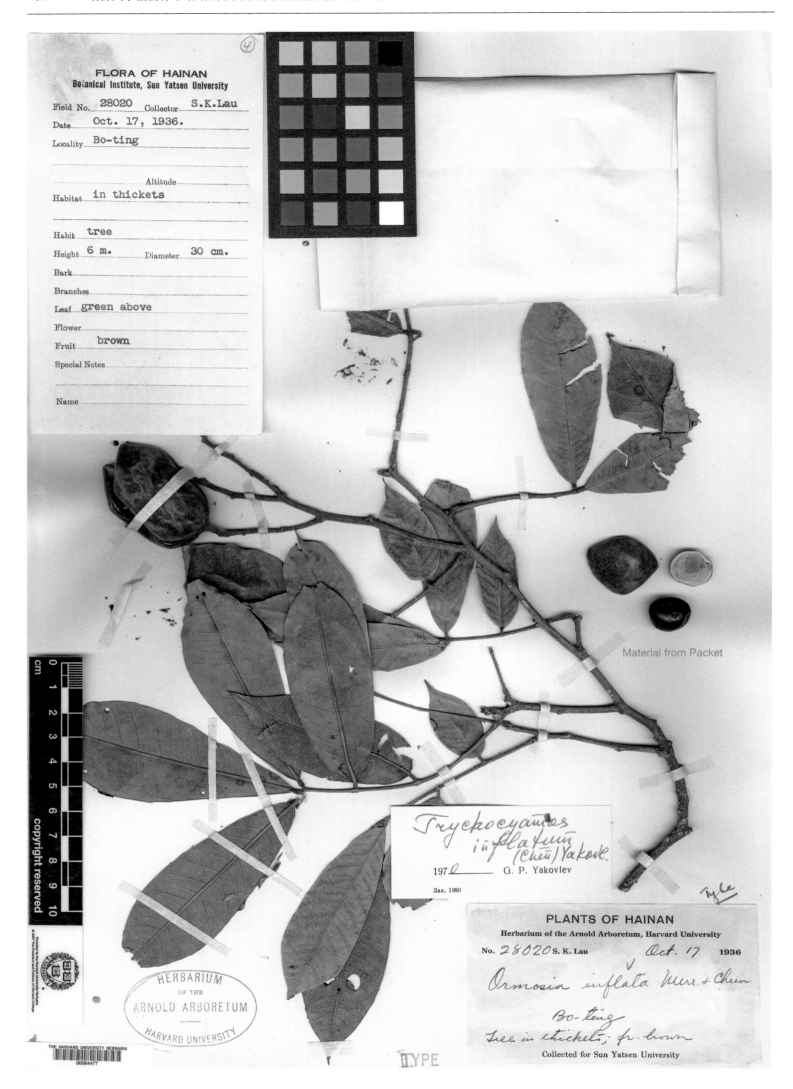

胀荚红豆 *Ormosia inflata* Merr. & Chun in Sargentia 3: 100. 1943. **Holotype**: China. Hainan: Baoting, alt. 350 m, 1936-10-17, S. K. Lau 28020 (A).

广西红豆 *Ormosia kwangsiensis* L. Chen in Sargentia 3: 108. 1943. **Syntype**: China. Guangxi: Shangsi, 1934-08-30, W. T. Tsang 24147 (A).

红柄红豆 *Ormosia longipes* L. Chen in Sargentia 3: 100. 1943. **Holotype**: China. Yunnan: Mengzi, alt. 1 525 m, A. Henry 11854 (A).

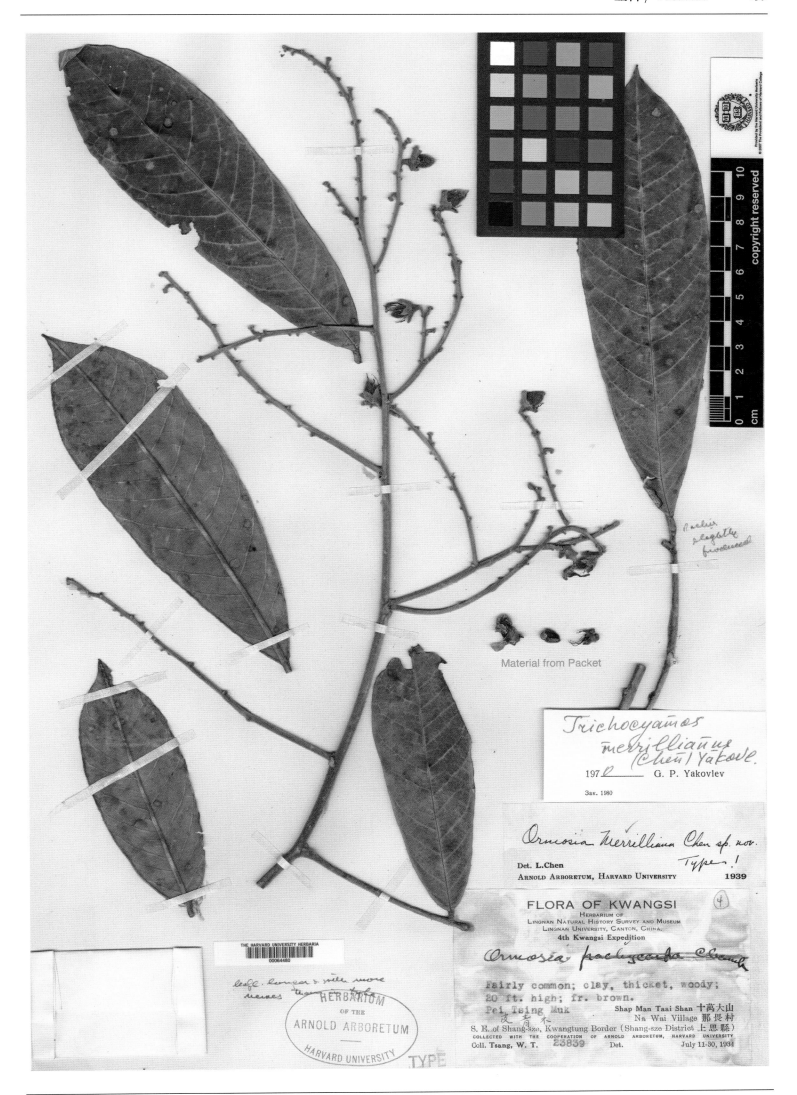

云开红豆 *Ormosia merrilliana* L. Chen in Sargentia 3: 99. 1943. **Holotype**: China. Guangxi: Shangsi, 1934-07-(11-30), W. T. Tsang 23839 (A).

小叶红豆 *Ormosia microphylla* Merr. ex Merr. & L. Chen in Sargentia 3: 109. 1943. **Holotype**: China. Guangxi: Shangsi, 1933-06-04, W. T. Tsang 22423 (A).

南宁红豆 *Ormosia nanningensis* L. Chen in Sargentia 3: 113. 1943. **Isotype**: China. Guangxi: Nanning, alt. 610 m, 1928-10-28, R. C. Ching 8300 (A).

榄绿红豆 *Ormosia olivacea* L. Chen in Sargentia 3: 110. 1943. **Holotype**: China. Yunnan: Fohai (=Menghai), alt. 1 800 m, 1936-07-??, C. W. Wang 77291 (A).

菱荚红豆 *Ormosia pachyptera* L. Chen in Sargentia 3: 104. 1943. **Holotype**: China. Guangxi: Chen Pien (=Napo), alt. 915 m, 1935-10-17, S. P. Ko 55924 (A).

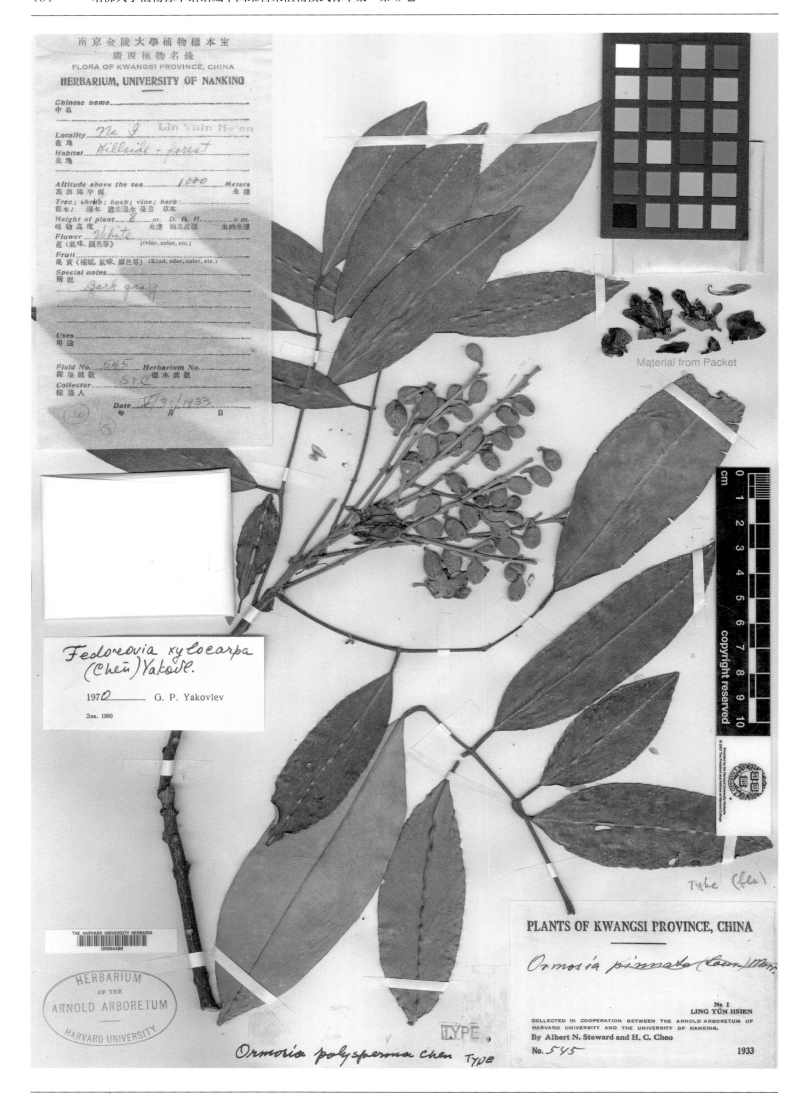

多籽红豆 *Ormosia polysperma* L. Chen in Sargentia 3: 106. 1943. **Holotype**: China. Guangxi: Lingyun, alt. 1 000 m, 1933-05-30, A. N. Steward & H. C. Cheo 545 (A).

紫花红豆 *Ormosia purpureiflora* L. Chen in Sargentia 3: 105. 1943. **Holotype**: China. Guangdong: Longmen, Nankun Shan, 1935-06-(01-19), W. T. Tsang 25362 (A).

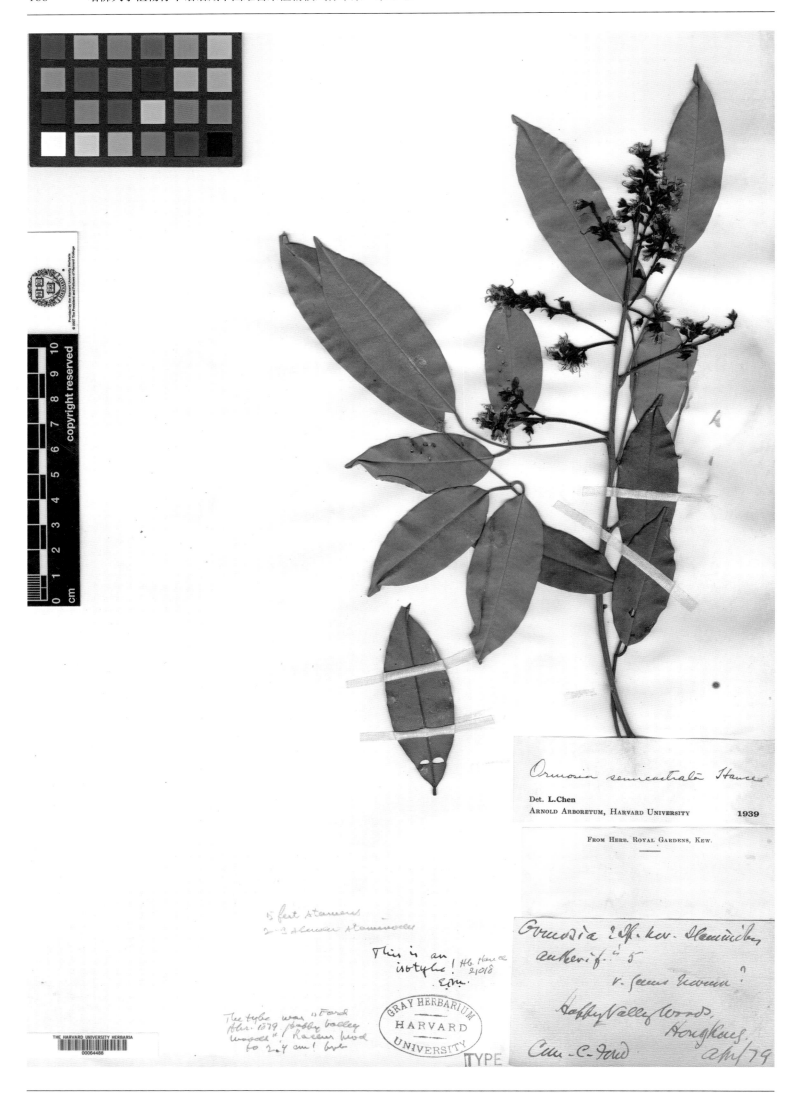

软荚红豆Ormosia semicastrata Hance in J. Bot. 20: 78. 1882. **Isotype**: China. Hongkong, 1879-04-??, C. Ford s. n. (=Herb. H. F. Hance 21018) (GH).

亮毛红豆 *Ormosia sericeolucida* L. Chen in Sargentia 3: 107. 1943. **Holotype**: China. Guangxi: Nanning, alt. 366 m, 1928-10-16, R. C. Ching 7931 (A).

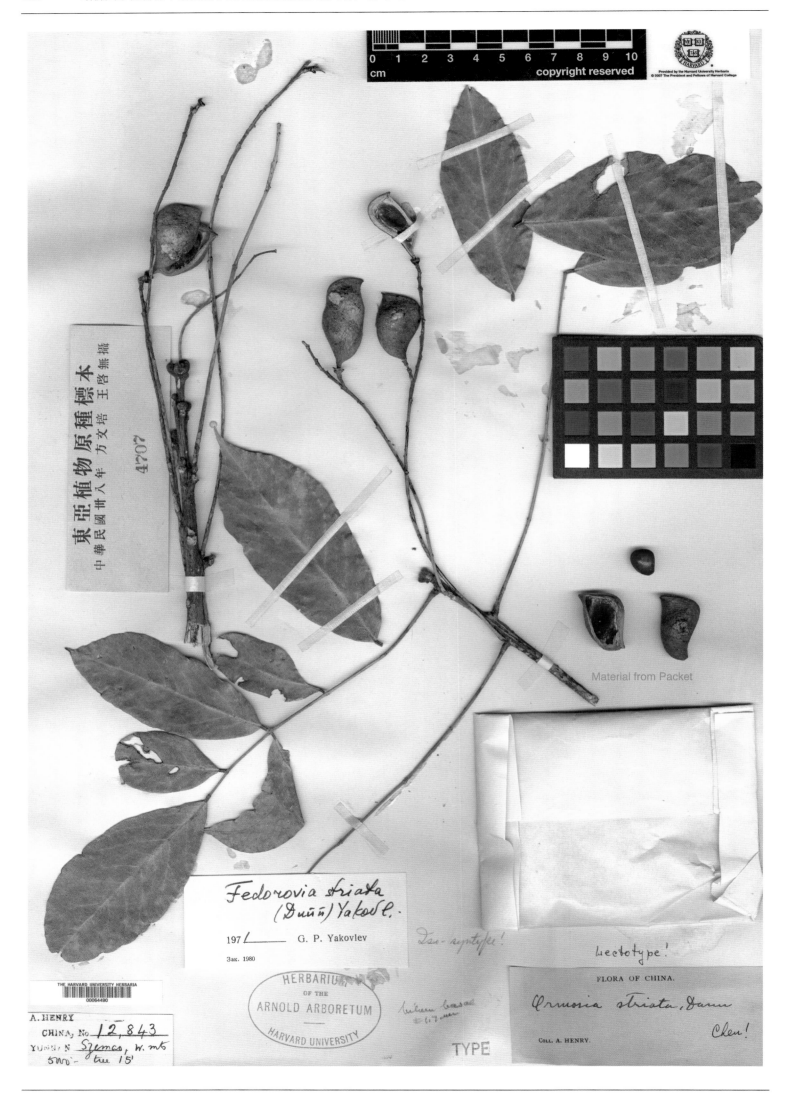

槽纹红豆 Ormosia striata Dunn in J. Linn. Soc. Bot. 35: 492. 1903. **Isosyntype**: China. Yunnan: Simao, alt. 1 525 m, A. Henry 12843 (A).

Material from Packet

Maeroule hosiei
(Hemsl. & Wils.) Yakovl.
197_____ G. P. Yakovlev
Зак. 1980

Isotype!

= O. Hosiei Hemsl. & Wils. orun R. Chen!

Leg.
PLANTS OF KIANGSU PROVINCE, CHINA
HERBARIUM OF THE UNIVERSITY OF NANKING

Ormosia taiana Henryi Prain.

Plant 20ft. high   Kiang Ying
Seeds scaletred   -Ku'shan-
Collector Mrs. F. L. Tai
No.
det. by C.Y. Chiao   VIII/15/1932

江苏红豆 *Ormosia taiana* C.Y. Chiao in Sinensia 3(12): 349, f. 1–3. 1933. **Isotype**: China. Jiangsu: Kiang Ying (=Jiangyin), 1932-08-15, F. L. Tai s. n. (A).

木荚红豆 *Ormosia xylocarpa* Chun ex Merr. & L. Chen in Sargentia 3: 105. 1943. **Holotype**: China. Hainan: Lingshui, alt. 610 m, 1932-11-25, N. K. Chun & C. L. Tso 44382 A (A).

云南红豆 *Ormosia yunnanensis* Prain in J. Asiat. Soc. Beng. Part 2, Nat. Hist. 69(2): 183. 1900. **Isotype**: China. Yunnan: Simao, alt. 1 220 m, A. Henry 11967 (A).

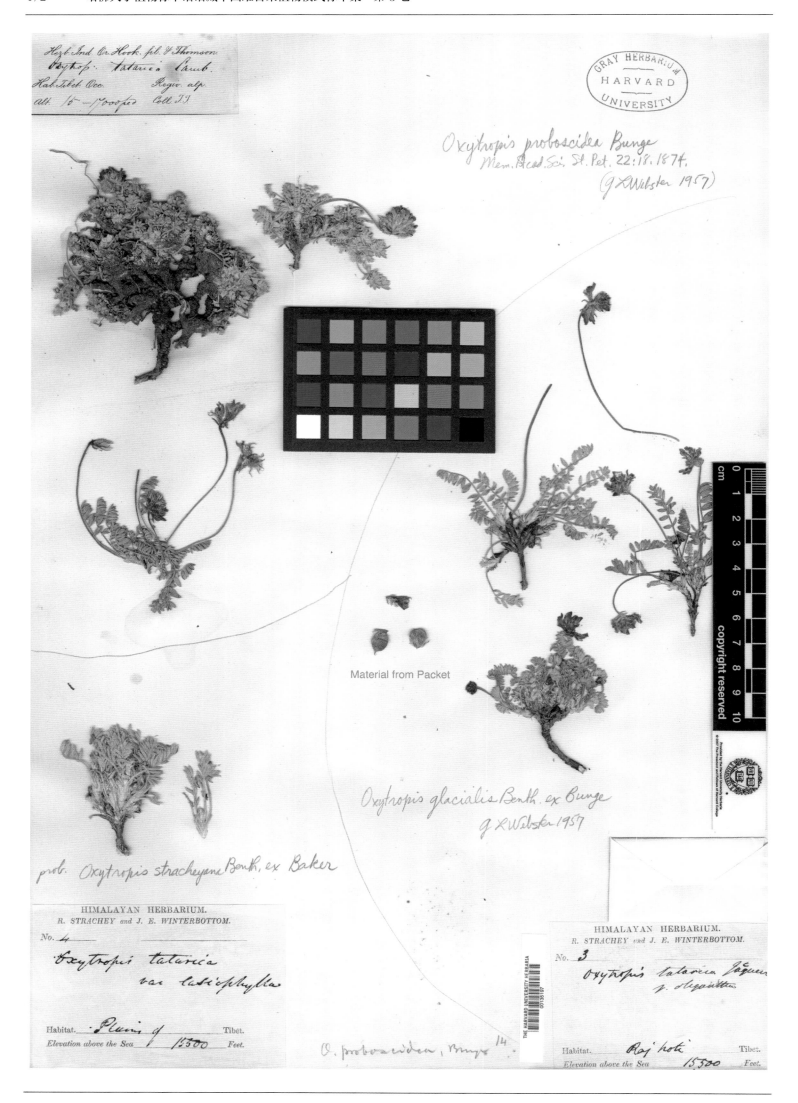

冰川棘豆 *Oxytropis glacialis* Benth. ex Bunge in Mém. Acad. Imp. Sci. St. Pétersb. Ser. 7 22(1): 18. 1874. **Isosyntype**: China. Xizang: Raj hoti, alt. 4 728 m, R. Strachey & J. E. Winterbottom 3 (GH).

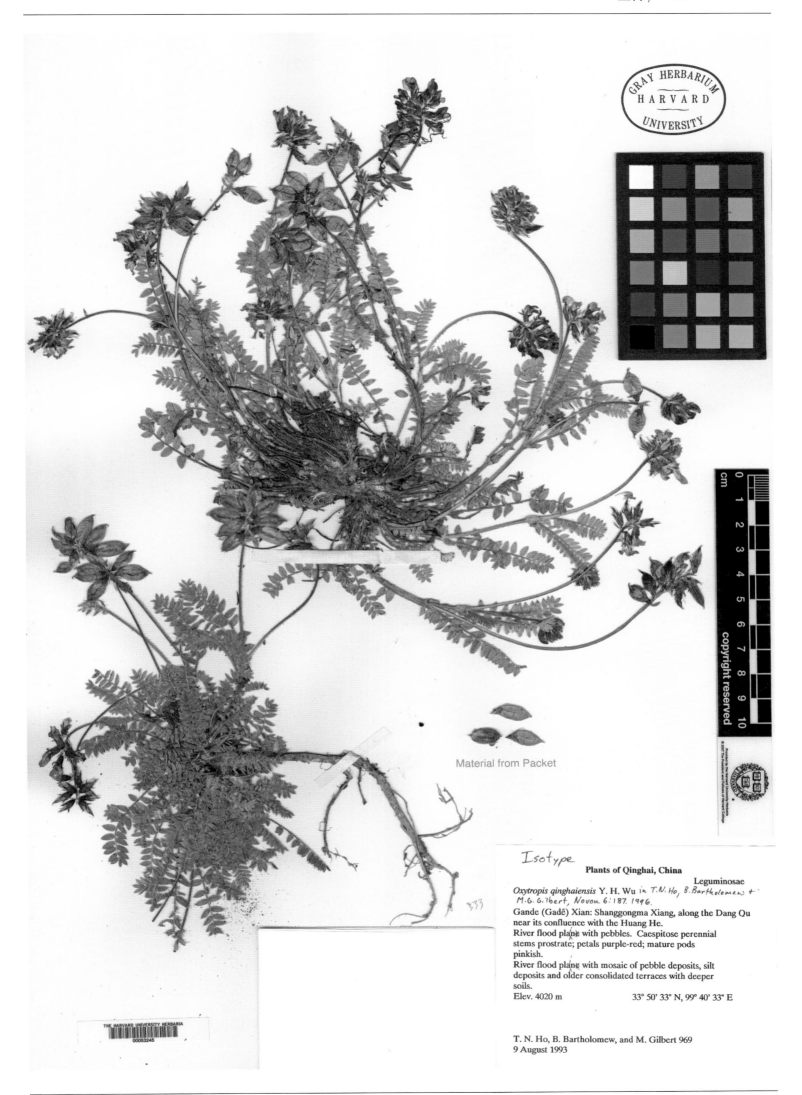

Isotype

Plants of Qinghai, China

Leguminosae

Oxytropis qinghaiensis Y. H. Wu in *T. N. Ho, B. Bartholomew + M. G. Gilbert, Novon 6:187. 1996.*

Gande (Gadê) Xian: Shanggongma Xiang, along the Dang Qu near its confluence with the Huang He.

River flood plain with pebbles. Caespitose perennial stems prostrate; petals purple-red; mature pods pinkish.

River flood plain with mosaic of pebble deposits, silt deposits and older consolidated terraces with deeper soils.

Elev. 4020 m   33° 50' 33" N, 99° 40' 33" E

T. N. Ho, B. Bartholomew, and M. Gilbert 969
9 August 1993

青海棘豆 *Oxytropis qinghaiensis* Y. H. Wu in Novon 6(2): 187. 1996. **Isotype**: China. Qinghai: Gadê, alt. 4 020 m, 1993-08-09, T. N. Ho, B. Bartholomew & M. Gilbert 969 (GH).

云南棘豆*Oxytropis yunnanensis* Franch. Pl. Delavay. 163. 1890. **Isotype**: China. Yunnan: Eryuan, Yen-tze-hay, alt. 3 500 m, P. J. M. Delavay 2142 (A).

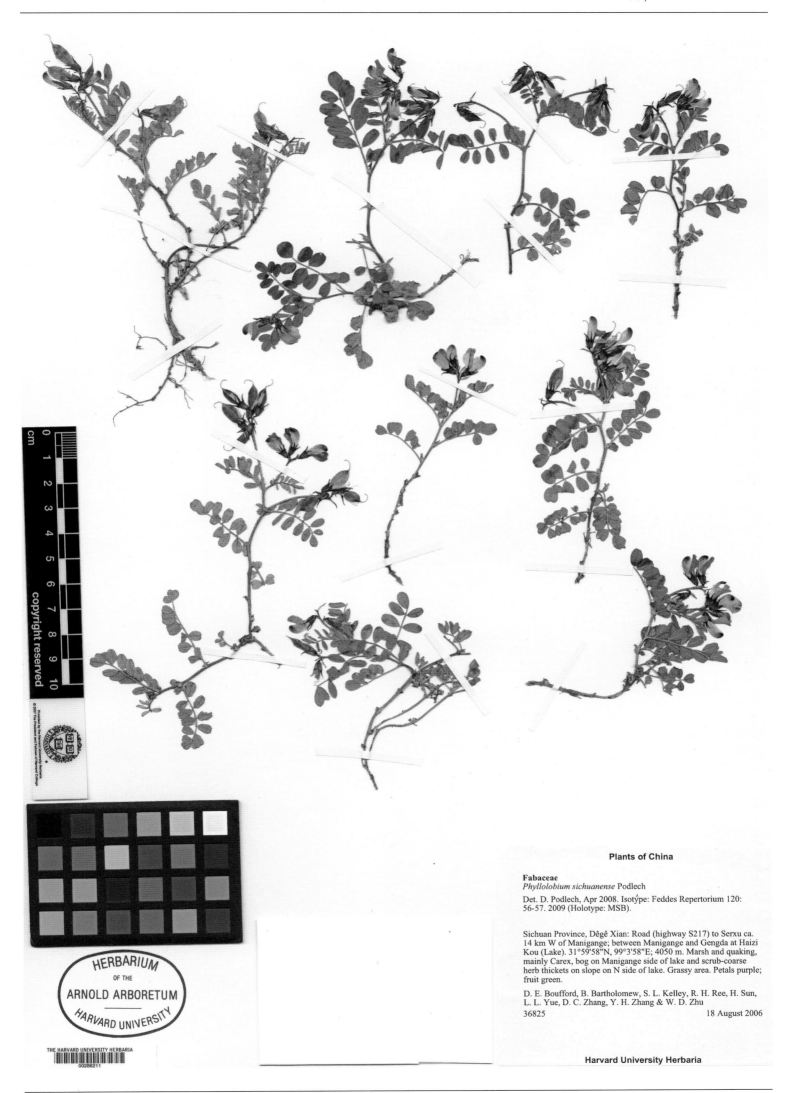

Plants of China

Fabaceae
Phyllolobium sichuanense Podlech

Det. D. Podlech, Apr 2008. Isotype: Feddes Repertorium 120: 56-57. 2009 (Holotype: MSB).

Sichuan Province, Dêgê Xian: Road (highway S217) to Serxu ca. 14 km W of Manigange; between Manigange and Gengda at Haizi Kou (Lake). 31°59'58"N, 99°3'58"E; 4050 m. Marsh and quaking, mainly Carex, bog on Manigange side of lake and scrub-coarse herb thickets on slope on N side of lake. Grassy area. Petals purple; fruit green.

D. E. Boufford, B. Bartholomew, S. L. Kelley, R. H. Ree, H. Sun, L. L. Yue, D. C. Zhang, Y. H. Zhang & W. D. Zhu
36825　　　　　　　　　　　　　　　　　　　18 August 2006

Harvard University Herbaria

四川膨果豆 *Phyllolobium sichuanense* Podlech in Feddes Repert. 120: 56. 2009. **Isotype**: China. Sichuan: Dêgê, alt. 4 050 m, 2006-08-18, D. E. Boufford, B. Bartholomew, S. L. Kelley, R. H. Ree, H. Sun, L. L. Yue, D. C. Zhang, Y. H. Zhang & W. D. Zhu 36825 (A).

大叶合欢 *Pithecellobium turgidum* Merr. in Philipp. J. Sci. 15(3): 239. 1919. **Syntype**: China. Guangdong: Zhaoqing, Dinghu Shan, alt. 300 m, 1918-04-26, C. O. Levine 1976 (A).

薄叶猴耳环 *Pithecellobium utile* Chun & How in Acta Phytotax. Sin. 7(1): 17, pl. 5: 2. 1958. **Isotype**: China. Hainan: Baoting, alt. 336 m, 1935-04-22, F. C. How 72067 (A).

密毛长柄山蚂蟥 *Podocarpium fallax* (Schindl.) C. Chen & X. J. Cui var. *densum* C. Chen & X. J. Cui in Acta Bot. Yunnan. 9(3): 306. 1987. **Isotype**: China. Yunnan: Malipo, alt. 600~800 m, 1947-11-23, K. M. Feng 13574 (A).

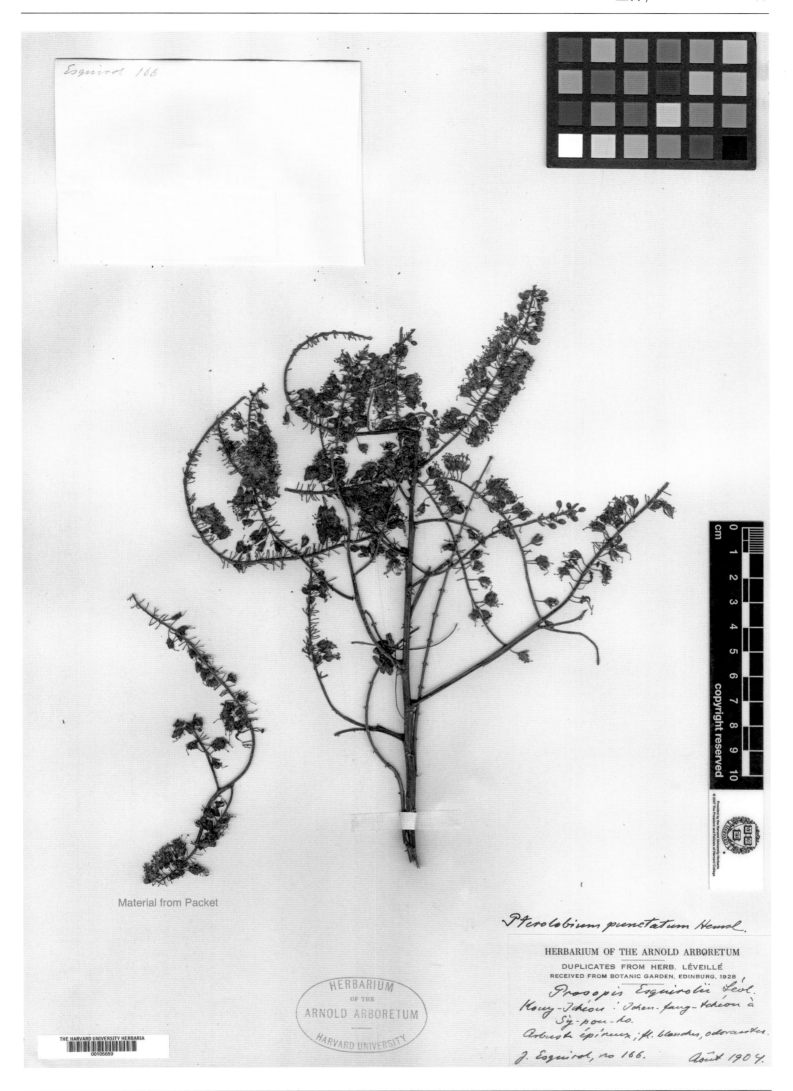

Esquirol 166

Material from Packet

Pterolobium punctatum Hemsl.

Prosopis Esquirolii Lévl.
Kouy-Tchéou : Tchen-fong-tchéou à
Sy-pou-lo.
Arbuste épineux; fl. blandus, odorantes.
J. Esquirol, no 166.   Août 1904.

贵州老虎刺 *Prosopis esquirolii* Lévl. Fl. Kouy-Tchéou. 242. 1914. **Isotype**: China. Guizhou: Tchen-fong (=Zhenfeng), 1904-08-??, J. Esquirol 166 (A).

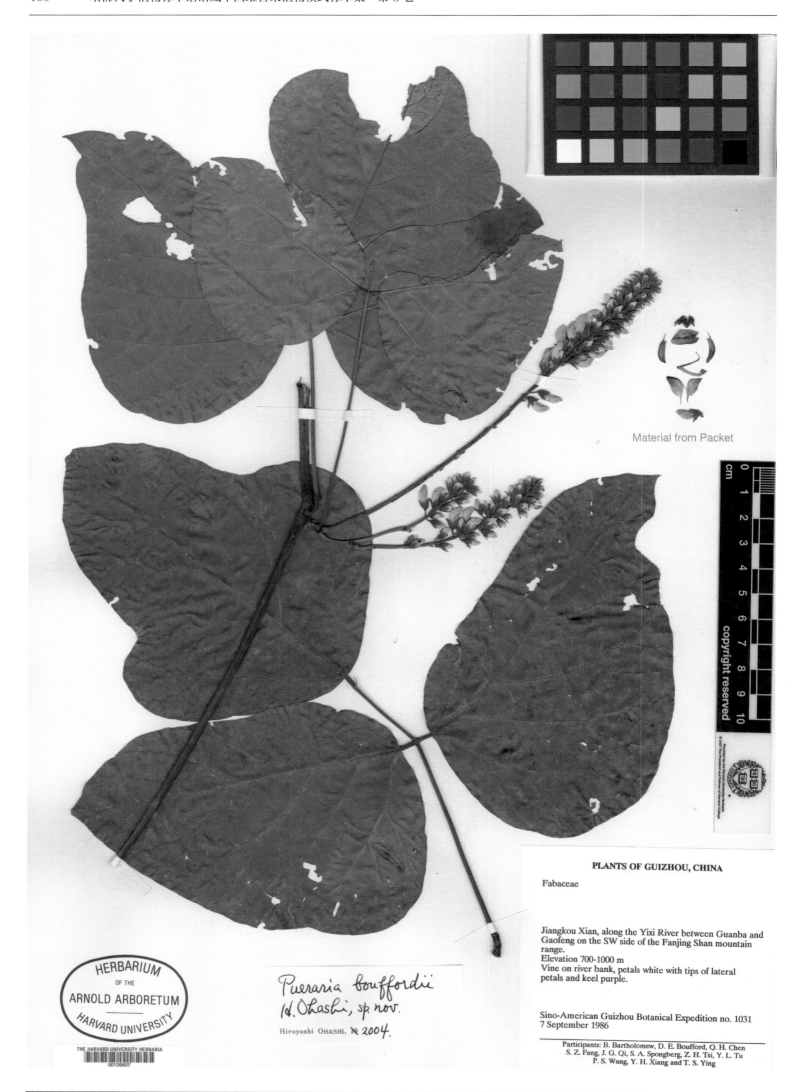

Pueraria bouffordii
H. Ohashi, sp. nov.

Hiroyoshi OHASHI. № 2004.

PLANTS OF GUIZHOU, CHINA

Fabaceae

Jiangkou Xian, along the Yixi River between Guanba and Gaofeng on the SW side of the Fanjing Shan mountain range.
Elevation 700-1000 m
Vine on river bank, petals white with tips of lateral petals and keel purple.

Sino-American Guizhou Botanical Expedition no. 1031
7 September 1986

Participants: B. Bartholomew, D. E. Boufford, Q. H. Chen
S. Z. Fang, J. G. Qi, S. A. Spongberg, Z. H. Tsi, Y. L. Tu
P. S. Wang, Y. H. Xiang and T. S. Ying

贵州葛 *Pueraria bouffordii* H. Ohashi in J. Japan. Bot. 80: 9, f. 1, 2. 2005. **Holotype**: China. Guizhou: Jiangkou, Fanjing Shan, alt. 700~1 000 m, 1986-09-07, Sino-Amer. Guizhou Bot. Exped. 1031 (A).

紫花苦葛 *Pueraria peduncularis* (Crah. ex Benth.) Benth. var. *violacea* Franch. Pl. Delavay. 182. 1890. **Syntype**: China. Yunnan: Heqing, Tapin-tze, 1885-08-18, P. J. M. Delavay 1983 (A).

云南葛 *Pueraria xyzhuii* H. Ohashi & Y. Iokawa in J. Japan. Bot. 81(1): 27, f. 1–2. 2006. **Holotype**: China. Yunnan: Mengzi, alt. 1 525 m, A. Henry 13626 (A).

紫脉花鹿藿 *Rhynchosia craibiana* Rehd. in Sargent, Pl. Wils. 2(1): 118. 1914. **Holotype**: China. Sichuan: Xiaojin, alt. 2 135~2 440 m, 1908-06-30, E. H. Wilson 2934 (A).

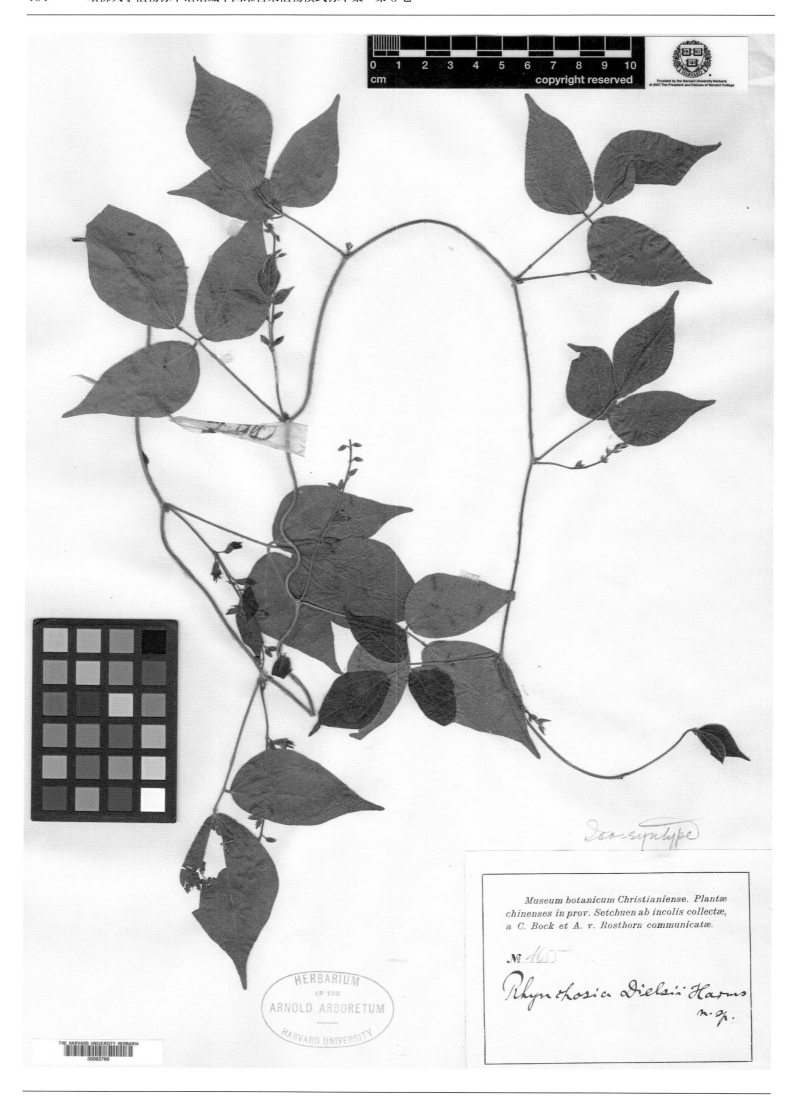

菱叶鹿藿 *Rhynchosia dielsii* Harms in Engler, Bot. Jahrb. Syst. 29(3/4): 418. 1900. **Isosyntype**: China. Chongqing: Nanchuan, C. Bock & A. Rosthorn 1655 (A).

Material from Packet

中国科学院昆明植物研究所
标本馆 (KUN)

Salweenia bouffordiana H. Sun,
Z. M. Li et J. P. Yue
sp. nov.
DET. Hang Sun, 1 Oct. 2010

Plant of Hengduan Mounts

Number: *H.Sun-07zx-2884*
Date: 2008.07.31
Locality: China.Sichuan,Xilong,Yalong Jiang valley
on semi-arid and gritty soil
Elevation: 3000m
Latitude: 30°53'20.4"N
Longitude: 100°12'34.3"E
Habitat: shrubs,
Flower:
Fruit: brown
Name: *Salweenia wardii* bouffordiana
Family: Fabaceae
Collectors: Hang Sun, Yonghong Zhang,Guodong
Li, Xiaoxiong Wang

HERBARIUM OF THE ARNOLD ARBORETUM HARVARD UNIVERSITY

THE HARVARD UNIVERSITY HERBARIA
00351972

鲍氏冬麻豆 *Salweenia bouffordiana* H. Su, Z. M. Li & J. P. Yue in Taxon 60(5): 1370, f. 5. 2011. **Isotype**: China. Sichuan: Xilong, Yalong Jiang valley, alt. 3 000 m, 2008-07-31, H. Sun-07zx-2884 (A).

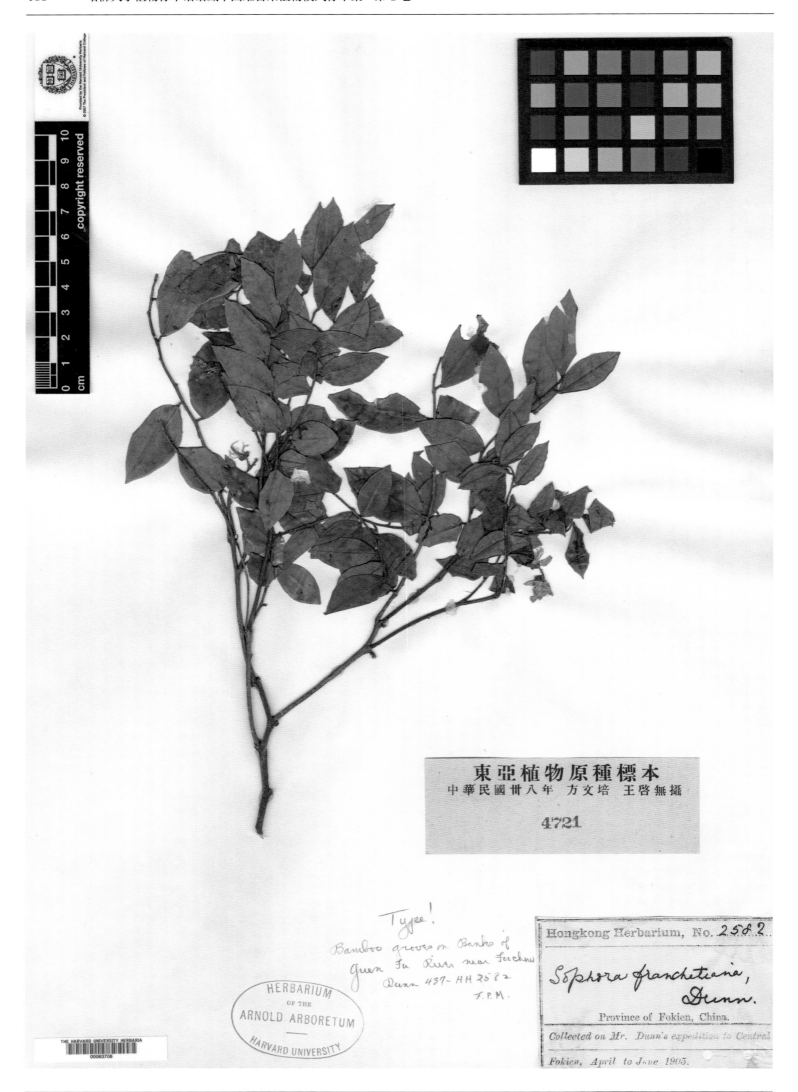

閩槐 *Sophora franchetiana* Dunn in J. Linn. Soc. Bot. 38: 358. 1908. **Isotype**: China. Fujian: Fuzhou, 1905-(04-06)-??, Dunn 437 (=Hongkong Herb. 2582) (A).

東亞植物原種標本
中華民國卅八年 方文培 王啓無攝

4734

Material from Packet

No. 1179. ARNOLD ARBORETUM.
EXPEDITION TO CHINA, 1907-09.
Western Szechuan.

Sophora glauca Lesch.

Coll. E. H. Wilson.

HERBARIUM
OF THE
ARNOLD ARBORETUM
HARVARD UNIVERSITY

白花槐 *Sophora glauca* Lesch. ex DC. var. *albescens* Rehd. in Sargent, Pl. Wils. 3(3): 447. 1917. **Holotype**: China. Sichuan: Ebian, Wa Shan, alt. 610~915 m, 1908-(06-10)-??, E. H. Wilson 1179 (A).

宜昌槐 *Sophora japonica* L. var. *vestita* Rehd. in J. Arnold Arbor. 3(1): 32. 1921. **Holotype**: China. Hubei: Yichang, alt. 305~915 m, 1907-07-??, E. H. Wilson 651 (A).

西南槐 *Sophora mairei* Pamp. in Nuov. Giorn. Bot. Ital. n.s. 17(1): 31. 1910. **Isotype**: China. Yunnan: Tong-chouan (=Dongchuan), alt. 2 500 m, 1914-05-??, E. E. Maire s. n. (A).

HARVARD UNIVERSITY HERBARIA

Sophora prazeri Prain
var. mairei (Pamp.) Tsoong
(Type of S. wilsonii Craib.)

fide Tsoong, Acta Phyt. Sin. 18:73 1980

No. 1067　ARNOLD ARBORETUM.
EXPEDITION TO CHINA, 1907-09.
Western Szechuan.

Sophora Wilsonii
Craib.

Coll. E. H. Wilson.　Alt.
6/08 + 10/08.

瓦山槐 *Sophora wilsonii* Craib in Sargent, Pl. Wils. 2(1): 94. 1914. **Syntype**: China. Sichuan: Ebian, Wa Shan, alt. 1 000 m, 1908-06-02, E. H. Wilson 1067 (GH).

美丽密花豆 *Spatholobus pulcher* Dunn in J. Linn. Soc. Bot. 35: 489. 1903. **Isotype**: China. Yunnan: Simao, alt. 1 525 m, A. Henry 12780 (A).

Spatholobus *harmandii* Gagn.

Duplicate cited in Ridder-Numan & Wiriadinata, Reinwardtia 10:201 . 1985.
K. Gould & E. W. Wood   March 1991
HARVARD UNIVERSITY HERBARIA

ISOTYPE

Spatholobus sinensis W. Y. Chun & T. Chen
Acta Phytotax. Sin. 7: 31. 1958.

K. Gould & E. W. Wood   March 1991
HARVARD UNIVERSITY HERBARIA

PLANTS OF HAINAN

Collected for The New York Botanical Garden in cooperation with the Botanical Institute of the College of Agriculture, Sun Yatsen University, Third Hainan Expedition.

No. 71016   F. C. How   March-July, 1933.

Spatholobus harmandii Gagnep.

Yaichow, Hainan; climber; in woods, climbing on tree; fl. deep red, calyx pale green, anthers yellow, pistil pale green; fr. young whitish green.

HERBARIUM OF THE ARNOLD ARBORETUM HARVARD UNIVERSITY

THE HARVARD UNIVERSITY HERBARIA
00063663

红血藤 *Spatholobus sinensis* Chun & T. Chen in Acta Phytotax. Sin. 7(1): 31, pl. 10, f. 2. 1958. **Isotype**: China. Hainan: Sanya, 1933-06-12, F. C. How 71016 (A).

Spatholobus **suberectus** Dunn

Duplicate cited in Ridder-Numan & Wiriadinata, Reinwardtia 10:201. 1985.

K. R. Gould & E. W. Wood　　March 1991

HARVARD UNIVERSITY HERBARIA

ISOLECTOTYPE
Spatholobus suberectus S. T. Dunn
J. Linn. Soc., Bot. 35: 489. 1903.
Lectotypified in J. W. A. Ridder-Numan &
H. Wiriadinata, Reinwardtia 10: 195. 1985.)

K. Gould & E. W. Wood　　March 1991
HARVARD UNIVERSITY HERBARIA

A. HENRY
CHINA, No. 11,977^A
YUNNAN Szemao hills, 4800'
large climbing shrub. 6'
white fls

HERBARIUM
OF THE
ARNOLD ARBORETUM
HARVARD UNIVERSITY

FLORA OF CHINA.

Spatholobus suberectus, Dunn

COLL. A. HENRY.

密花豆 *Spatholobus suberectus* Dunn in J. Linn. Soc. Bot. 35: 489. 1903. **Isolectotype** (designated by J. W. A. Ridder-Numan & H. Wiriadinata in Reinwardtia 10: 195. 1985.): China. Yunnan: Simao, alt. 1 464 m, A. Henry 11977 A (A).

云南密花豆 *Spatholobus varians* Dunn in J. Linn. Soc. Bot. 35: 490. 1903. **Isolectotype** (designated by J. W. A. Ridder-Numan & H. Wiriadinata in Reinwardtia 10: 196. 1903.): China. Yunnan: Simao, alt. 1 525 m, A. Henry 11771 A (A).

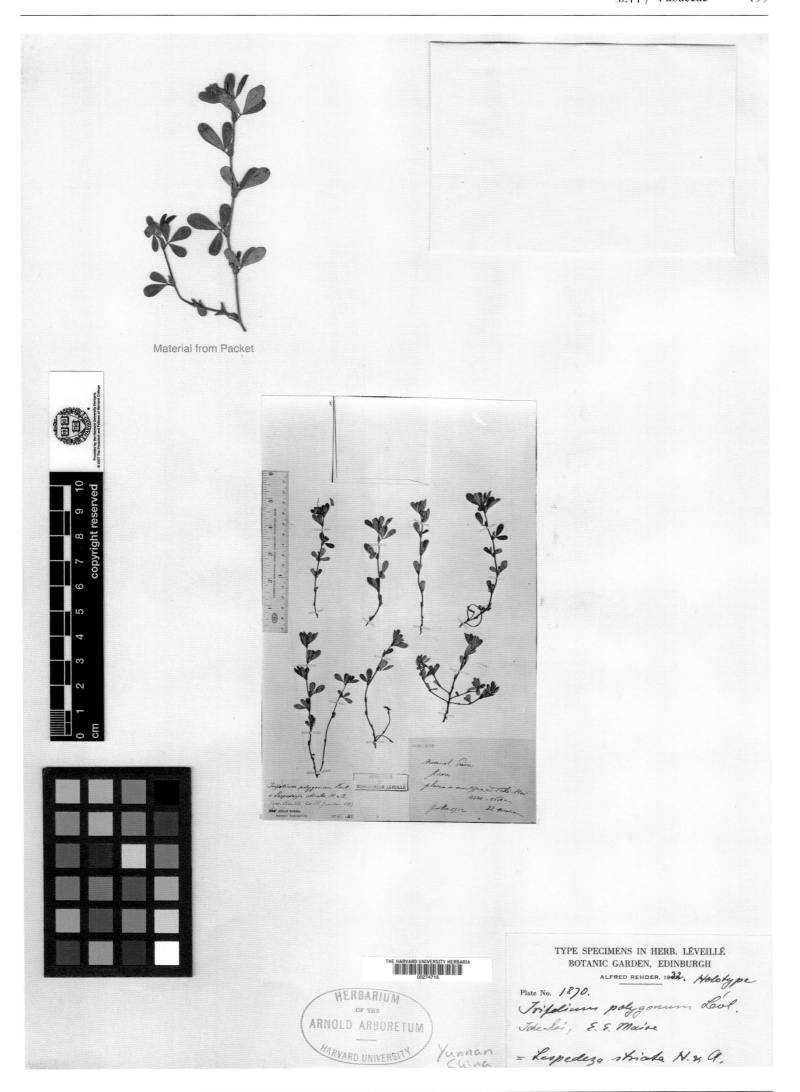

Material from Packet

云南鸡眼草 *Trifolium polygonum* Lévl. in Fedde, Repert. Sp. Nov. 12: 282. 1913. **Isotype**: China. Yunnan: Tche-Hai, alt. 2 500~2 600 m, 1912-07-??, E. E. Maire s. n. (A).

亨利狸尾豆 *Uraria henryi* Schindl. in Fedde, Repert. Sp. Nov. 21: 15. 1925. **Isosyntype**: China. Yunnan: Simao, alt. 1 373 m, A. Henry 12440 (A).

短梗紫藤 *Wisteria brevidentata* Rehd. in J. Arnold Arbor. 7(3): 163. 1926. **Holotype**: China. Yunnan: Tong-chouan (=Dongchuan), alt. 2 900 m, 19??-04-??, E. E. Maire s. n. (=Arnold Arbor. 458) (A).

大戟科
Euphorbiaceae

海南铁苋菜 *Acalypha hainanensis* Merr. & Chun in Sunyatsenia 5: 91. 1940. **Isotype**: China. Hainan: Sanya, 1933-10-08, C. Wang 34508 (A).

丽江铁苋菜 *Acalypha schneideriana* Pax & Hoffm. in Engler, Pflanzenr. 85(4. 147. XVI): 138. 1924. **Isotype**: China. Yunnan: Chungtien (=Shangri-La), alt. 2 600 m, 1914-08-??, C. Schneider 2208 (GH).

四川铁苋菜*Acalypha szechuanensis* Hutch. in Sargent, Pl. Wils. 2(3): 524. 1916. **Isotype:** China. Sichuan: Kiating (=Kaijiang), alt. 305 m, 1908-06-??, E. H. Wilson 1988 (A).

长花喜光花 ***Actephila dolichantha*** Croiz. in J. Arnold Arbor. 23(1): 30. 1942. **Holotype**: China. Yunnan: Che-li (=Jinghong), alt. 1 000 m, 1936-10-??, C. W. Wang 79253 (A).

FLORA OF HAINAN
Botanical Institute, Sun Yatsen University

Field No. 27041 Collector S.K.Lau
Date June 9, 1936.
Locality Loktung

Altitude
Habitat in dense woods

Habit shrub
Height 1½ m. Diameter
Bark
Branches
Leaf above greenish yellow
Flower greenish yellow

Actephila
Merrilliana Chun
(= A. inopinata Croiz.)
Det. Leon Croizat 1941!
ARNOLD ARBORETUM, HARVARD UNIVERSITY 193.

Euph. **PLANTS OF HAINAN**
Herbarium of the Arnold Arboretum, Harvard University
No. 27041 S. K. Lau June 9 1936
Actephila inopinata Croiz.
Loktung holotypus!
Shrub, in dense woods; fl. greenish yellow
Collected for Sun Yatsen University

HERBARIUM OF THE ARNOLD ARBORETUM HARVARD UNIVERSITY

无毛喜光花 *Actephila inopinata* Croiz. in J. Arnold Arbor. 21(4): 490. 1940. **Holotype:** China. Hainan: Loktung (=Ledong), 1936-06-09, S. K. Lau 27041 (A).

山麻杆 *Alchornea davidii* Franch. Pl. David. 1: 264, pl. 6. 1884. **Isotype**: China. Shaanxi: Qinling, Precise locality not known, 1873-04-??, A. David s. n. (A).

ISOSYNTYPE
Alchornea hainanensis Pax & K. Hoffman
Pflanzenr. (Engler) IV. 147.VII (heft 63): 242. 1914

W. T. Kittredge   2010
HARVARD UNIVERSITY HERBARIA

NOMENCL. REV. ACC. TO INTERNAT. RULES

Material from Packet

海南山麻杆 *Alchornea hainanensis* Pax & Hoffm. in Engler, Pflanzenr. 63(IV. 147. VII): 242. 1914. **Isosyntype**: China. Hainan: Precise locality not known, 1889-11-??, A. Henry 8778 (GH).

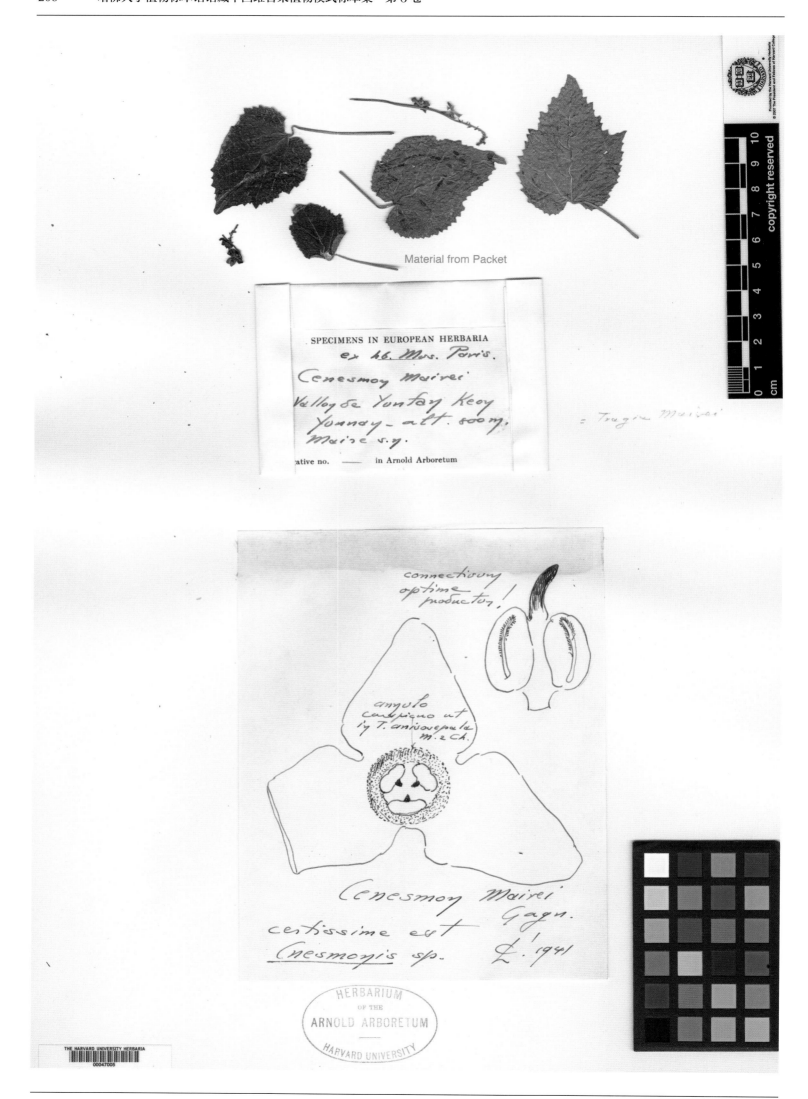

Material from Packet

粗毛藤 *Alchornea mairei* Lévl. Cat. Pl. Yun-Nan. 94. 1916. **Isotype:** China. Yunnan: Yon Fong Keou, alt. 800 m, 1912-07-??, E. E. Maire s. n. (A).

油桐 *Aleurites fordii* Hemsl. in Hook. Icon. Pl. 29: pl. 2801, 2802. 1906. **Isosyntype:** China. Yunnan: Mile, A. Henry 10587 (A).

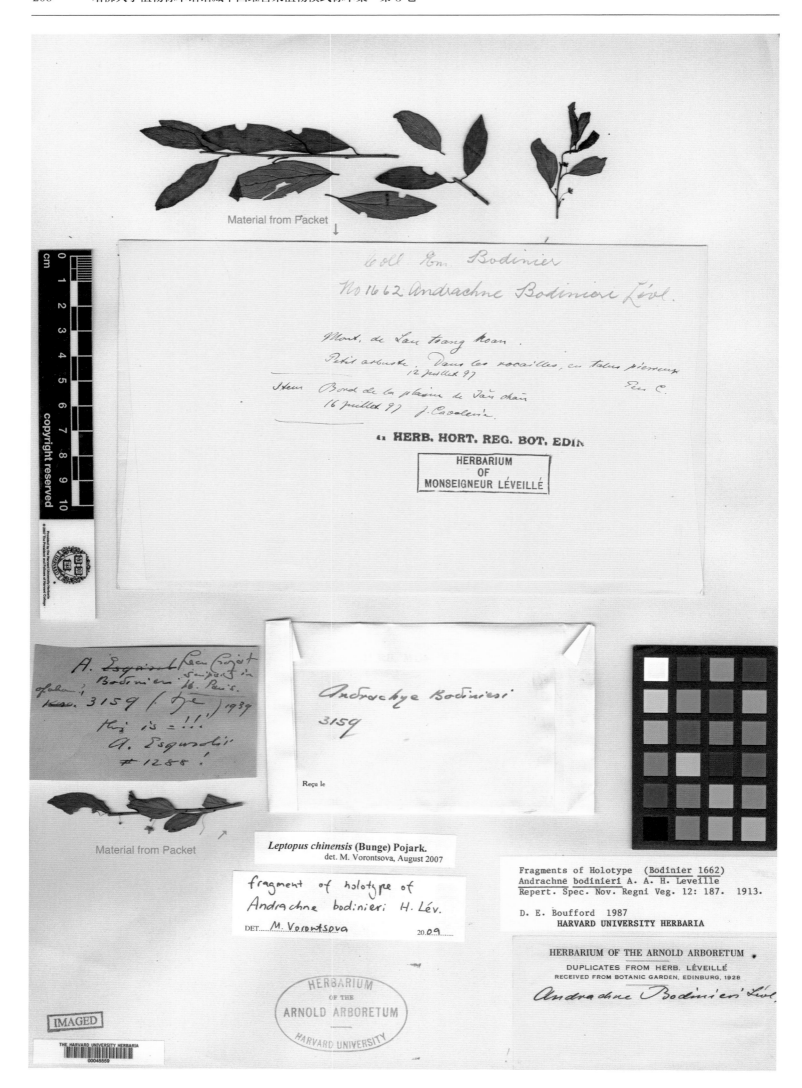

贵州雀舌木 *Andrachne bodinieri* Lévl. in Fedde, Repert. Sp. Nov. 12: 187. 1913. **Isotype:** China. Guizhou: Lou-Tsong-Koan, 1897-07-12, E. Bodinier 1662 (A).

Leptopus chinensis (Bunge) Pojark.
det. M. Vorontsova, August 2007

Lectotype
TYPE
of Andrachne capillipes (Pax) Hutch.
var. pubescens Hutch.
M. Vorontsova 2007

THE HARVARD UNIVERSITY HERBARIA
00275467

Andrachne gracilipes
Hutchinson

Determinavit J. H.

Andrachne capillipes
var. pubescens Hutch.

Leptopus chinensis (Bunge) Pojark.
(Andrachne chinensis Bunge; A. capillipes (Pax) Hutch.; A. montana Hutch.)

P. T. Li   1991
SOUTH CHINA AGRICULTURAL UNIVERSITY (CANT)

HERBARIUM
OF THE
ARNOLD ARBORETUM
HARVARD UNIVERSITY

No. 3539. ARNOLD ARBORETUM.
EXPEDITION TO CHINA. 1907-09.
Western Hupeh.

Phyllanthus
shrub 2 ft. fls. greenish
axomma; aaadentia
Hsing-shan Hsien   Alt. 1~5000 ft
Coll. E. H. Wilson.
7/5/07

短柔毛雀舌木 *Andrachne capillipes* (Pax) Hutch. var. **pubescens** Hutch. in Sargent, Pl. Wils. 2(3): 516. 1916. **Syntype:** China. Hubei: Xingshan, alt. 305~915 m, 1907-05-07, E. H. Wilson 3539 (A).

海南雀舌木 *Andrachne hainanensis* Merr. & Chun in Sunyatsenia 5: 102, f. 9. 1940. **Isotype**: China. Hainan: Yaichow (=Sanya), 1933-07-28, H. Y. Liang 62295 (A).

Label (top left):
Leptopus hainanensis (Merr. & Chun) Pojark.
det. M. Vorontsova, August 2007

Label (top right):
ISOTYPE
of *Andrachne hainanensis* Merr. & Chun
var. *nummariifolia* Merr. & Chun
Vorontsova 2007

PLANTS OF HAINAN
Britton Herbarium, N. Y. Botanical Garden
No. 34930 C. Wang   Oct. 30   1933-34

Andrachne hainanensis
var. *nummularifolia* Merr. & Chun
Hainan: small shrub; dense forest
onhill; fl. white.

Fourth Hainan Expedition of Sun Yatsen University
July 1933–Jan. 1934

币形叶雀舌木 *Andrachne hainanensis* Merr. & Chun var. *nummularifolia* Merr. & Chun in Sunyatsenia 5: 103(1/3). 1940.
Isotype: China. Hainan: Yaichow (=Sanya), 1933-10-30, C. Wang 34930 (A).

粗毛雀舌木 *Andrachne hirsuta* Hutch. in Sargent, Pl. Wils. 2(3): 516. 1916. **Isosyntype:** China. Sichuan: Kuan Hsien (=Dujiangyan), alt. 1 300 m, 1908-06-??, E. H. Wilson 3204 (GH).

山地雀舌木 *Andrachne montana* Hutch. in Sargent, Pl. Wils. 2(3): 517. 1916. **Isotype:** China. Sichuan: Emeishan, Emei Shan, 1904-07-??, E. H. Wilson 5173 (A).

桃叶雀舌木 *Andrachne persicariifolia* Lévl. in Fedde, Repert. Sp. Nov. 12: 187. 1913. **Isotype:** China. Guizhou: Guiyang, Kien-Lin-Chan (=Qianling Shan), 1897-07-20, E. Bodinier 1695 (A).

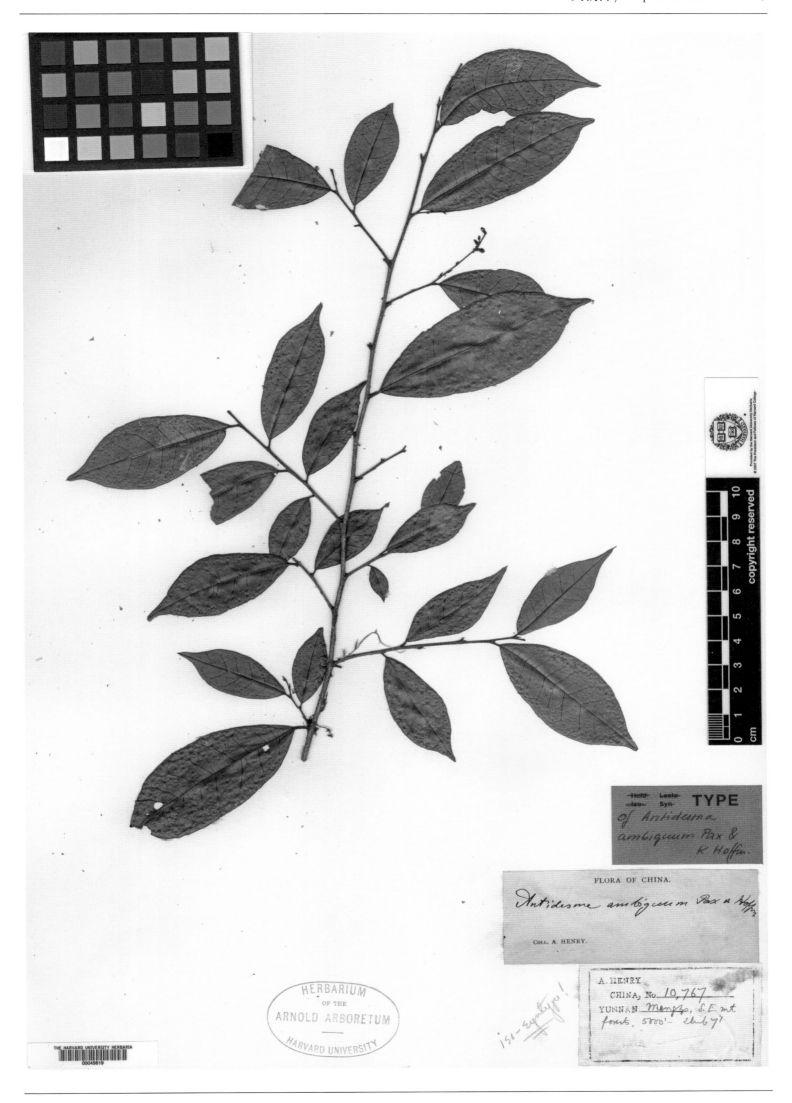

蔓五月茶 *Antidesma ambiguum* Pax & K. Hoffm. in Engler, Pflanzenr. 81(IV. 147. XV): 127. 1922. **Isosyntype**: China. Yunnan: Mengzi, alt. 1 525 m, A. Henry 10767 (A).

怡情五月茶 *Antidesma delicatulum* Hutch. in Sargent, Pl. Wils. 2(3): 522. 1916. **Syntype:** China. 1903-07-??, Sichuan: Kiating (=Leshan), E. H. Wilson 4449 (A).

丝梗五月茶 *Antidesma filipes* Hand.-Mazz. Sym. Sin. 7(2): 218. 1931. **Isotype**: China. Hunan: Tscangscha (=Changsha), Yolu-schan (=Yuelu Shan), alt. 100 m, 1918-02-21, H. Handel-Mazzetti 11483 (A).

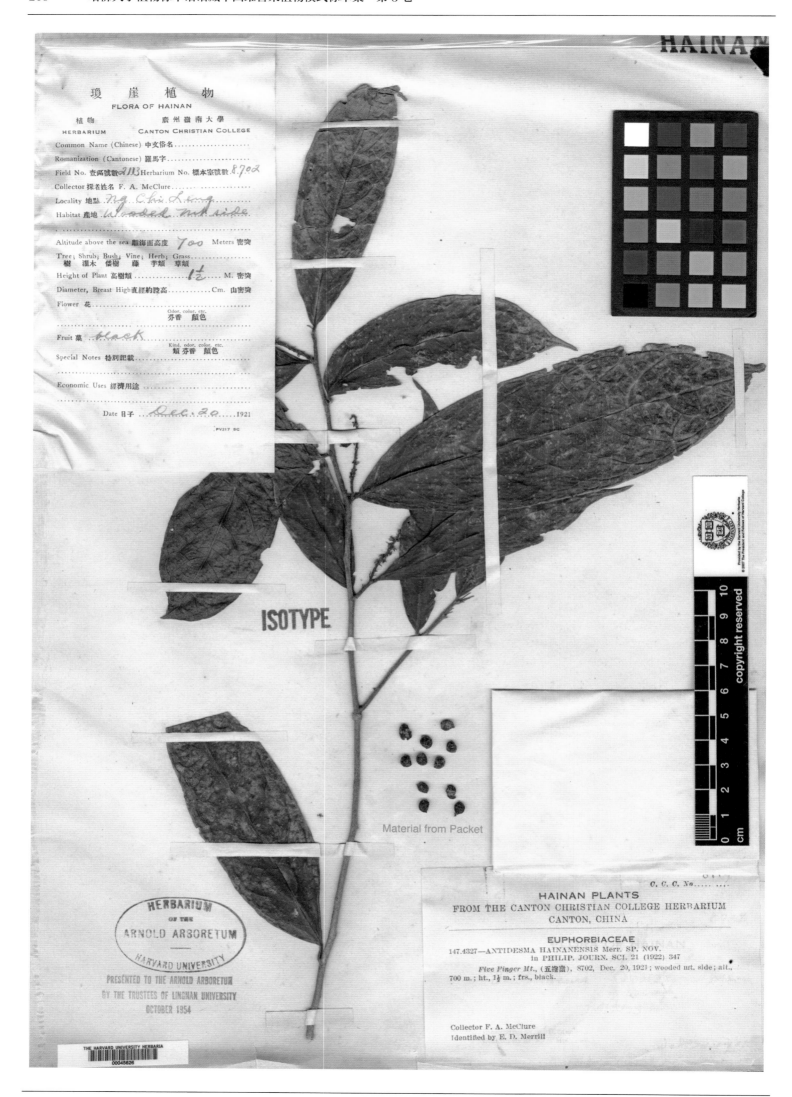

海南五月茶 *Antidesma hainanensis* Merr. in Philipp. J. Sci. 21(4): 347. 1922. **Isotype**: China. Hainan: Wuzhishan, Five Finger Mt. (=Wuzhi Shan), alt. 700 m, 1921-12-20, F. A. McClure 2113 (=Canton Christian College 8702) (A).

红河五月茶 *Antidesma henryi* Pax & K. Hoffm. in Engler, Pflanzenr. 81(IV. 147. XV): 132. 1922. **Isosyntype**: China. Yunnan: South of Red River, Precise locality not known, A. Henry 13667 (A).

多花五月茶 *Antidesma maclurei* Merr. in Philipp. J. Sci. 23(3): 248. 1923. **Isotype:** China. Hainan: Wuzhishan, Five Finger Mt. (=Wuzhi Shan),1922-05-13, F. A. McClure s. n. (=Canton Christian College 9551) (A).

Det. Franklin P. Metcalf
ARNOLD ARBORETUM, HARVARD UNIVERSITY

Antidesma neriifolium Pax + Hoffmann, isotype

HERBARIUM OF THE ARNOLD ARBORETUM HARVARD UNIVERSITY

II/28/ 1940

THE HARVARD UNIVERSITY HERBARIA
00045630

Museum botanicum Berolinense
Iter Warburgianum № 5419.
Antidesma japonicum S+3
Hongkong:

夹竹桃叶五月茶 *Antidesma neriifolium* Pax & Hoffm. in Engler, Pflanzenr. 81(IV. 147. XV): 130. 1922. **Isotype**: China. Hongkong, Happy Valley, O. Warburg 5419 (A).

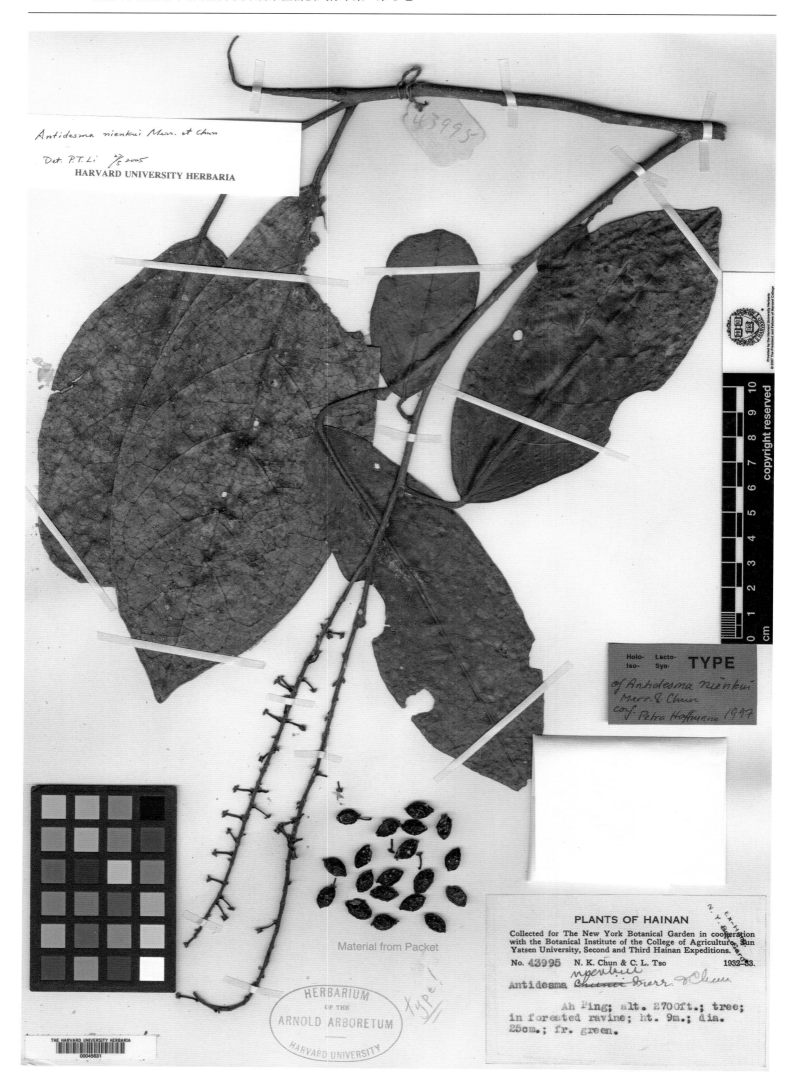

大果五月茶 *Antidesma nienkui* Merr. & Chun in Sunyatsenia 2: 263, pl. 54. 1935. **Isotype**: China. Hainan: Wuzhishan, Ng Chi Ling (=Wuzhi Shan), alt. 824 m, 1932-10-04, N. K. Chun & C. L. Tso 43995 (A).

FLORA OF HAINAN
Botanical Institute, Sun Yatsen University

Field No. 28228   Collector S.K.Lau
Date   Nov. 17, 1936
Locality   Bo-ting

Altitude
Habitat   in forest

Habit   shrub
Height   3 m.   Diameter
Bark
Branches
Leaf
Flower
Fruit
Special Notes

Name

Antidesma montanum Blume
var. *microphyllum* (Hemsl.)
Petra Hoffm.
Petra Hoffmann   /1997

Antidesma pseudomicrophyllum
Croiz.

HOLOTYPE

Det. Leon Croizat
ARNOLD ARBORETUM, HARVARD UNIVERSITY   1939.

HERBARIUM
OF THE
ARNOLD ARBORETUM
HARVARD UNIVERSITY

PLANTS OF HAINAN
Herbarium of the Arnold Arboretum, Harvard University
No. 28228 S. K. Lau   nov. 17 1936

Antidesma

Bo-ting
Shrub in forest
Collected for Sun Yatsen University

狭叶五月茶 *Antidesma pseudomicrophyllum* Croizat in J. Arnold Arbor. 21(4): 496. 1940. **Holotype**: China. Hainan: Baoting, 1936-11-17, S. K. Lau 28228 (A).

Antidesma montanum Blume
var. *microphyllum* (Hemsl.)
Petra Hoffm.
Petra Hoffmann　　　/1997

SYNTYPE:
Antidesma seguini Leveille
Fedde Repert. 9: 460. 1911.
Det. H.G. Bedell　Harvard University Herbaria, A/GH　1987

HERBARIUM OF THE ARNOLD ARBORETUM
DUPLICATES FROM HERB. LÉVEILLÉ
RECEIVED FROM BOTANIC GARDEN, EDINBURG, 1928

贵州五月茶 *Antidesma seguinii* Lévl. in Fedde, Repert. Sp. Nov. 9: 460. 1911. **Isosyntype:** China. Guizhou: Tchai-Choui-Ho, 1909-07-??, J. Esquirol 1586 (A).

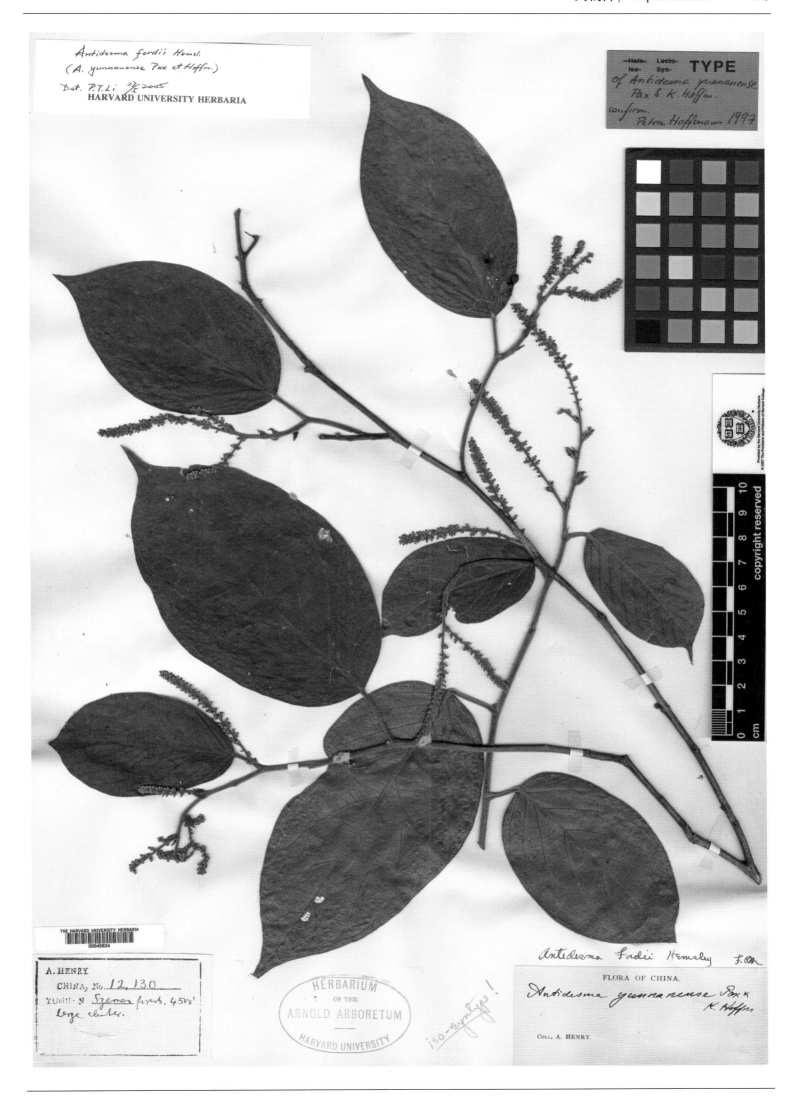

云南五月茶 *Antidesma yunnanense* Pax & Hoffm. in Engler, Pflanzenr. 81(IV. 147. XV): 157. 1922. **Isosyntype**: China. Yunnan: Simao, alt. 1373 m, A. Henry 12130 (A).

云南小萼五月茶 *Aporosa microcalyx* (Hassk.) Hassk. var. *yunnanensis* Pax & Hoffm. in Engler, Pflanzenr. 81(IV. 147. XV): 102. 1921. **Isosyntype**: China. Yunnan: Simao, alt. 1 525 m, A. Henry 11638 B (A).

云南银柴 *Aporosa wallichii* Hook. f. var. *yunnanensis* Pax & Hoffm. in Engler, Pflanzenr. 81(IV. 147. XV): 90. 1921.
Isosyntype: China. Yunnan: Simao, alt. 1 373 m, A. Henry 11638 E (A).

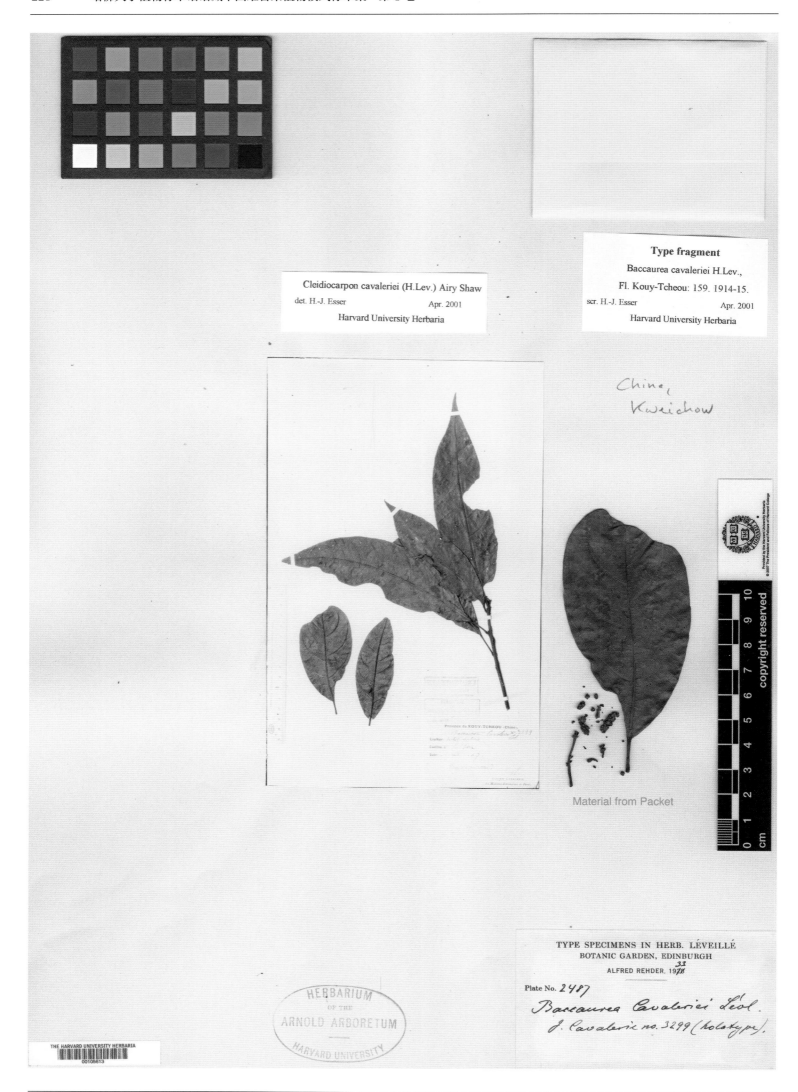

Cleidiocarpon cavaleriei (H.Lev.) Airy Shaw
det. H.-J. Esser   Apr. 2001
Harvard University Herbaria

Type fragment
Baccaurea cavaleriei H.Lev.,
Fl. Kouy-Tcheou: 159. 1914-15.
scr. H.-J. Esser   Apr. 2001
Harvard University Herbaria

China,
Kweichow

Material from Packet

TYPE SPECIMENS IN HERB. LÉVEILLÉ
BOTANIC GARDEN, EDINBURGH
ALFRED REHDER, 1933

Plate No. 2487

Baccaurea Cavaleriei Léol.
J. Cavalerie no. 3299 (holotype).

蝴蝶果 *Baccaurea cavaleriei* Lévl. Fl. Kouy-Tchéou. 159. 1914. **Isotype:** China. Guizhou: Lo fou (=Luodian), 1907-04-??, J. Cavalerie 3299 (A).

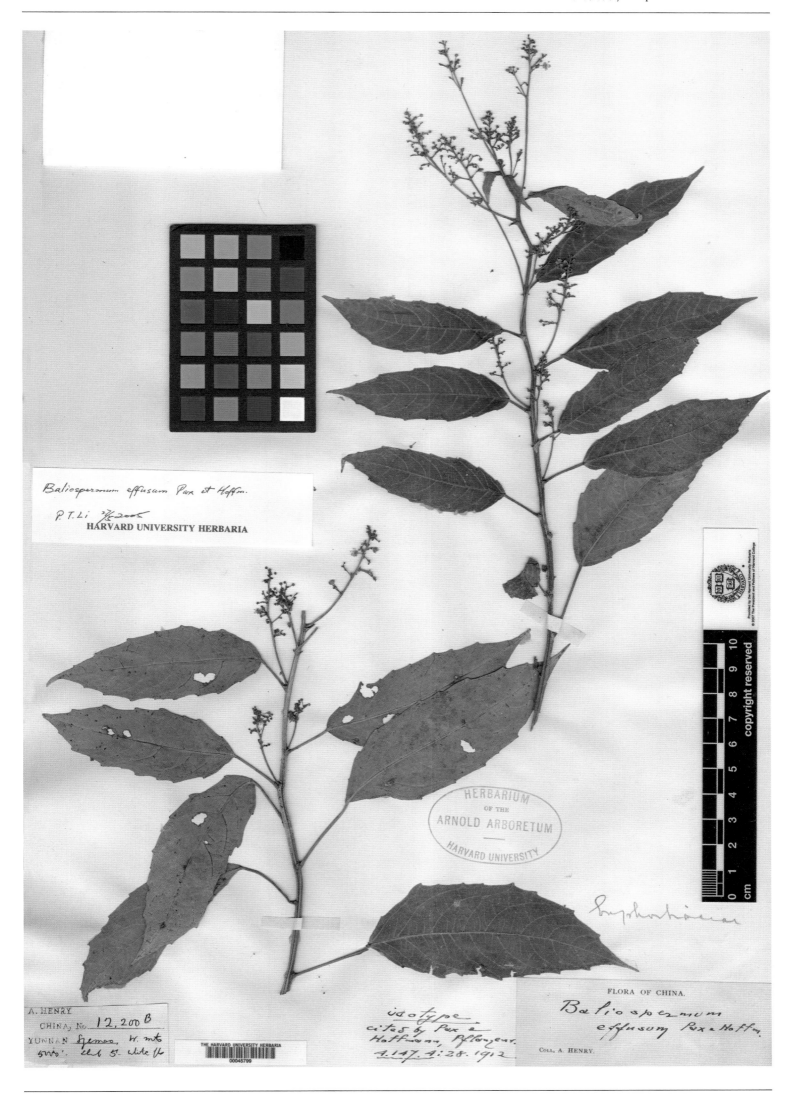

云南斑籽 *Baliospermum effusum* Pax & Hoffm. in Engler, Pflanzenr. 52(IV. 147. XV): 27, f. 7. 1912. **Isosyntype**: China. Yunnan: Simao, alt. 1 525 m, A. Henry 12200 B (A).

Fan Memorial Institute of Biology

FLORA OF YUNNAN

Field No. 56763 Date Feb. 3, 1934

Locality Lu-se

Altitude 1750 m.

Habitat in woods

Habit small tree

Height 5 ft. D. B. H.

Bark

Leaf

Flower

Fruit blue

Notes

Common Name Family

Name

Collector H. T. Tsai

Isosyntype

Baliospermum yui Y. T. Chang
Acta Bot. Yunnanica 11: 413. 1989.
[cited as fruiting "type"]

D. E. BOUFFORD January 1990
HARVARD UNIVERSITY HERBARIA

Euph. PLANTS OF YUNNAN

No. 56763 H. T. Tsai

Baliospermum
micranthum

Müll.arg. ?

Collected for the FAN MEMORIAL INSTITUTE OF BIOLOGY with the
cooperation of the ARNOLD ARBORETUM of HARVARD UNIVERSITY

心叶斑籽 *Baliospermum yui* Y. T. Chang in Acta Bot. Yunnan. 11(4): 413. 1989. **Isosyntype:** China. Yunnan: Western Yunnan,
Lu-se, alt. 1 750 m, 1934-02-03, H. T. Tsai 56763 (A).

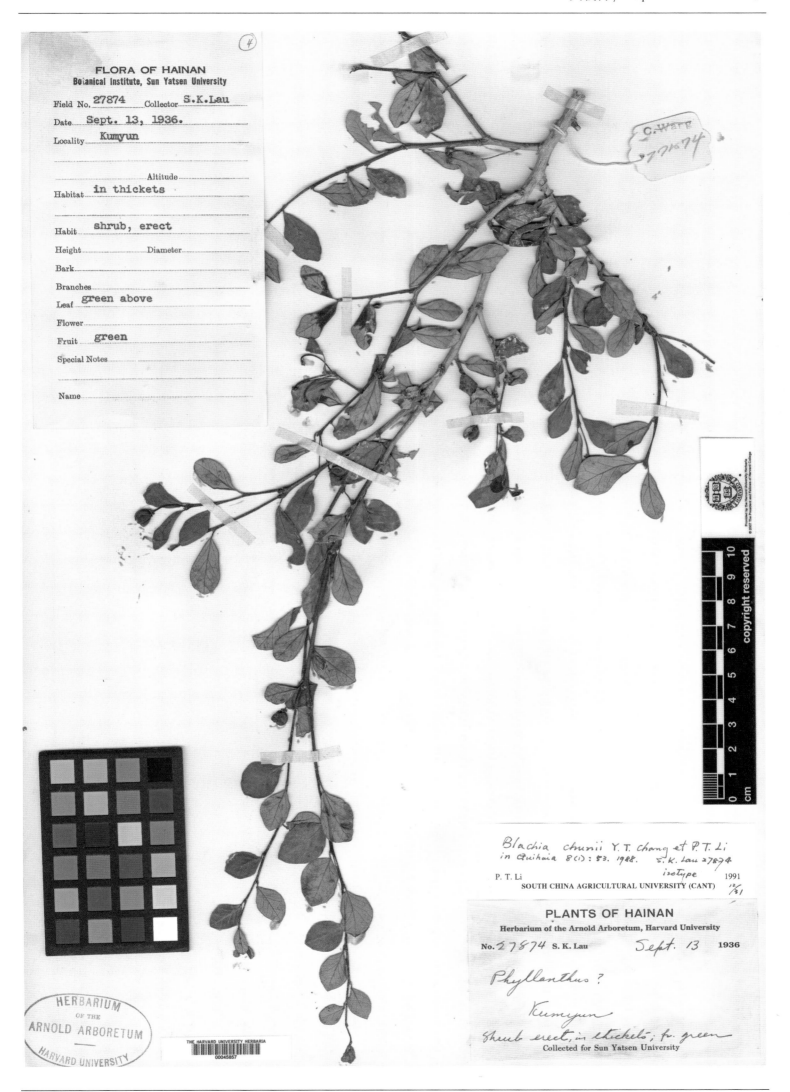

海南留萼木 *Blachia chunii* Y. T. Chang & P. T. Li in Guihaia 8(1): 53. 1988; Y. T. Chang, Fl. Reip. Popul. Sin. 44(2): 154. 1996. **Isosyntype:** China. Hainan: Kumyun (= Changjiang), 1936-09-13, S. K. Lau 27874 (A).

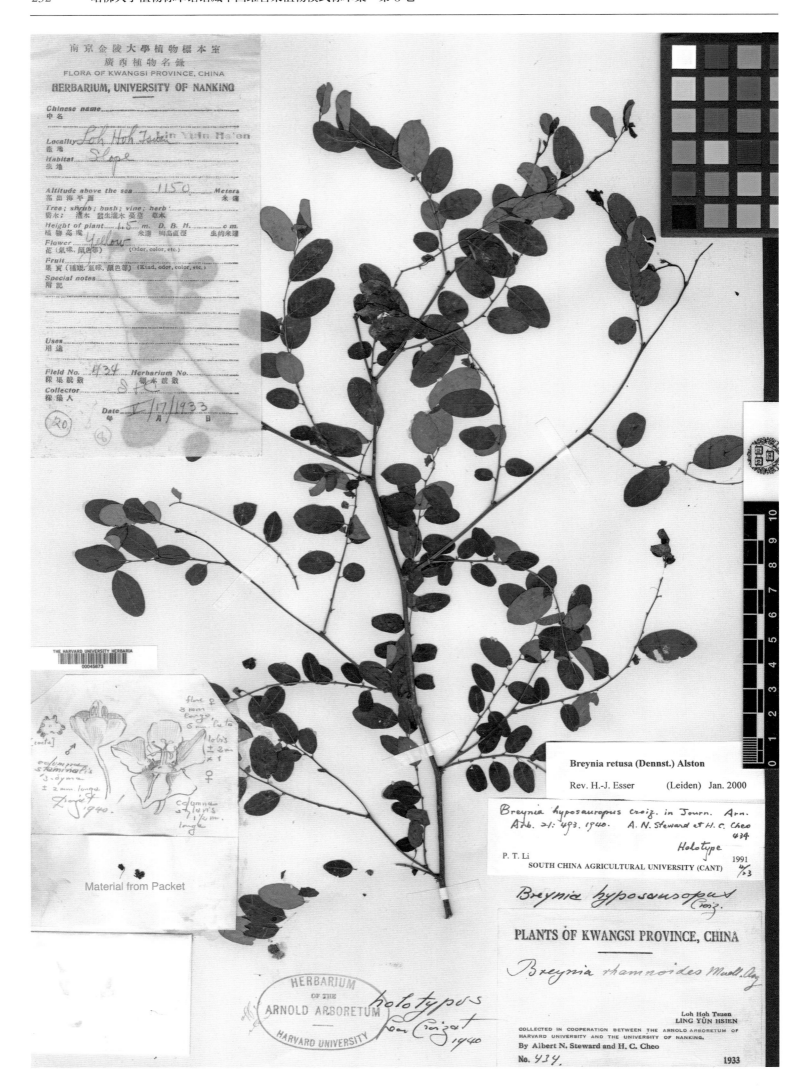

广西黑面神 ***Breynia hyposauropus*** Croiz. in J. Arnold Arbor. 21: 493. 1940. **Syntype:** China. Guangxi: Lingyun, alt. 1 150 m, 1933-05-17, A. N. Steward & H. C. Cheo 434 (A).

药用黑面神 *Breynia officinalis* Hemsl. in J. Linn. Soc. Bot. 26: 427. 1894. **Isosyntype:** China. Taiwan: Taipei, Tamsui, 1864-??-??, R. Oldham 485 (A).

喙果黑面神 *Breynia rostrata* Merr. in Philipp. J. Sci. 21(4): 346. 1922. **Holotype:** China. Hainan: Qiongzhong, Five Finger Mt. (=Wuzhi Shan), 1921-12-22, F. A. McClure s. n. (=Canton Christian College 8516) (A).

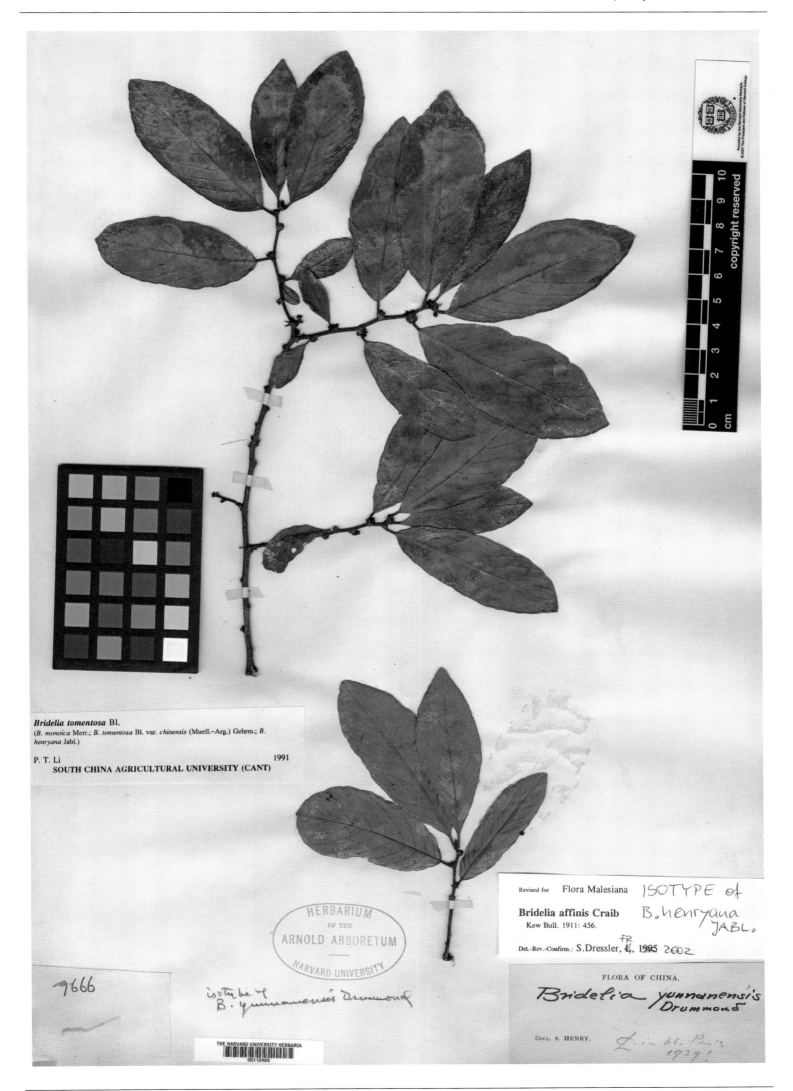

Bridelia tomentosa Bl.
(*B. monoica* Merr.; *B. tomentosa* Bl. var. *chinensis* (Muell.–Arg.) Gehrm.; *B. henryana* Jabl.)

P. T. Li
SOUTH CHINA AGRICULTURAL UNIVERSITY (CANT)
1991

9666

isotype of B. yunnanensis Drummond

Revised for Flora Malesiana **ISOTYPE of**
Bridelia affinis Craib **B. henryana**
Kew Bull. 1911: 456. **JABL.**
Det.-Rev.-Confirm.: S.Dressler, 4, 1995 2002 FR

FLORA OF CHINA.
Bridelia yunnanensis Drummond

Coll. A. HENRY. *in h. Paris 1939!*

云南土蜜树 **Bridelia henryana** Jabl. in Engler, Pflanzenr. 65(IV. 147. VIII): 62. 1915. **Isotype**: China. Yunnan: Precise locality not known, alt. 1 500 m, A. Henry 9666 (A).

白茶树 *Calpigyne hainanensis* Merr. in J. Arnold Arbor. 6(3): 135. 1925. **Isotype:** China. Hainan: Namfong (=Danzhou), 1920-03-21, W. Y. Chun 1092 (=Herb. No. 6471) (A).

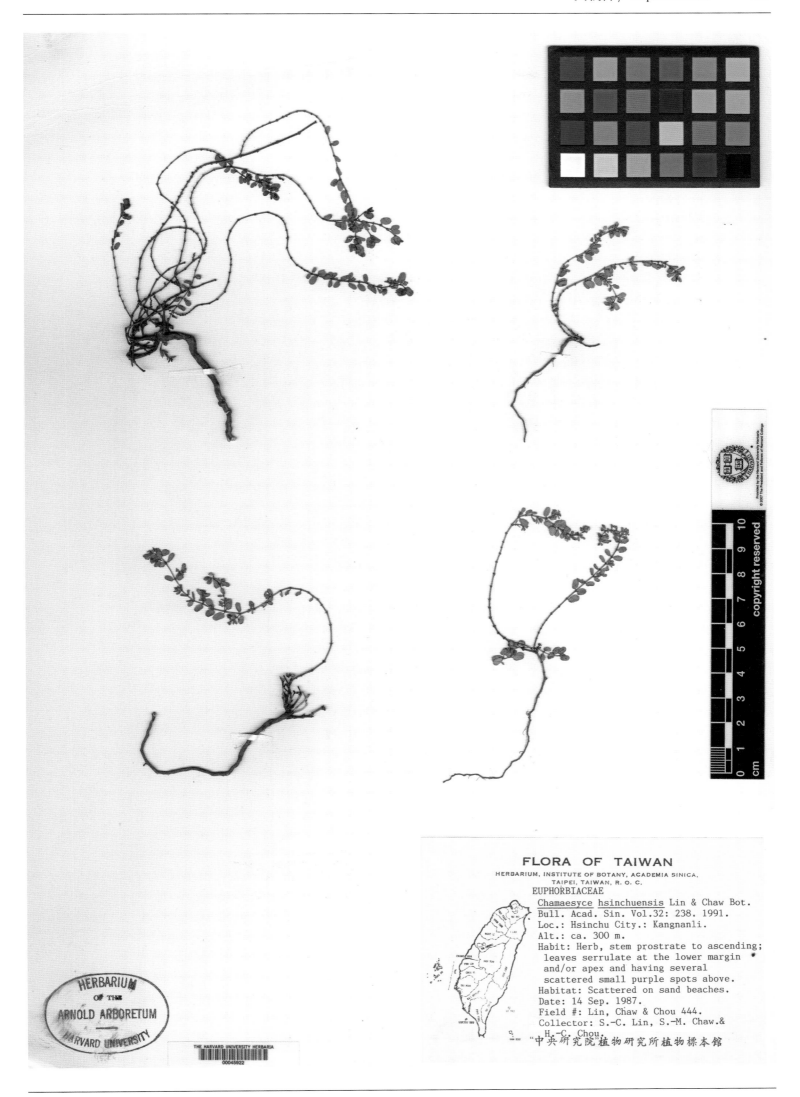

FLORA OF TAIWAN

HERBARIUM, INSTITUTE OF BOTANY, ACADEMIA SINICA,
TAIPEI, TAIWAN, R. O. C.

EUPHORBIACEAE

Chamaesyce hsinchuensis Lin & Chaw Bot.
Bull. Acad. Sin. Vol.32: 238. 1991.
Loc.: Hsinchu City.: Kangnanli.
Alt.: ca. 300 m.
Habit: Herb, stem prostrate to ascending;
leaves serrulate at the lower margin
and/or apex and having several
scattered small purple spots above.
Habitat: Scattered on sand beaches.
Date: 14 Sep. 1987.
Field #: Lin, Chaw & Chou 444.
Collector: S.-C. Lin, S.-M. Chaw.&
H.-C. Chou.
"中央研究院"植物研究所植物標本館

新竹地锦 *Chamaesyce hsinchuensis* S. C. Lin & Chaw in Bot. Bull. Acad. Sin. 32: 238, f. 13 & 14. 1991. **Isotype:** China. Taiwan: Hsinchu, alt. 300 m, 1987-09-14, S. C. Lin, S. M. Chaw & H. C. Chou 444 (A).

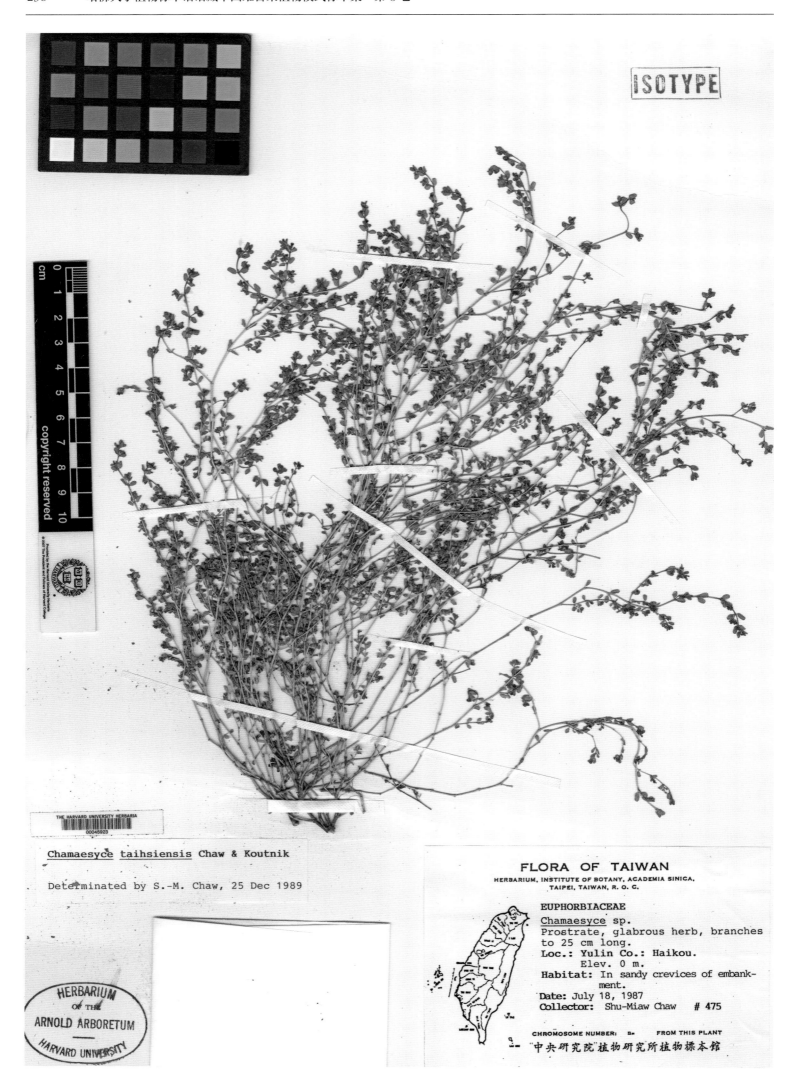

ISOTYPE

Chamaesyce taihsiensis Chaw & Koutnik

Determined by S.-M. Chaw, 25 Dec 1989

THE HARVARD UNIVERSITY HERBARIA
00048923

HERBARIUM OF THE ARNOLD ARBORETUM HARVARD UNIVERSITY

FLORA OF TAIWAN

HERBARIUM, INSTITUTE OF BOTANY, ACADEMIA SINICA, TAIPEI, TAIWAN, R. O. C.

EUPHORBIACEAE

Chamaesyce sp.
Prostrate, glabrous herb, branches
to 25 cm long.
Loc.: Yulin Co.: Haikou.
　Elev. 0 m.
Habitat: In sandy crevices of embank-
　ment.
Date: July 18, 1987
Collector: Shu-Miaw Chaw　# 475

CHROMOSOME NUMBER: n=　FROM THIS PLANT

中央研究院植物研究所植物標本館

台西地锦 *Chamaesyce taihsiensis*. Chaw &. Koutnik in Bot. Bull. Acad. Sin. 31(2): 163. 1990. **Isotype:** China. Taiwan: Yunlin, Haikou, alt. 0 m, 1987-07-18, S. M. Chaw 475 (A).

小果叶下珠 *Cicca microcarpa* Benth. Fl. Hongkong. 312. 1861. **Isosyntype**: China. Hongkong, C. Wilford s. n. (GH).

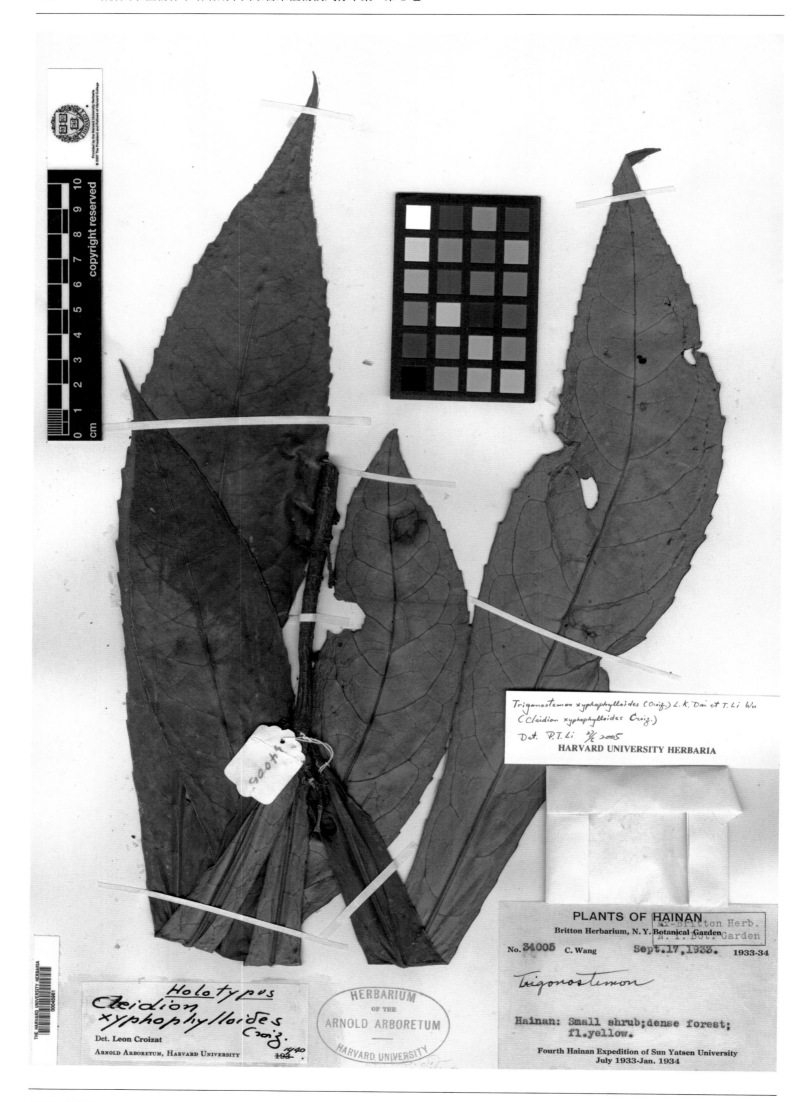

剑叶三宝木 *Cleidion xyphophylloides* Croizat in J. Arnold Arbor. 21(4): 503. 1940. **Syntype:** China. Hainan: Sanya, 1933-09-17, C. Wang 34005 (A).

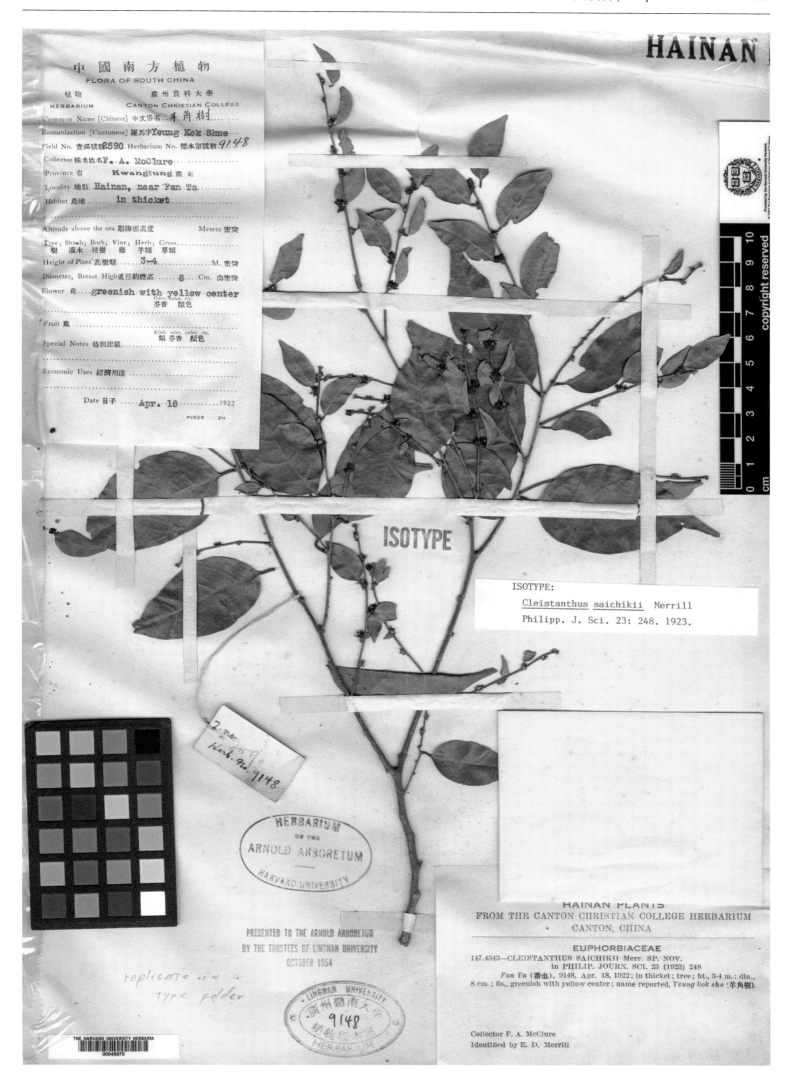

闭花 *Cleistanthus saichikii* Merr. in Philipp. J. Sci. 23(3): 248. 1923. **Isotype:** China. Hainan: Fan Ta, 1922-04-18, F. A. McClure 2590 (=Canton Christian College 9148)(A).

Croton crassifolius Geiseler

det. H.-J. Esser　　　　　June 2001

Harvard University Herbaria

Syntype

Croton chinensis Benth., Fl. Hongk.: 309. 1861,
nomen illeg. (non Geiseler 1807)

scr. H.-J. Esser　　　　　June 2001

Harvard University Herbaria

(Wilford s.n., Hongkong)

华巴豆 *Croton chinensis* Benth. Fl. Hongkong. 309. 1861. **Isosyntype**: China. Hongkong, Putoy Island, C. Wilford s. n. (GH).

光果巴豆 *Croton chunianus* Croizat in J. Arnold Arbor. 21(4): 497. 1940. **Holotype:** China. Hainan: Loktung (=Ledong), 1936-06-07, S. K. Lau 27012 (A).

三亚巴豆 *Croton hainanensis* Merr. & Metc. in Lingnan Sci. J. 16(3): 391, f. 2. 1937. **Holotype:** China. Hainan: Danzhou, 1933-02-(12-24), S. K. Lau 1063 (A).

宽昭巴豆 *Croton howii* Merr. & Chun ex Y. T. Chang in Acta Phytotax. Sin. 27(2): 147. 1989. **Isotype**: China. Hainan: Baoting, 1935-04-28, F. C. How 72175 (A).

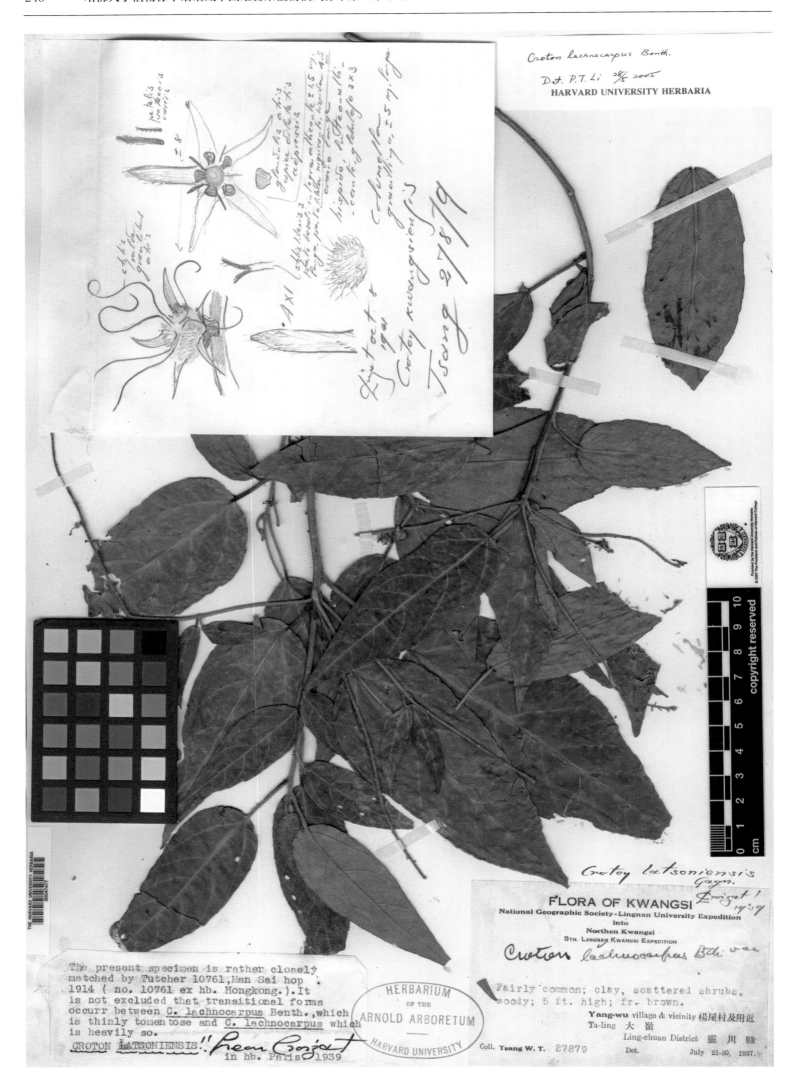

广西巴豆 *Croton kwangsiensis* Croizat in J. Arnold Arbor. 23(1): 42. 1942. **Holotype**: China. Guangxi: Lingchuan, 1937-07-(21-30), W. T. Tsang 27879 (A).

海南巴豆 *Croton laui* Merr. & Metc. in Lingnan Sci. J. 16(3): 389, f. 1. 1937. **Holotype**: China. Hainan: Changjiang, 1933-04-15, S. K. Lau 1556 (A).

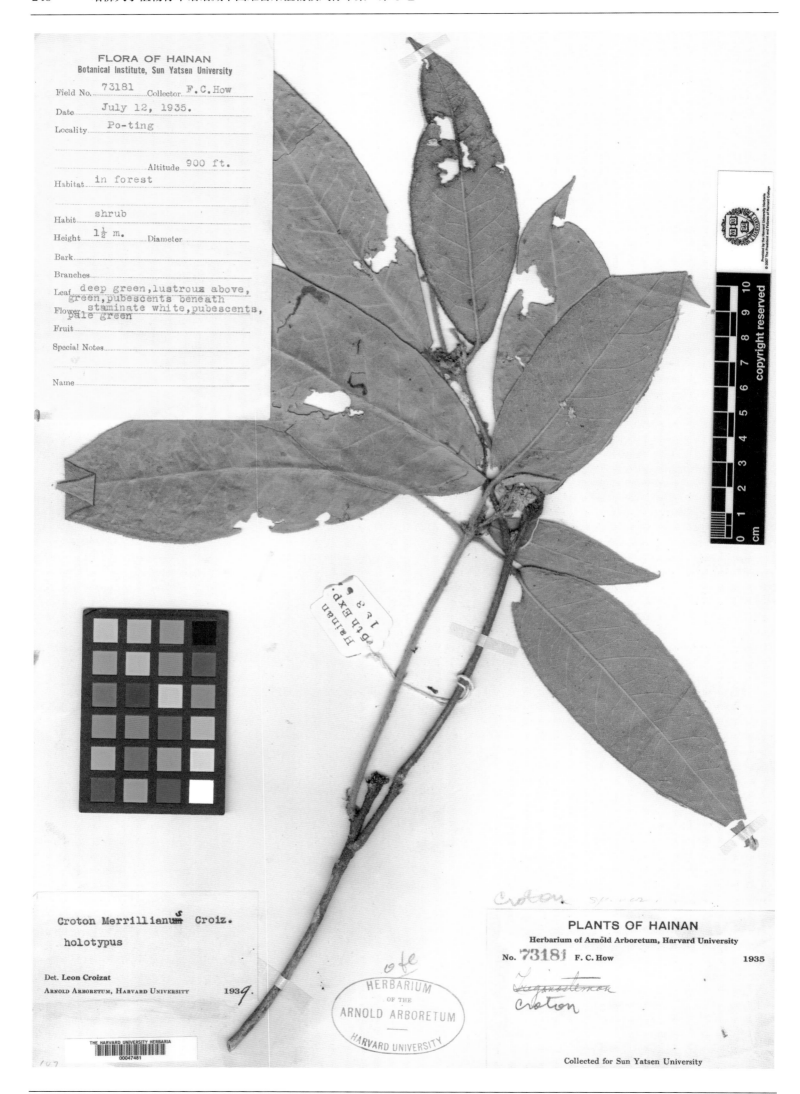

厚叶巴豆 *Croton merrillianus* Croizat in J. Arnold Arbor. 21(4): 498. 1940. **Holotype**: China. Hainan: Baoting, alt. 275 m, 1935-07-12, F. C. How 73181 (A).

淡紫毛巴豆 *Croton purpurascens* Y. T. Chang in Acta Phytotax. Sin. 24(2): 144, f. 1. 1986. **Isotype**: China. Guangdong: Ruyuan, 1933-05-14, S. P. Ko 52603 (A).

黄蓉花 *Dalechampia bidentata* Bl. var. *yunnanensis* Pax & Hoffm. in Engler, Pflanzenr. 68(IV. 147. XII): 32. 1919. Isotype: China. Yunnan: Simao, alt. 1 220 m, A. Henry 12354 (A).

拱网核果木 *Drypetes arcuatinervia* Merr. & Chun in Sunyatsenia 5: 95. 1940. **Isotype**: China. Hainan: Po-ting (=Baoting), alt. 336 m, 1935-04-24, F. C. How 72110 (A).

长叶拱网核果木 *Drypetes arcuatinervia* Merr. & Chun var. *elongata* Merr. & Chun in Sunyatsenia 5: 96. 1940. **Isotype**: China. Hainan: Po-ting (=Baoting), alt. 366 m, 1935-06-14, F. C. How 72829 (A).

ISOTYPE of: *Drypetes confertiflora* Merr. & Chun, Sunyatsenia 2: 259. 1935, non *Drypetes confertiflora* (Hook.f.) Pax & K. Hoffm., 1922.

≡ *Drypetes congestiflora* Chun & T.P.Chen

Det. by Geoffrey A. Levin, 1995

Illinois Natural History Survey (ILLS)

PLANTS OF HAINAN

Collected for The New York Botanical Garden in cooperation with the Botanical Institute of the College of Agriculture, Sun Yatsen University, Second and Third Hainan Expeditions.

No. 44764　N. K. Chun & C. L. Tso　Jan. 1932–33.

Drypetes confertiflora Merr. & Chun n. sp.

Yaichow; alt. 1100 ft.; in forest; tree, 8m. ht., 20cm. dia.; fl. green.

密花核果木 *Drypetes confertiflora* Merr. & Chun in Sunyatsenia 2: 259, f. 29: A–B. 1935. **Isotype**: China. Hainan: Yaichow (=Sanya), alt. 336 m, 1932-01-04, N. K. Chun & C. L. Tso 44764 (A).

海南核果木 *Drypetes hainanensis* Merr. in J. Arnold Arbor. 6(3): 134. 1925. **Isotype:** China. Hainan: Wuzhishan, Wuzhi Shan, 1920-05-27, W. Y. Chun 1734 (A).

SYNTYPE of: *Drypetes integrifolia* Merr. & Chun, Sunyatsenia 5: 97. 1940.

Det. by Geoffrey A. Levin, 1995

Illinois Natural History Survey (ILLS)

PLANTS OF HAINAN
Britton Herbarium, N. Y. Botanical Garden

No. 33996 C. Wang   Sept. 17 1933-

Drypetes integrifolia Merr &
Chun. n. sp.

Hainan: shrub; in thinwoods.

Fourth Hainan Expedition of Sun Yatsen University
July 1933-Jan. 1934

全缘叶核果木*Drypetes integrifolia* Merr. & Chun in Sunyatsenia 5(1/3): 97. 1940. **Syntype**: China. Hainan: Yaichow (=Sanya), 1933-09-17, C. Wang 33996 (A).

琼中核果木 *Drypetes nienkui* Merr. & Chun in Sunyatsenia 2(3/4): 258, f. 29: C–D. 1935. **Isotype**: China. Hainan: Wuzhishan, Wuzhi Shan, alt. 1 220 m, 1932-11-08, N. K. Chun & C. L. Tso 44246 (A).

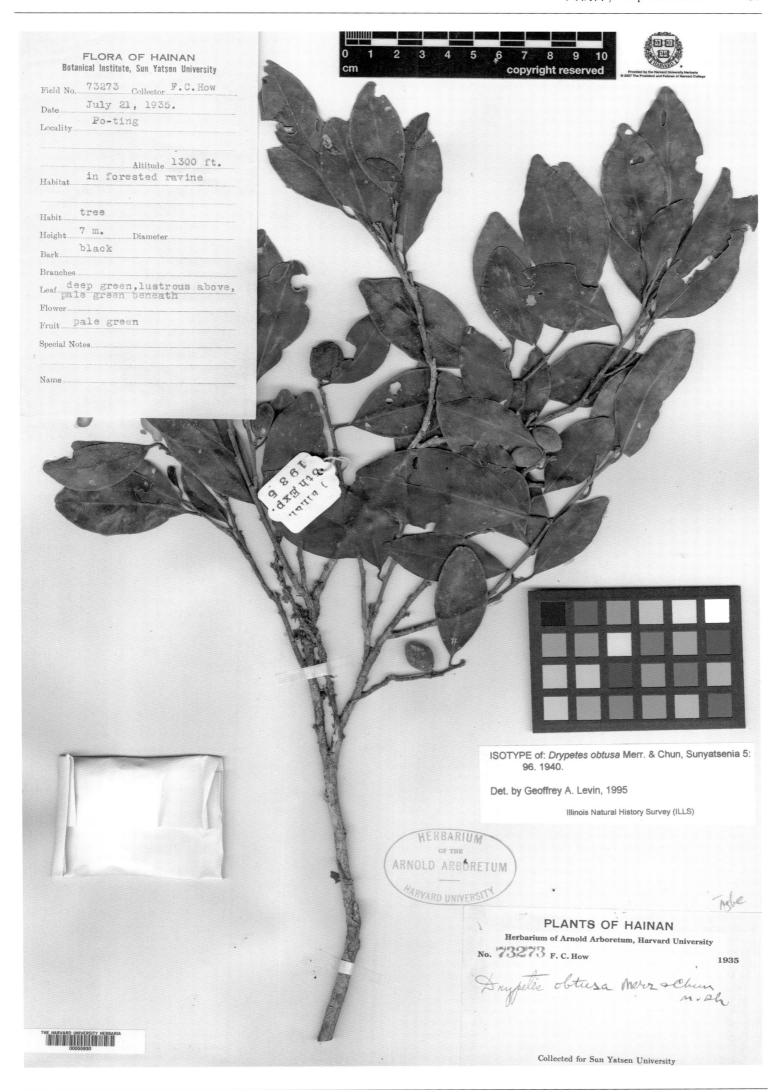

FLORA OF HAINAN
Botanical Institute, Sun Yatşen University

Field No. 73273 Collector F.C. How
Date July 21, 1935.
Locality Po-ting

Altitude 1300 ft.
Habitat in forested ravine

Habit tree
Height 7 m. Diameter
Bark black
Branches
Leaf deep green, lustrous above, pale green beneath
Flower
Fruit pale green
Special Notes

Name

ISOTYPE of: *Drypetes obtusa* Merr. & Chun, Sunyatsenia 5: 96. 1940.

Det. by Geoffrey A. Levin, 1995

Illinois Natural History Survey (ILLS)

HERBARIUM
OF THE
ARNOLD ARBORETUM
HARVARD UNIVERSITY

PLANTS OF HAINAN
Herbarium of Arnold Arboretum, Harvard University
No. 73273 F. C. How 1935

Drypetes obtusa Merr & Chun
n. sh.

Collected for Sun Yatsen University

钝叶核果木 ***Drypetes obtusa*** Merr. & Chun in Sunyatsenia 5(1/3): 96, pl. 11. 1940. **Isotype**: China. Hainan: Po-ting (=Baoting), alt. 397 m, 1935-07-21, F. C. How 73273 (A).

海南风轮藤 *Epiprinus hainanensis* Croiz. in J. Arnold Arbor. 21(4): 504. 1940. **Syntype:** China. Hainan: Changjiang, 1934-02-07, S. K. Lau 3291 (A).

海南大戟 *Euphorbia hainanensis* Croiz. in J. Arnold Arbor. 21(4): 505. 1940. **Holotype**: China. Hainan: Loktung(=Ledong), 1936-06-09, S. K. Lau 27036 (A).

广东大戟 *Euphorbia tarokoensis* Hayata var. *kwangtungensis*, Croiz. Icon. Pl. Formosan. 7: 34, pl. 9. 1918. **Holotype**: China. Guangdong: Yingde, 1930-03-16, C. Wang 30436 (A).

Euphorbia *tibetica* Boiss.

Seen by Jin-shuang Ma (1989-1990)
Beijing Normal University (BNU)

ISOSYNTYPE
Euphorbia tibetica **Boissier**
Prodr. (DC.) 15(2): 114. 1862
W. T. Kittredge　　　　　2009
HARVARD UNIVERSITY HERBARIA

西藏大戟 *Euphorbia tibetica* Boiss. in DC. Prodr. 15(2): 114. 1862. **Isosyntype**: China. Xizang: Western Xizang, alt. 3 660~4 270 m, T. Thomson s. n. (GH).

毛柄白饭树 *Flueggea capillipes* Pax in Bot. Jahrb. Syst. 29(3/4): 427. 1900. **Isosyntype:** China. Chongqing: Nanchuan, Jinfo Shan, Anonymous 2250 (A).

贵阳算盘子 *Glochidion bodinieri* Lévl. in Fedde, Repert. Sp. Nov. 12: 183. 1913. **Isosyntype:** China. Guizhou: Guiyang, 1897-07-21, E. Bodinier 2307 (A).

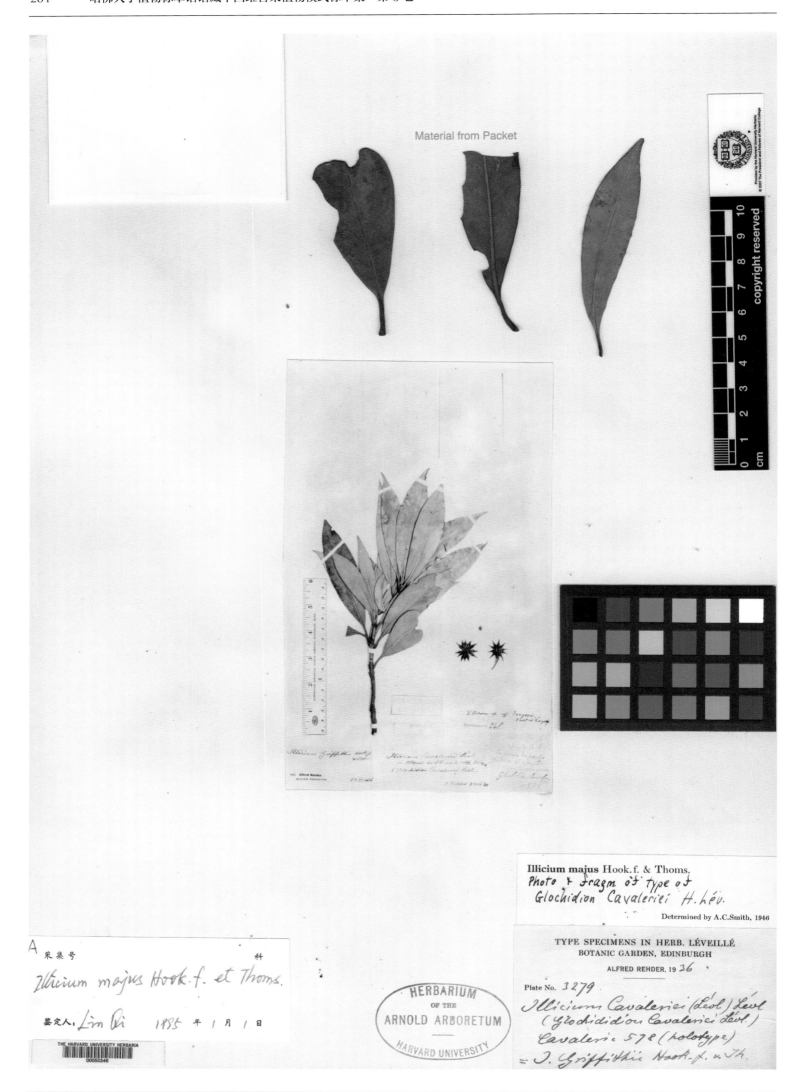

Material from Packet

贵州大八角 *Glochidion cavaleriei* Lévl. in Fedde, Repert. Sp. Nov. 12: 183. 1913. **Isotype:** China. Guizhou: Pin-Fa (=Guiding), 1902-10-01, J. Cavalerie 578 (A).

湖北算盘子 *Glochidion wilsonii* Hutch. in Sargent, Pl. Wils. 2(3): 518. 1916. **Syntype:** China. Jiangxi: Lu Shan, alt. 1 220 m, 1907-08-??, E. H. Wilson 1600 (A).

白背算盘子 *Glochidion wrightii* Benth. Fl. Hongkong. 313. 1861. **Isotype**: China. Hongkong, (1853-1856)-??-??, C. Wright 495 (GH).

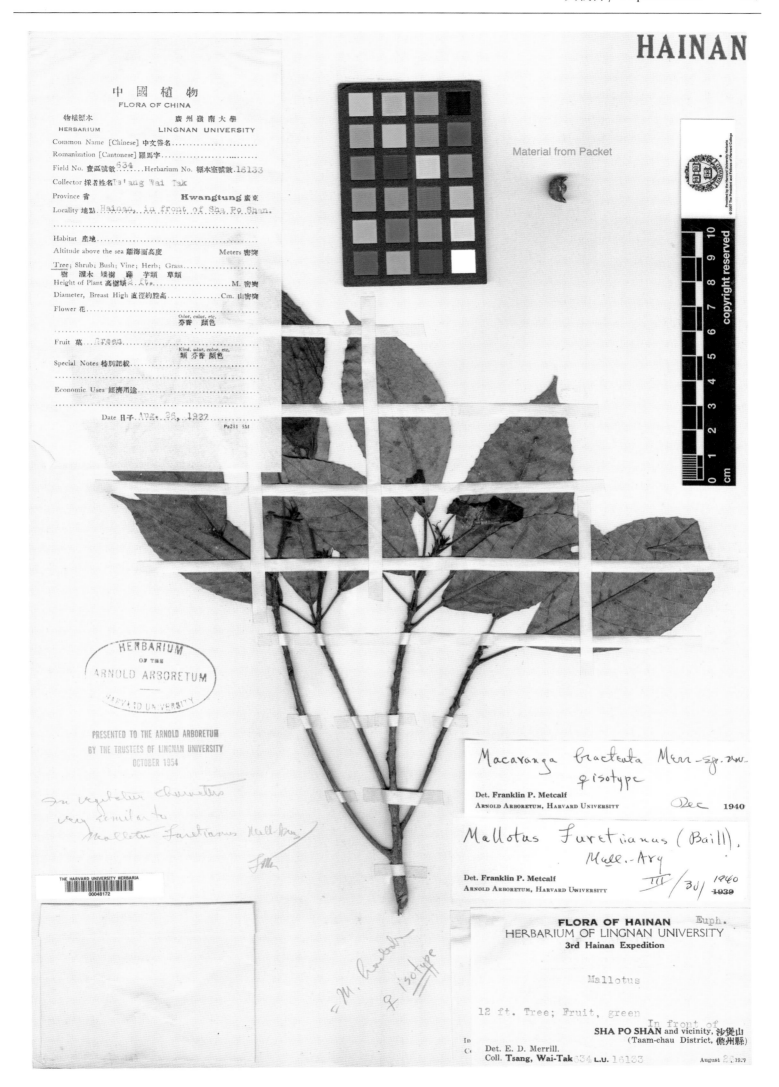

大苞血桐 *Macaranga bracteata* Merr. in Lingnan Sci. J. 6(3): 281. 1928. **Isosyntype**: China. Hainan: Danzhou, 1927-08-26, W. T. Tsang 634 (= Lingnan University 16133) (A).

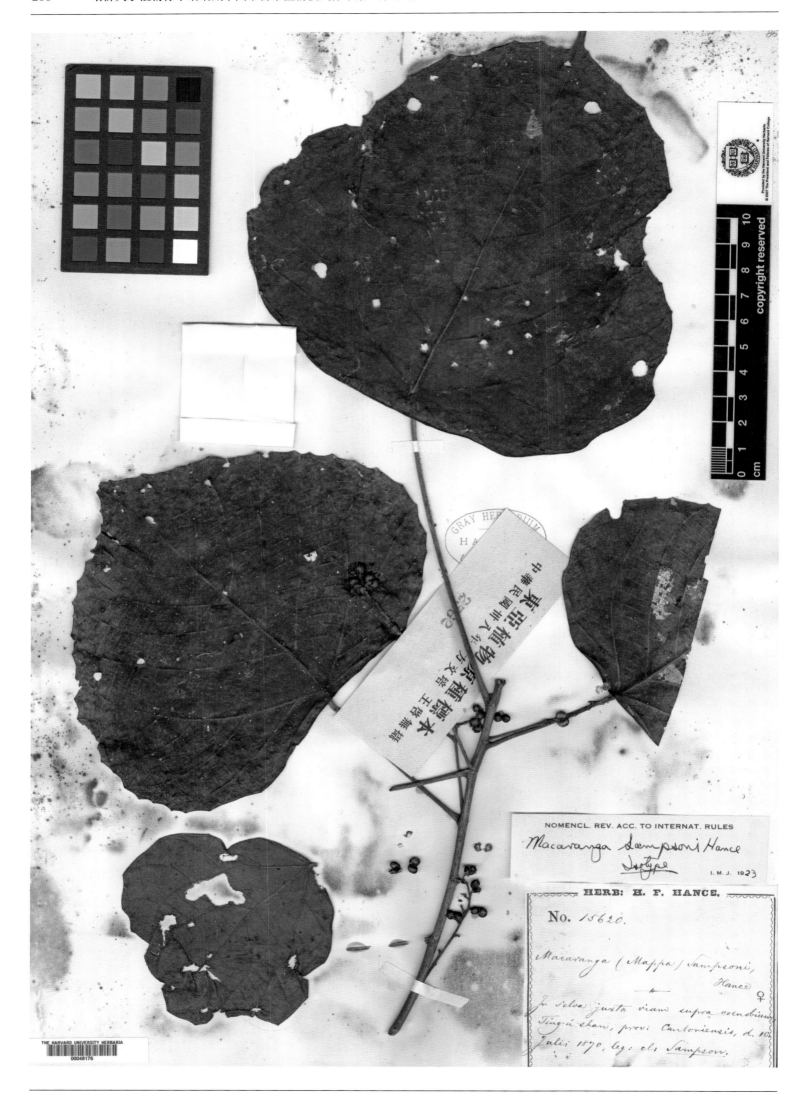

鼎湖血桐 *Macaranga sampsonii* Hance in J. Bot. 9: 134. 1871. **Isotype:** China. Guangdong: Zhaoqing, Dinghu Shan, 1870-07-10, Sampson s. n. (=Herb. H. F. Hance 15620) (GH).

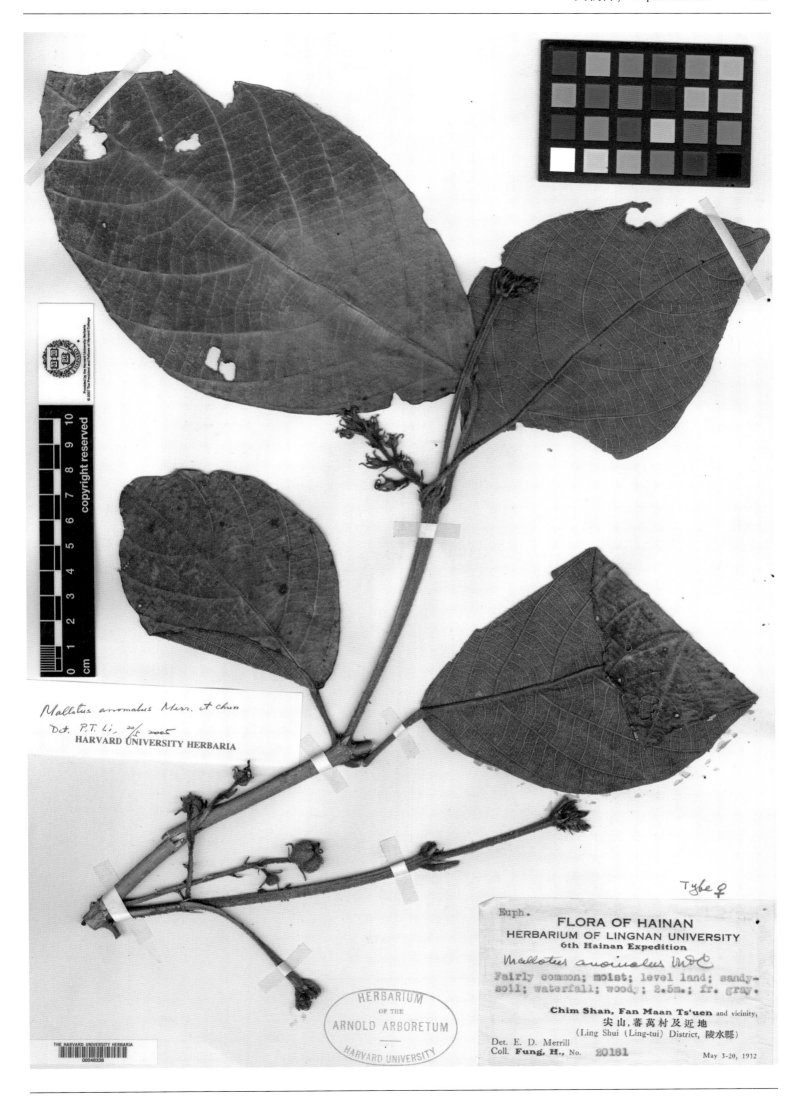

锈毛野桐 *Mallotus anomalus* Merr. & Chun in Sunyatsenia 5(1/3): 99. 1940. **Syntype**: China. Hainan: Lingshui, 1932-05-(03-20), H. Fung 20181 (A).

广西白背叶 *Mallotus apelta* (Lour.) Müell. Arg. var. *kwangsiensis* Metc. in J. Arnold Arbor. 22(2): 204. 1941. **Holotype:** China. Guangxi: Hin Yen (=Xingye), Yema Shan, alt. 1 220 m, 1928-08-24, R. C. Ching 7111 (A).

密序野桐 *Mallotus barbatus* (Wall.) Müell. Arg. var. *congesta* Metc. in Lingnan Sci. J. 10(4): 487. 1931. **Isotype**: China. Guangdong: Luoding, 1928-09-13, Y. Tsiang 1131 (A).

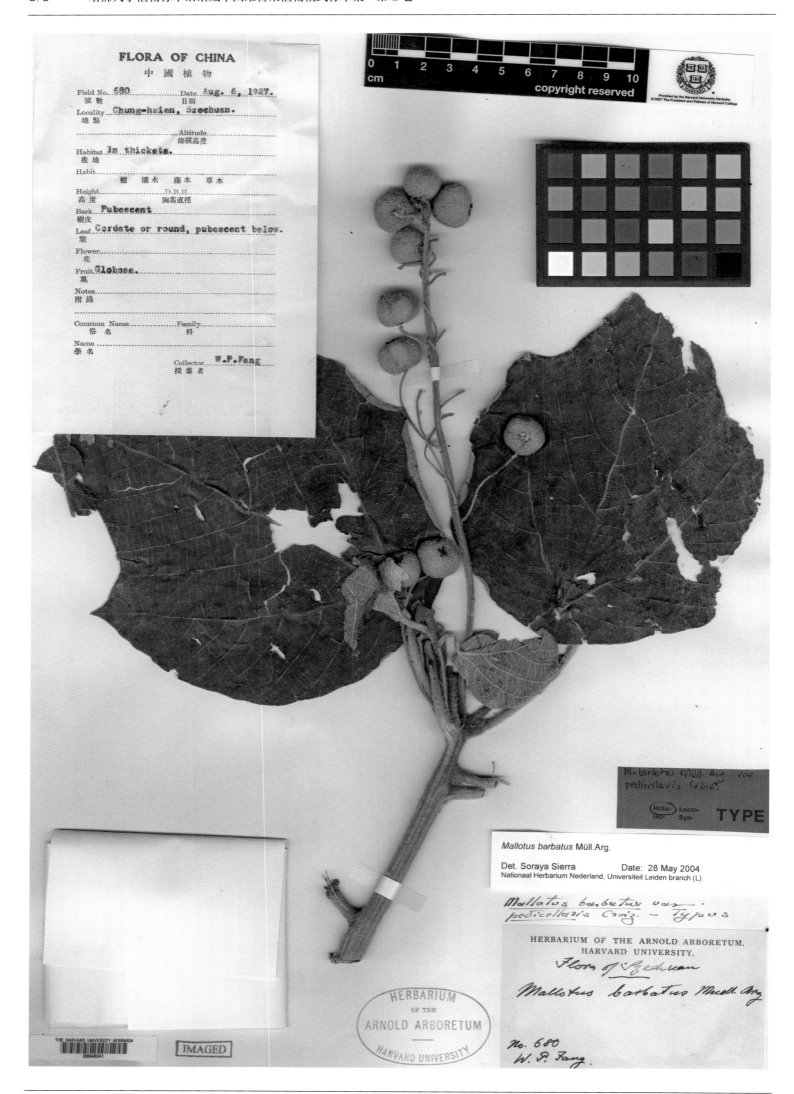

长梗野桐 *Mallotus barbatus* (Wall.) Müell. Arg. var. *pedicellaris* Croiz. in J. Arnold Arbor. 19(2): 135. 1938. **Holotype**: China. Chongqing: Chung-hsien (=Zhong Xian), 1927-08-06, W. P. Fang 680 (A).

栗果野桐 *Mallotus castanopsis* Metc. in Lingnan Sci. J. 10(4): 487. 1931. **Holotype**: China. Guangdong: Lechang, 1928-10-17, Y. Tsiang 1384 (A).

桂野桐 *Mallotus conspurcatus* Croiz. in J. Arnold Arbor. 21(4): 501. 1940. **Holotype:** China. Guangxi: Pin-lam (=Pingnan), 1935-09-01, S. P. Ko 55683 (A).

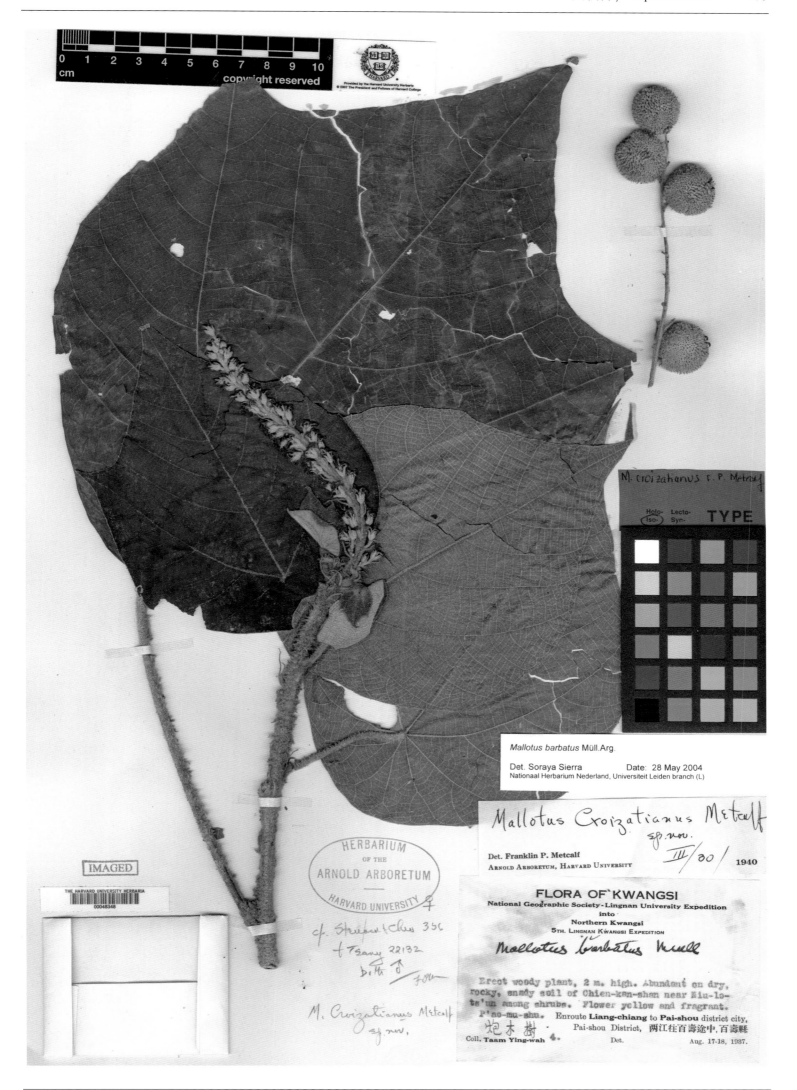

两广野桐 *Mallotus croizatianus* Metc. in J. Arnold Arbor. 22(2): 204. 1941. **Holotype:** China. Guangxi: Pai-shou(=Yongfu), 1937-08-(17-18), Y. W. Taam 4 (A).

粗齿野桐 *Mallotus grossedentatus* Merr. & Chun in Sunyatsenia 5(1/3): 98, pl. 12. 1940. **Syntype**: China. Hainan: Po-ting (=Baoting), alt. 275 m, 1935-07-30, F. C. How 73340 (A).

草鞋木 *Mallotus henryi* Pax & Hoffm. in Engler, Pflanzenr. 63(IV. 147. VII): 177. 1914. **Isotype**: China. Yunnan: South of Red River, Precise locality not known, A. Henry 13665 (A).

广布野桐 *Mallotus illudens* Croiz. in J. Arnold Arbor. 19(2): 146. 1938. **Syntype**: China. Jiangxi: Pinghsiang (=Pingxiang), alt. 600 m, 1920-??-??, T. H. Wang 239 (A).

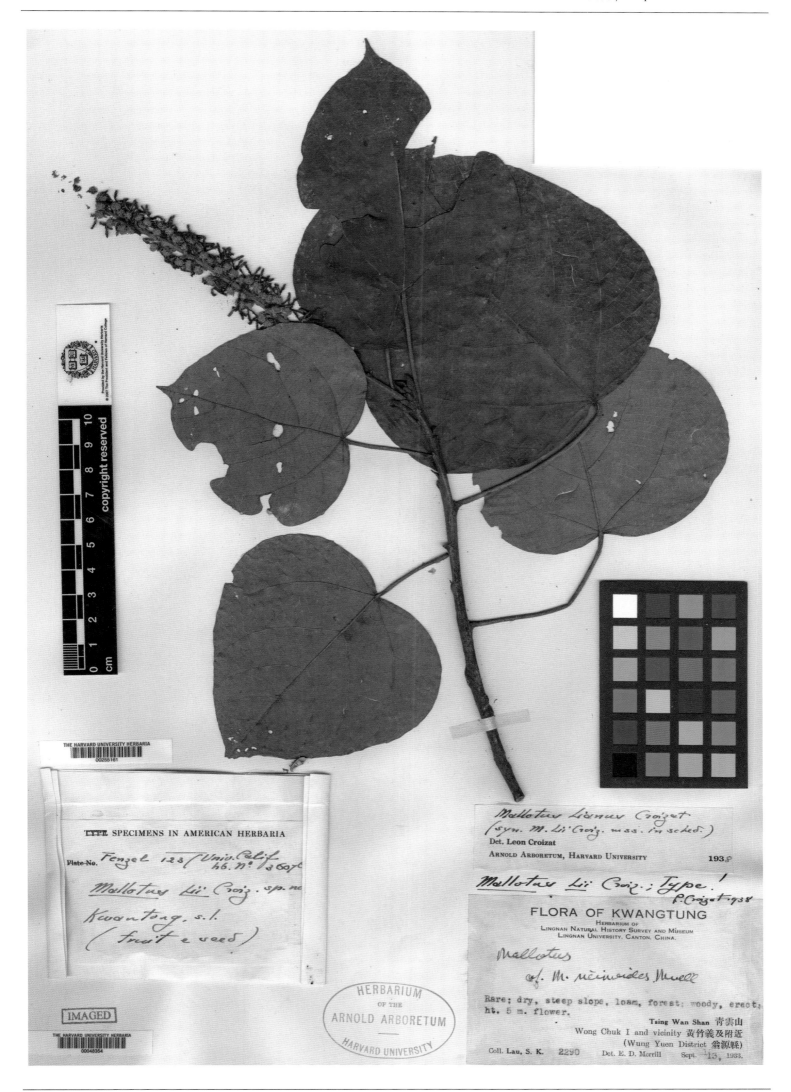

东南野桐 *Mallotus lianus* Croiz. in J. Arnold Arbor. 19(2): 140. 1938. Holotype: China. Guangdong: Wengyuan, 1933-09-13, S. K. Lau 2290 (A).

罗城野桐 *Mallotus luchenensis* Metc. in J. Arnold Arbor. 22(2): 206. 1941. **Isotype:** China. Guangxi: Luocheng, alt. 458 m, 1928-06-06, R. C. Ching 5699 (A).

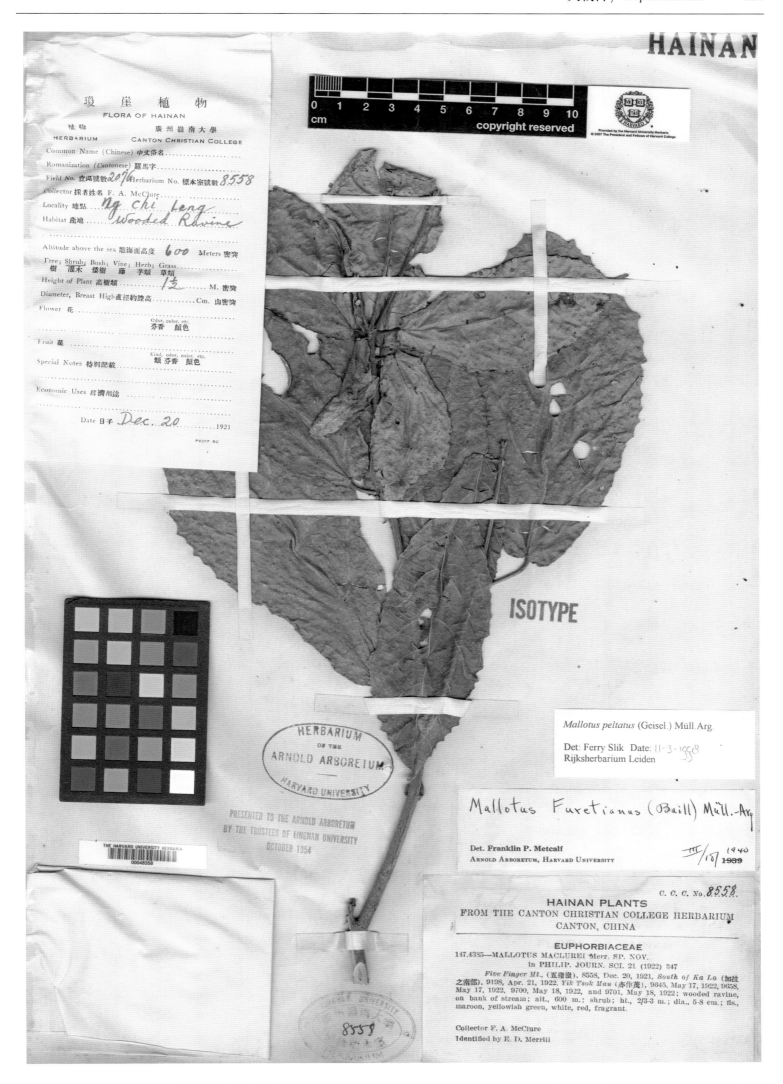

五指山野桐 *Mallotus maclurei* Merr. in Philipp. J. Sci. 21(4): 347. 1922. **Isotype:** China. Hainan: Wuzhi Shan, alt. 600 m, 1921-12-20, F. A. McClure 2076 (=Canton Christian College 8558) (A).

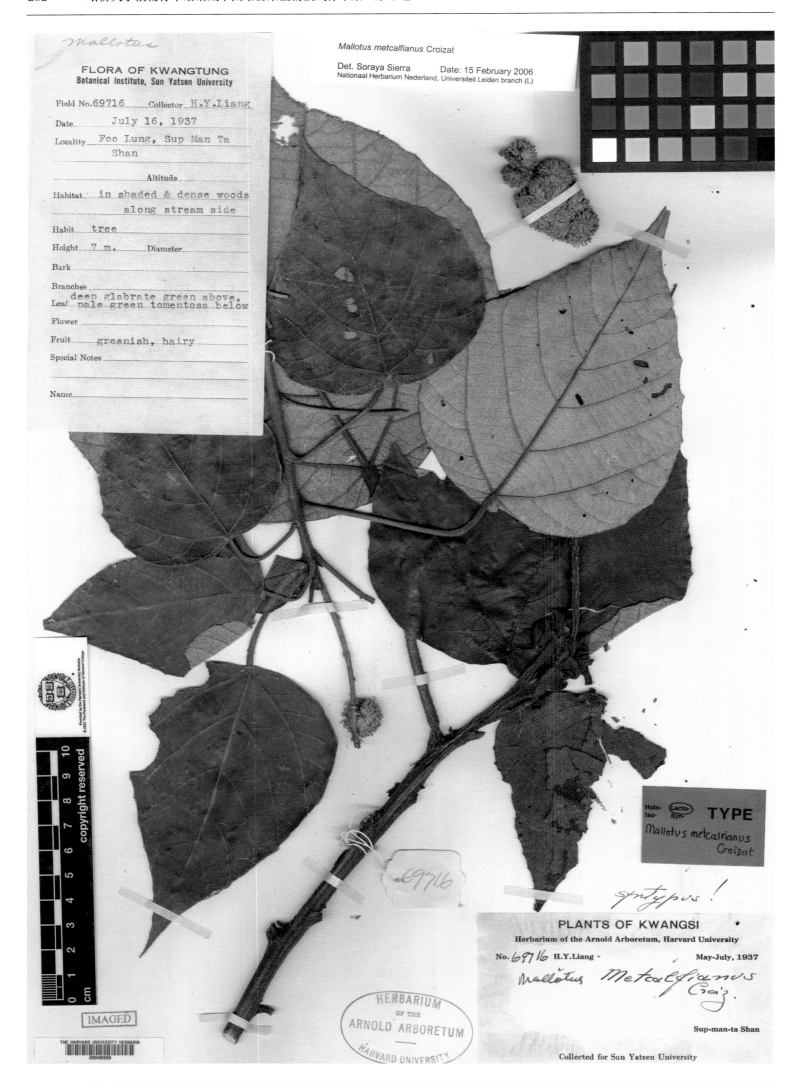

褐毛野桐 *Mallotus metcalfianus* Croiz. in J. Arnold Arbor. 21(4): 501. 1940. **Syntype:** China. Guangxi: Sup Man Ta Shan
(=Shiwan Dashan), 1937-07-16, H. Y. Liang 69716 (A).

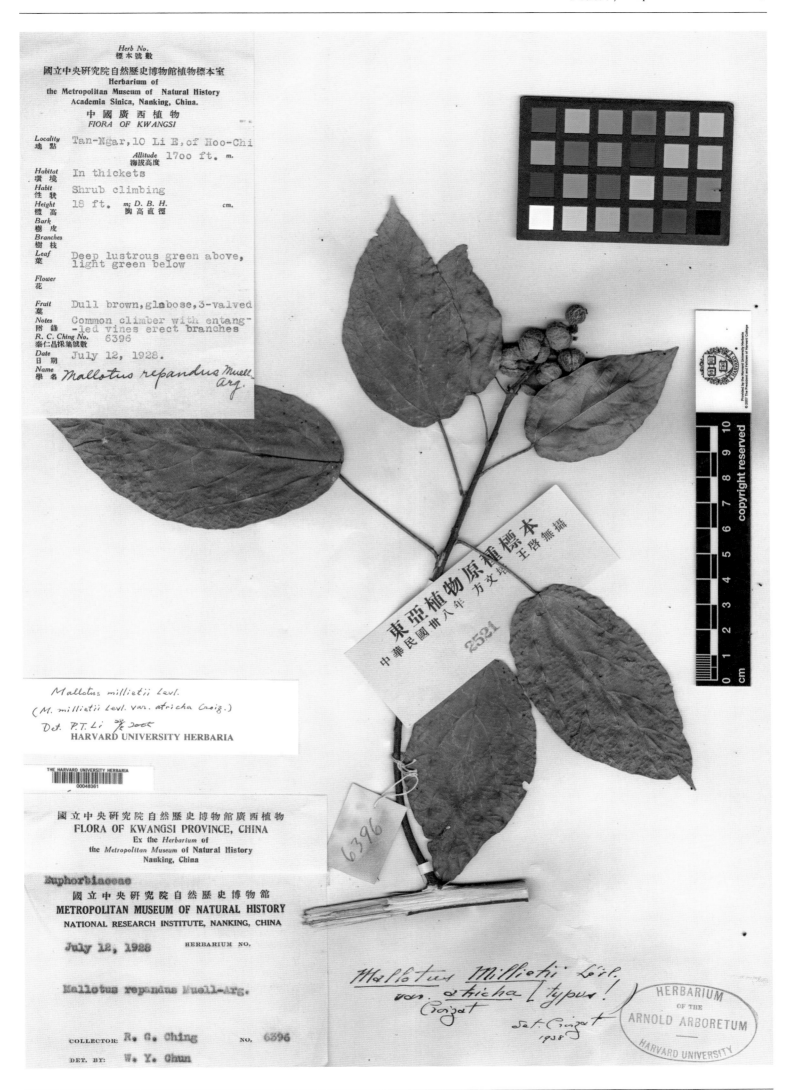

无毛野桐 *Mallotus milliettii* Lévl. var. *atricha* Croiz. in J. Arnold Arbor. 19(2): 147. 1938. **Holotype**: China. Guangxi: Hoo-Chi (=Hechi), alt. 519 m, 1928-07-12, R. C. Ching 6396 (A).

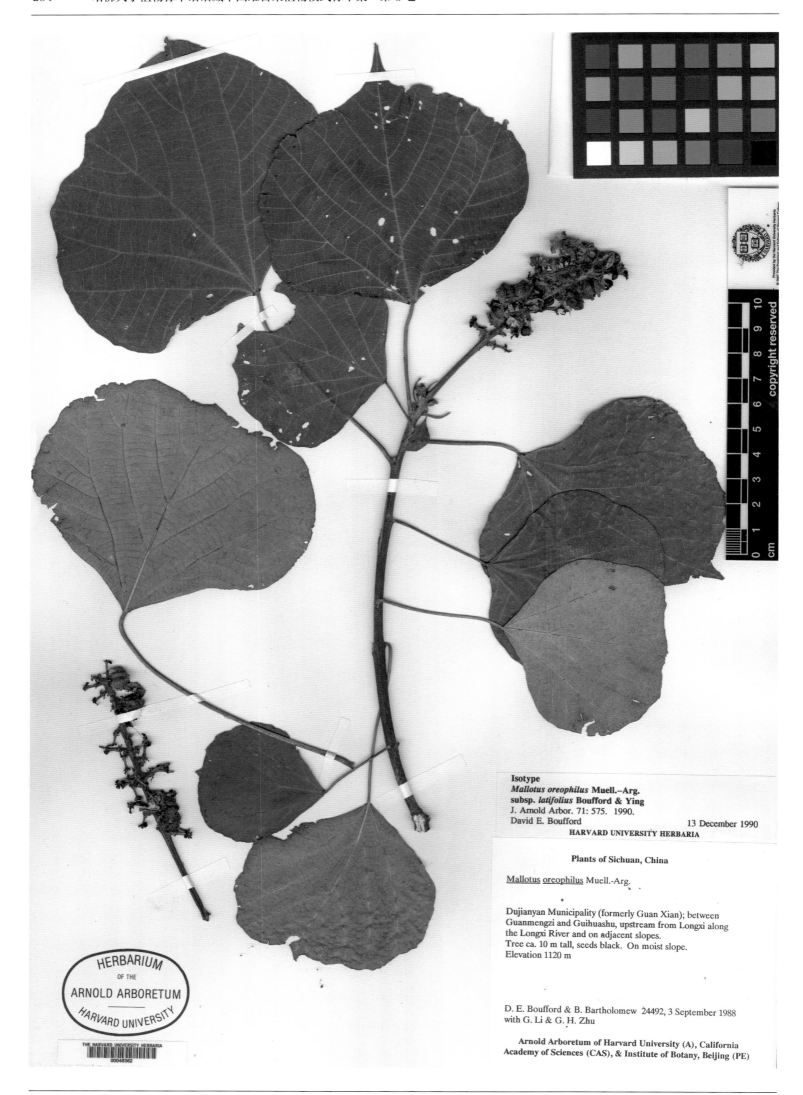

Isotype
Mallotus oreophilus Muell.-Arg.
subsp. *latifolius* Boufford & Ying
J. Arnold Arbor. 71: 575. 1990.
David E. Boufford   13 December 1990
HARVARD UNIVERSITY HERBARIA

Plants of Sichuan, China

Mallotus oreophilus Muell.-Arg.

Dujianyan Municipality (formerly Guan Xian); between
Guanmengzi and Guihuashu, upstream from Longxi along
the Longxi River and on adjacent slopes.
Tree ca. 10 m tall, seeds black. On moist slope.
Elevation 1120 m

D. E. Boufford & B. Bartholomew 24492, 3 September 1988
with G. Li & G. H. Zhu

Arnold Arboretum of Harvard University (A), California
Academy of Sciences (CAS), & Institute of Botany, Beijing (PE)

宽叶野桐 *Mallotus oreophilus* Müell. Arg. ssp. *latifolius* Boufford & T. S. Ying in J. Arnold Arbor. 71(4): 575, f. s. n. 1990.
Isotype: China. Sichuan: Guanxian (=Dujiangyan), alt. 1 120 m, 1988-09-03, D. E. Boufford & B. Bartholomew 24492 (A).

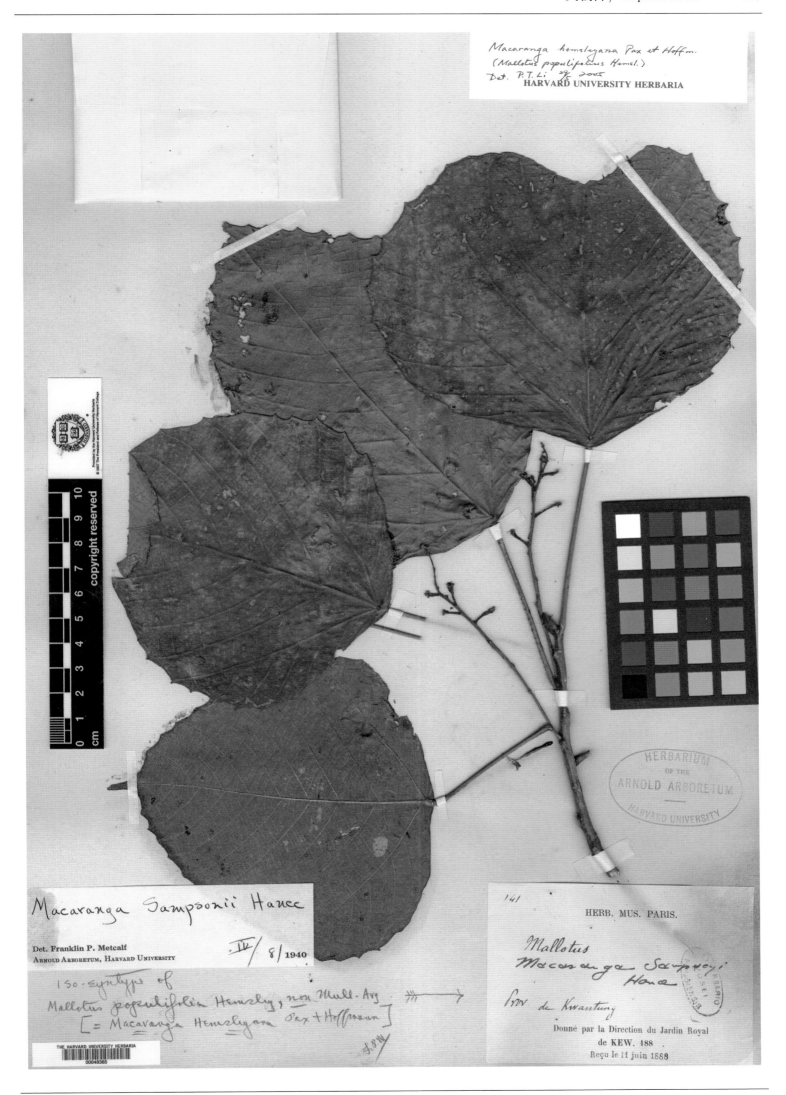

杨叶野桐 *Mallotus populifolia* Hemsl. in J. Linn. Soc. Bot. 26: 441. 1894. **Isosyntype**: China. Guangdong: Precise locality not known, Ford 141 (A).

假轮叶野桐 *Mallotus pseudoverticillatus* Merr. in Lingnan Sci. J. 14(1): 23, f. 7. 1935. **Isotype**: China. Hainan: Ngai (=Sanya), 1932-08-03, S. K. Lau 353 (A).

网脉野桐 *Mallotus reticulatus* Dunn in J. Linn. Soc. Bot. 38: 365. 1908. **Isotype:** China. Fujian: Nanping, Yenping (=Yanping), 1905-(04-06)-??, S. T. Dunn s. n. (=Hongkong Herb. 3429) (A).

无毛圆叶野桐 ***Mallotus roxburghianus*** Müell. Arg. var. ***glabra*** Dunn in J. Linn. Soc. Bot. 38: 365. 1908. **Isotype**: China. Fujian: Nanping, Yenping (=Yanping), 1905-(04-06)-??, S. T. Dunn s. n. (=Hongkong Herb. 3427) (A).

福建野桐 *Mallotus tenuifolius* Pax. var. *subjaponicus* Croiz. in J. Arnold Arbor. 19(2): 138. 1938. **Holotype**: China. Fujian: Dingdschou (=Tingzhou), 1921-07-??, T. H. Wang 391(A).

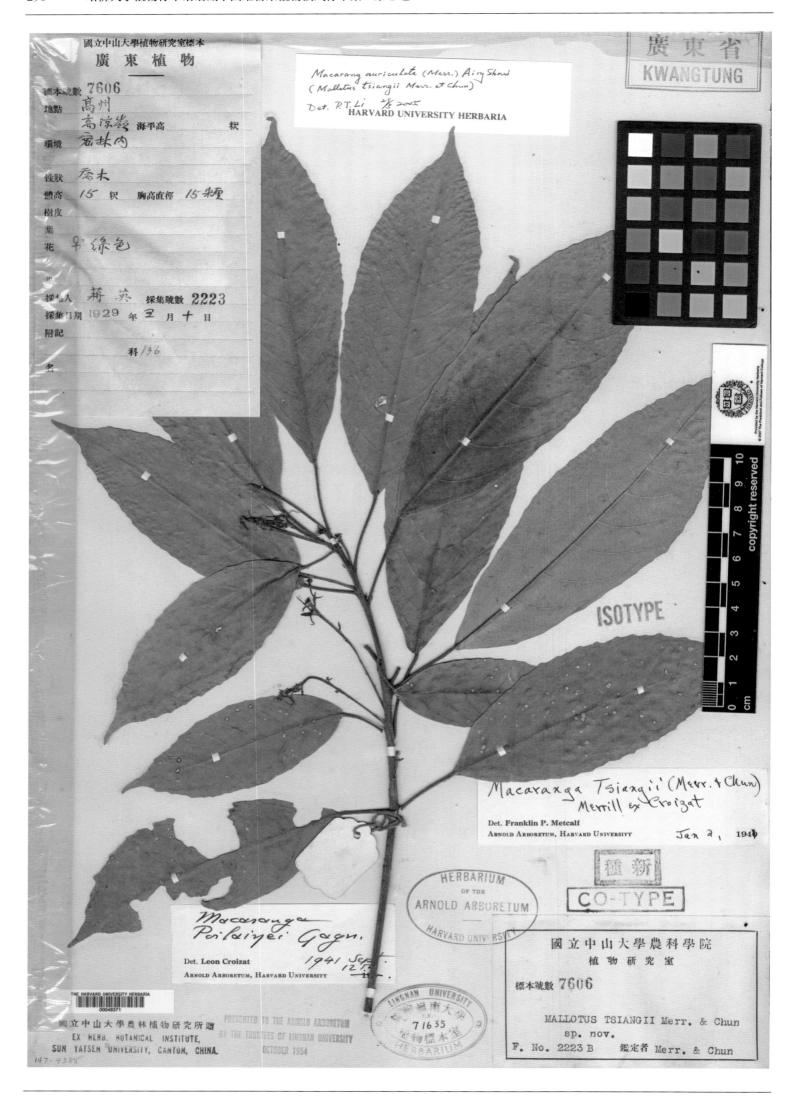

蒋氏野桐 *Mallotus tsiangii* Merr. & Chun in Sunyatsenia 1(1): 63. 1930. **Isotype**: China. Guangdong: Gaozhou, alt. 150 m, 1929-05-10, Y. Tsiang 2223 B (A).

云南野桐 *Mallotus yunnanensis* Pax & Hoffm. in Engler, Pflanzenr. 63(IV. 147. VII): 188, pl. 28C. 1914. **Isosyntype**: China. Yunnan: Mengzi, alt. 1 525 m, A. Henry 10794 (A).

云南叶轮木 *Ostodes katharinae* Pax in Engler, Pflanzenr. 47(IV. 147. III): 19. 1911. **Isosyntype**: China. Yunnan: Simao, alt. 1 220 m, A. Henry 13003 (A).

Ostodes paniculata Blume
var. katharinae (Pax) Chakrab. & N.P.Balakr.

det. H.-J. Esser   Aug. 2001
Harvard University Herbaria

Isosyntype

Ostodes katharinae Pax

in Engl., Pflanzenr. IV,147,iii: 19. 1911

scr. H.-J. Esser   Aug. 2001
Harvard University Herbaria

HERBARIUM
OF THE
ARNOLD ARBORETUM
HARVARD UNIVERSITY

A. HENRY
CHINA, No. 13,062
YUNNAN Szemao finds, 6000'
tree 20'

FLORA OF CHINA.

Ostodes Katharinae Pax
Isosyntype.
COLL. A. HENRY.   ♀ 1940

云南叶轮木 *Ostodes katharinae* Pax in Engler, Pflanzenr. 47(IV. 147. III): 19. 1911. **Isosyntype**: China. Yunnan: Simao, alt. 1 830 m, A. Henry 13062 (A).

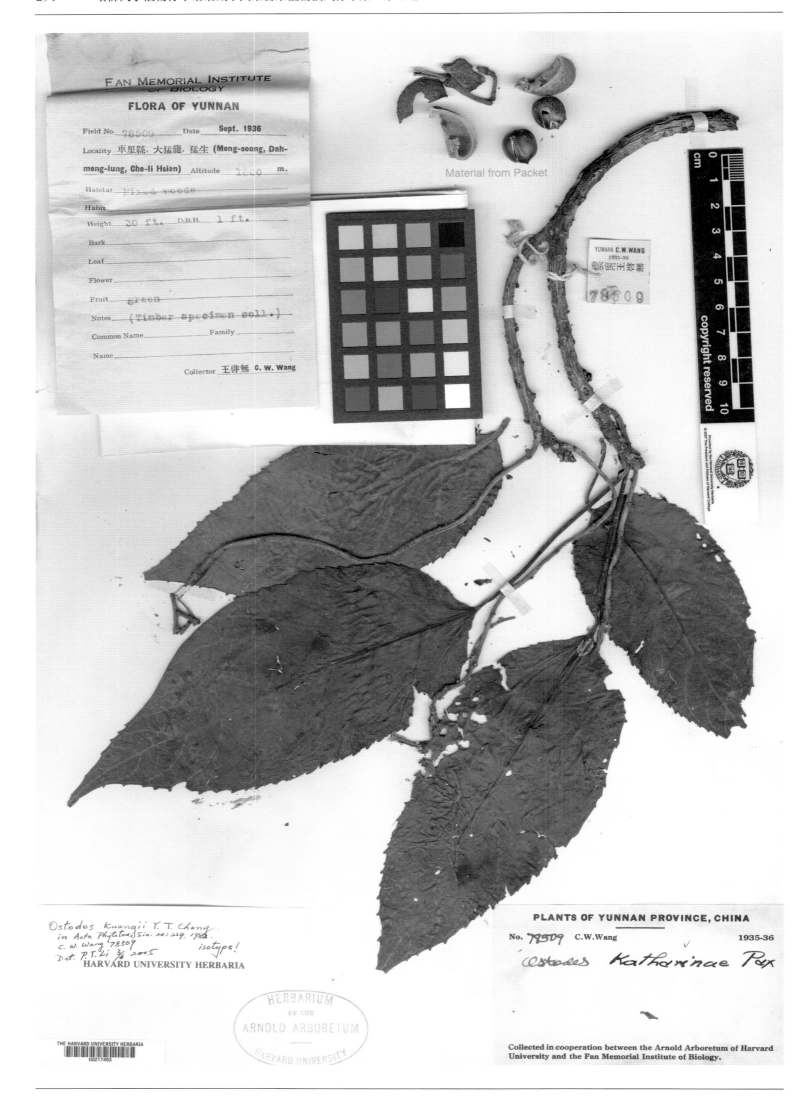

绒毛叶轮木 *Ostodes kuangii* Y. T. Chang in Acta Phytotax. Sin. 20(2): 224. 1982. **Isotype**: China. Yunnan: Che-li (=Jinghong), alt. 1 800 m, 1936-09-??, C. W. Wang 78509 (A).

宽脉珠子木 *Phyllanthodendron laivenium* Croiz. in J. Arnold Arbor. 23(1): 36. 1942. **Holotype**: China. Guizhou: Longli, Kouan yn tong (=Guanying Shan), alt. 1 200 m, 1922-11-??, J. H. Esquirol 6076 (A).

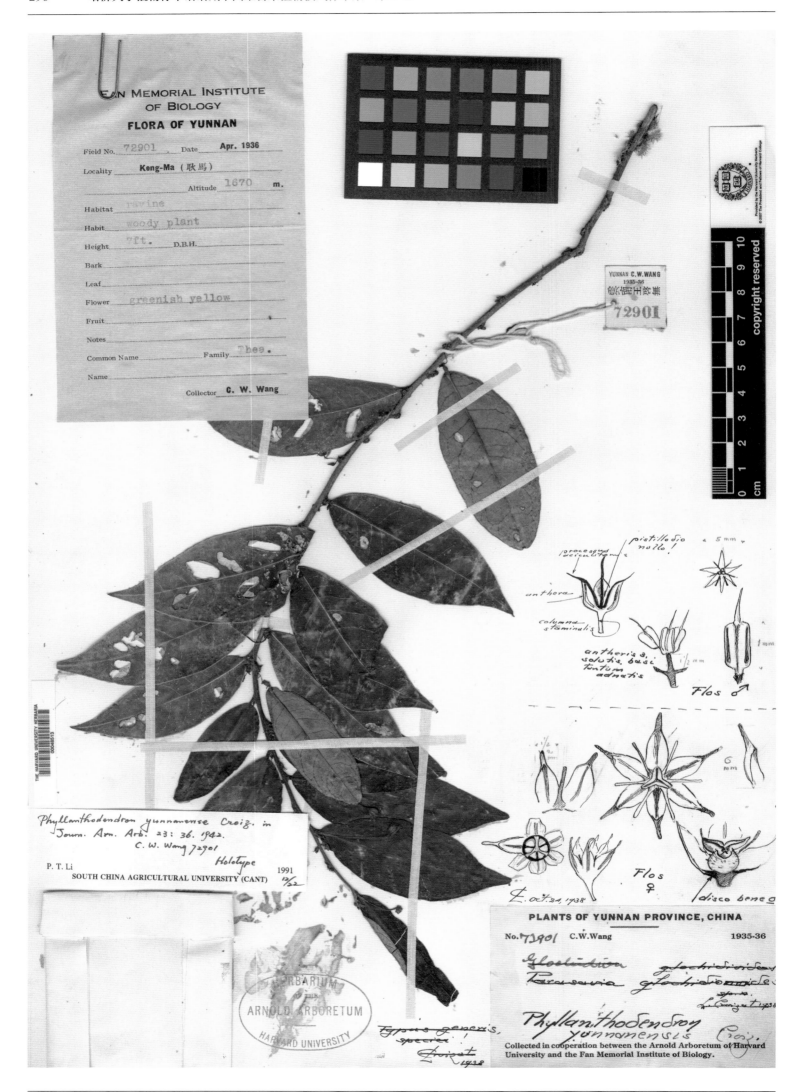

云南珠子木 *Phyllanthodendron yunnanense* Croiz. in J. Arnold Arbor. 23(1): 36. 1942. **Holotype**: China. Yunnan: Kengma (=Gengma), alt. 1 670 m, 1936-04-??, C. W. Wang 72901 (A).

星药叶下珠 *Phyllanthus asteranthos* Croiz. in J. Jap. Bot. 16(11): 655. 1940. **Holotype**: China. Yunnan: Nan-Chiao (=Menghai), alt. 1 760 m, 1936-06-??, C. W. Wang 75325 (A).

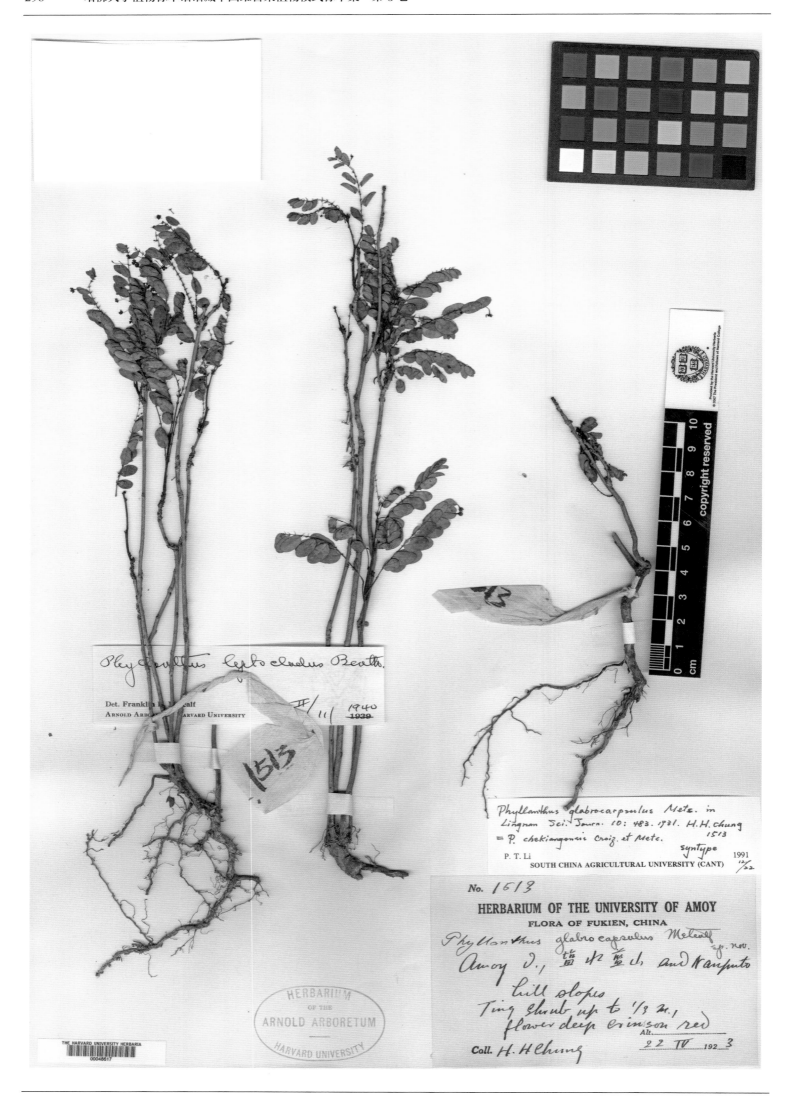

光果叶下珠*Phyllanthus glabrocapsulus* Metc. in Lingnan Sci. J. 10(4): 483. 1931. **Syntype:** China. Fujian: Amoy (=Xiamen), 1923-04-22, H. H. Chung 1513 (A).

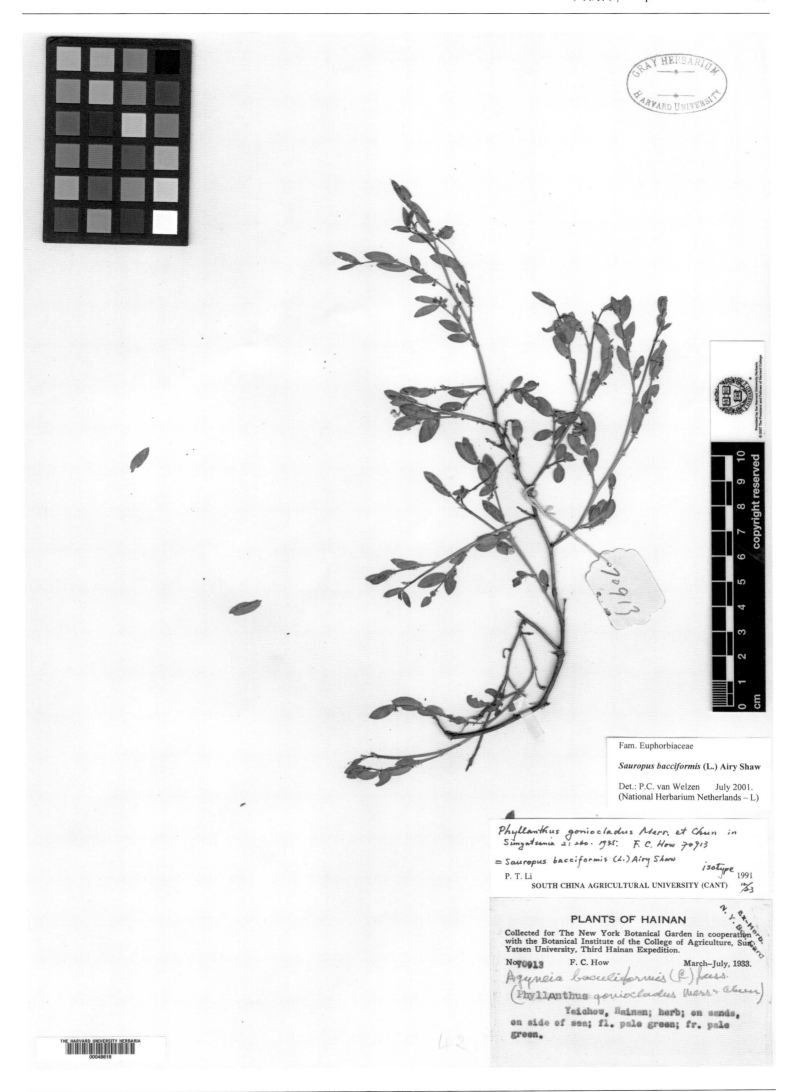

Fam. Euphorbiaceae

Sauropus bacciformis (L.) Airy Shaw

Det.: P.C. van Welzen   July 2001.
(National Herbarium Netherlands – L)

Phyllanthus goniocladus Merr. et Chun in
Sunyatsenia 2: 260. 1935. F. C. How 70913
= *Sauropus bacciformis* (L.) Airy Shaw
                                        isotype
P. T. Li   1991
SOUTH CHINA AGRICULTURAL UNIVERSITY (CANT)   12/3

PLANTS OF HAINAN

Collected for The New York Botanical Garden in cooperation
with the Botanical Institute of the College of Agriculture, Sunyatsen
Yatsen University, Third Hainan Expedition.
No. 70913   F. C. How   March–July, 1933.
Agyneia bacciformis (L.) Juss.
(*Phyllanthus goniocladus* Merr. & Chun)

Yaichow, Hainan; herb; on sands,
on side of sea; fl. pale green; fr. pale
green.

棱枝叶下珠 *Phyllanthus goniocladus* Merr. & Chun in Sunyatsenia 2(3/4): 260, pl. 51. 1935. **Isotype**: China. Hainan: Yaichow (=Sanya), 1933-06-25, F. C. How 70913 (GH).

海南叶下珠 *Phyllanthus hainanensis* Merr. in Lingnan Sci. J. 14(1): 20, f. 6. 1935. **Isotype**: China. Hainan: Ngai (=Sanya), 1932-07-12, S. K. Lau 240 (A).

细枝叶下珠 *Phyllanthus leptoclados* Benth. Fl. Hongkong. 312. 1861. **Isosyntype**: China. Hongkong, (1853-1856)-??-??, C. Wright 499 (GH).

单花水油甘 *Phyllanthus nanellus* P. T. Li in Acta Phytotax. Sin. 25(5): 376, f. 1. 1987. **Isotype:** China. Hainan: Sanya, 1933-07-26, C. Wang 33346 (A).

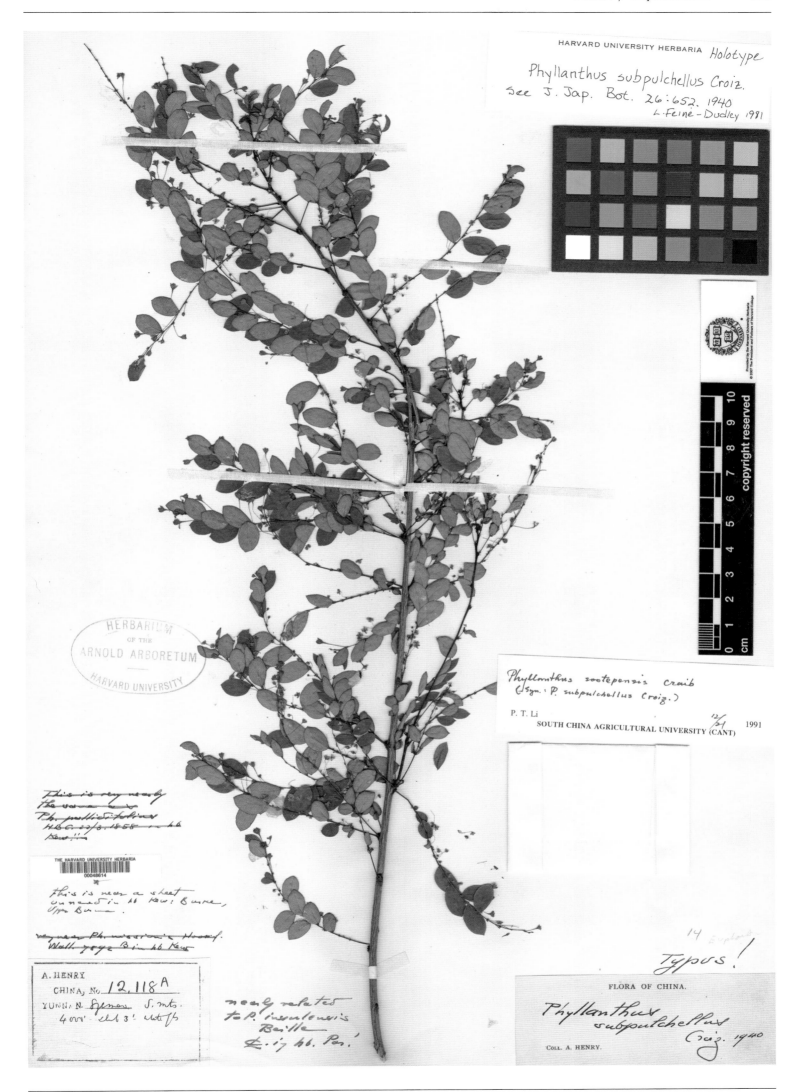

美丽叶下珠 *Phyllanthus subpulchellus* Croiz. in J. Jap. Bot. 16(11): 652. 1940. **Holotype**: China. Yunnan: Simao, alt. 1 220 m, A. Henry 12118 A (A).

心叶粗糠柴 *Rottlera cordifolia* Benth. Fl. Hongkong. 307. 1861. **Isotype**: China. Hongkong, (1853-1856)-??-??, C. Wright 500 (GH).

斑子乌桕 *Sapium atrobadiomaculatum* Metc. in Lingnan Sci. J. 10(4): 490. 1931. **Syntype**: China. Jiangxi: Swe-Chuen (=Suichuan), alt. 610 m, 1921-06-05, H. H. Hu 819 (A).

海南乌桕 *Sapium laui* Croizat in J. Arnold Arbor. 21(4): 505. 1940. **Holotype:** China. Hainan: Kan-en (=Dongfang), 1935-02-(01-28), S. K. Lau 5498 (A).

石山守宫木*Sauropus delavayi* Croiz. in J. Arnold Arbor. 21(4): 496. 1940. **Holotype:** China. Yunnan: Heqing, 1887-??-??, P. J. M. Delavay 2845 (A).

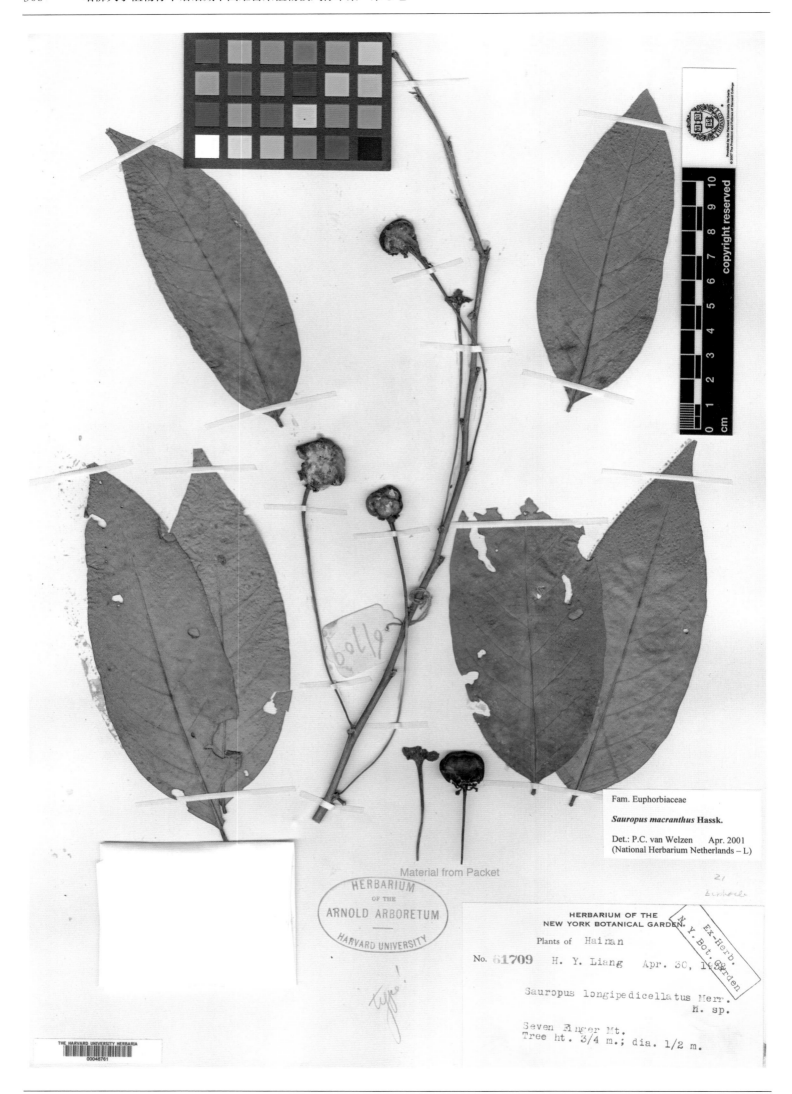

长梗守宫木 *Sauropus longipedicellatus* Merr. in Sunyatsenia 2(1): 34. 1934. **Isotype**: China. Hainan: Lingshui, Seven Finger Mt., 1932-04-30, H. Y. Liang 61709 (A).

毛白饭树 *Securinega acicularis* Croizat in J. Arnold Arbor. 21(4): 491. 1940. **Holotype:** China. Hubei: Badong, alt. 31~305 m, 1908-03-24, E. H. Wilson 3336 (A).

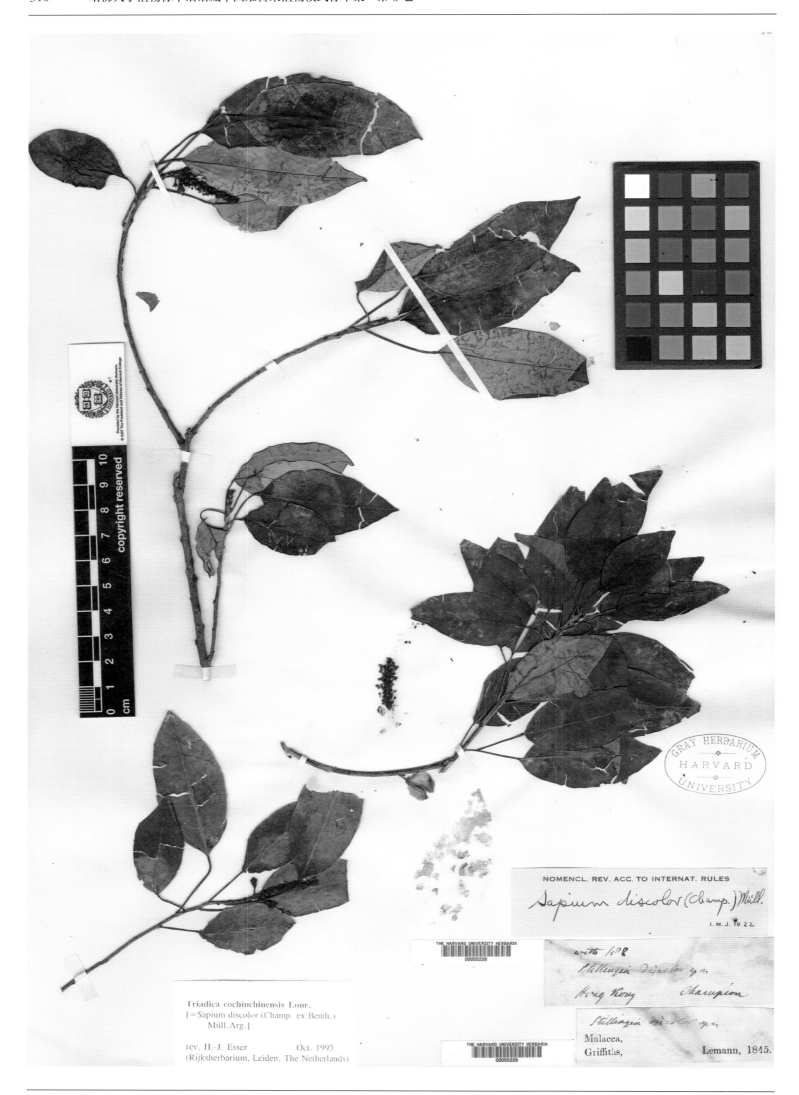

NOMENCL. REV. ACC. TO INTERNAT. RULES

Sapium discolor (Champ.) Müll.

I. M. J. 1922

with 188

Stillingia discolor g m

Hong Kong   Champion

Stillingia discolor g m

Malacca,
Griffiths,   Lemann, 1845.

Triadica cochinchinensis Lour.
[= Sapium discolor (Champ. ex Benth.)
    Müll.Arg.]

rev. H.-J. Esser   Oct. 1995
(Rijksherbarium, Leiden, The Netherlands)

THE HARVARD UNIVERSITY HERBARIA
00055228

THE HARVARD UNIVERSITY HERBARIA
00055229

山乌桕 *Stillingia discolor* Champ. ex Benth. in J. Bot. Kew Gard. Misc. 6: 1. 1854. **Isosyntype**: China. Hongkong, J. G. Champion 188 (GH).

红背山麻杆 *Stipellaria trewioides* Benth. in J. Bot. Kew Gard. Misc. 6: 3. 1854. **Isosyntype:** China. Hongkong, Wilford s. n. (GH).

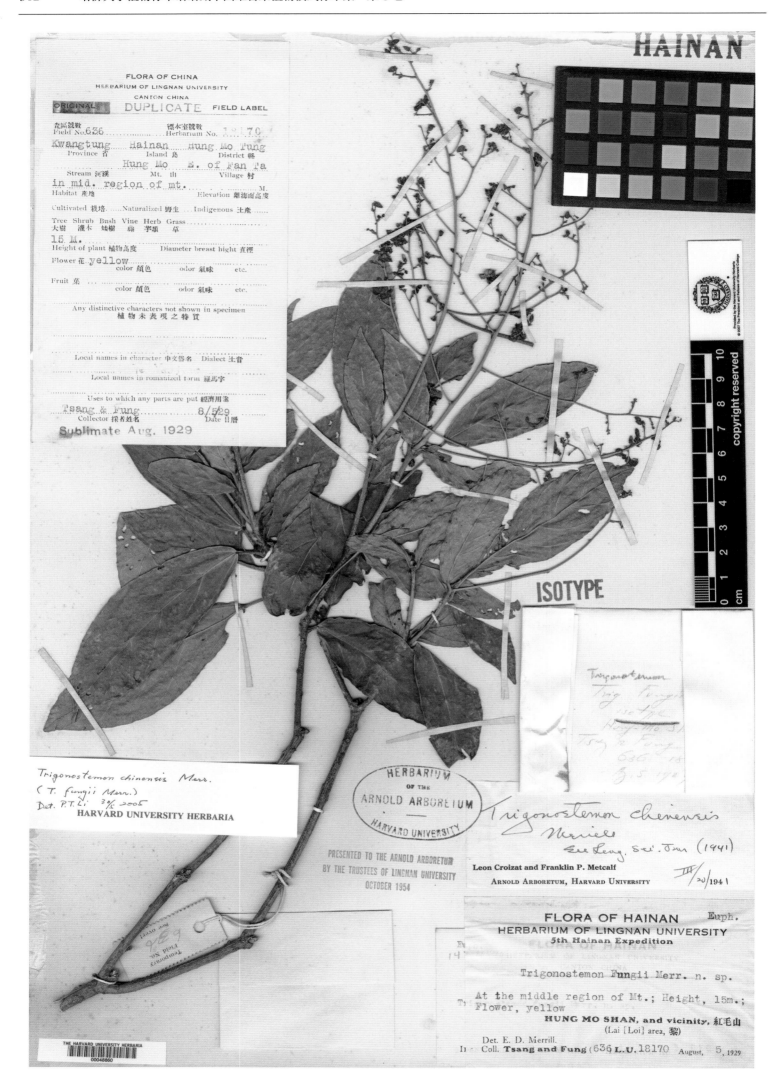

冯钦三宝木 *Trigonostemon fungii* Merr. in Lingnan Sci. J. 11(1): 47. 1932. **Isotype**: China. Hainan: Hongmao Shan, 1929-08-05, Tsang & Fung 636 (=L.U. 18170) (A).

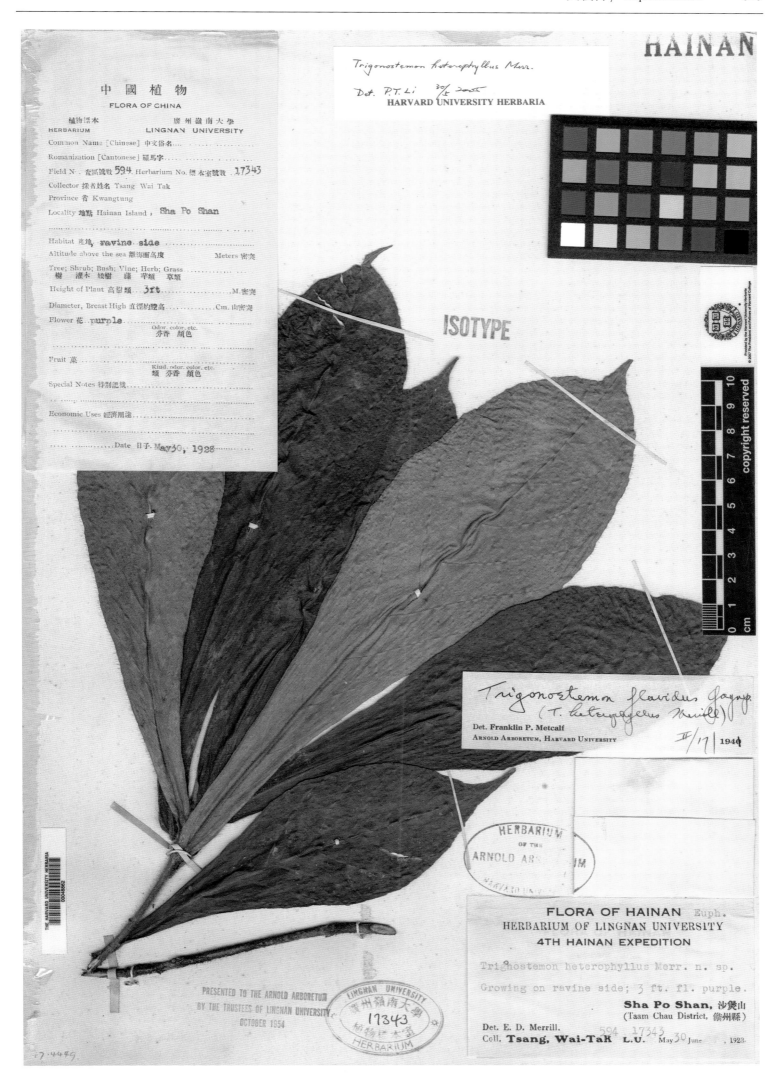

异叶三宝木 *Trigonostemon heterophyllus* Merr. in Lingnan Sci. J. 9(1/2): 38. 1930. **Isotype**: China. Hainan: Danzhou, 1928-05-30, W. T. Tsang 594 (=L.U. 17343) (A).

长序三宝木 *Trigonostemon howii* Merr. & Chun in Sunyatsenia 2(3/4): 262, pl. 53. 1935. **Isotype**: China. Hainan: Yaichow (=Sanya), 1933-07-05, F. C. How 70940 (A).

長梗山宝木 **Trigonostemon thyrsoideum** Stapf in Bull. Misc. Inf. Roy. Gard. Kew 1909(6): 264. 1909. **Isotype**: China. Yunnan: Simao, alt. 1 500 m, A. Henry 11947 (A).

冬青科
Aquifoliaceae

满树星 *Ilex aculeolata* Nakai in Bot. Mag. (Tokyo) 44: 13. 1930. **Isotype**: China. Hunan: Daloping between Loudi & Ninghsiang (=Ningxiang), alt. 100~200 m, 1918-05-05, H. Handel-Mazzetti 2710 (A).

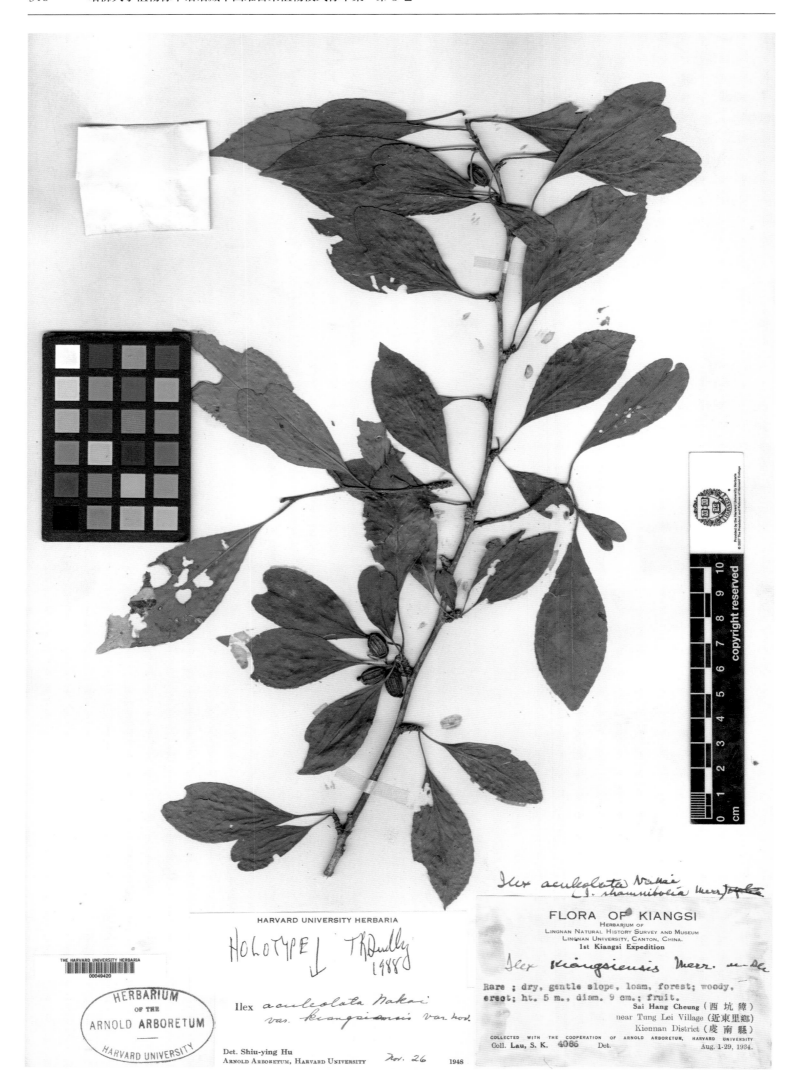

江西满树星 *Ilex aculeolata* Nakai var. *kiangsiensis* S. Y. Hu in J. Arnold Arbor. 30(3): 278. 1949. **Holotype:** China. Jiangxi: Kiennan (=Quannan), 1934-08-(01-29), S. K. Lau 4086 (A).

ISOTYPE

棱枝冬青 *Ilex angulata* Merr. & Chun in Sunyatsenia 2(3/4): 266, f. 30. 1935. **Isotype**: China. Hainan: Tongjia (=Ding'an), alt. 520 m, 1932-09-01, N. K. Chun & C. L. Tso 43779 (A).

长梗棱枝冬青 Ilex angulata Merr. & Chun var. **longipedunculata** S. Y. Hu in J. Arnold Arbor. 30(3): 313. 1949. **Holotype:** China. Hainan: Baoting, 1935-06-29, F. C. How 73020 (A).

华刺叶冬青 *Ilex aquifolium* L. var. *chinensis* Loes. ex Diels in Bot. Jahrb. Syst. 29(3/4): 435. 1900. **Isosyntype:** China. Hubei: Precise locality not known, (1885-1888)-??-??, A. Henry 3299 (A).

革叶冬青 *Ilex ardisioides* Loes. in Nov. Act. Acad. Caes. Leop.-Carol. German. Nat. Cur. 78: 359. 1901. **Isotype**: China. Taiwan: South Cape, A. Henry 1311 (A).

HARVARD UNIVERSITY HERBARIA

HOLOTYPE T. R. Dudley 1988

Ilex asprella (Hook. & Arn.) Champ.
var. tapuensis S.Y.H.

Type

Det. Shiu-ying Hu
ARNOLD ARBORETUM, HARVARD UNIVERSITY nov. 27 1948

HERBARIUM
OF THE
ARNOLD ARBORETUM
HARVARD UNIVERSITY

FLORA OF KWANGTUNG
Herbarium of
Lingnan Natural History Survey and Museum
Lingnan University, Canton, China.

Ilex asprella Champ.

Fairly common; dry, steep slope, thicket; woody;
10ft; fruit, black.
Tsing Sing Shue   TAI MO SHAN 大帽山
秤星樹   (Tapu District 大埔縣)
COLLECTED WITH THE COOPERATION OF ARNOLD ARBORETUM, HARVARD UNIVERSITY
Coll. Tsang W. T. 21245 Det........................ July 21, 1932

大埔秤星树 *Ilex asprella* (Hook. & Arn.) Champ. ex Benth. var. *tapuensis* S. Y. Hu in J. Arnold Arbor. 30(3): 271. 1949.
Holotype: China. Guangdong: Dapu, 1932-07-21, W. T. Tsang 21245 (A).

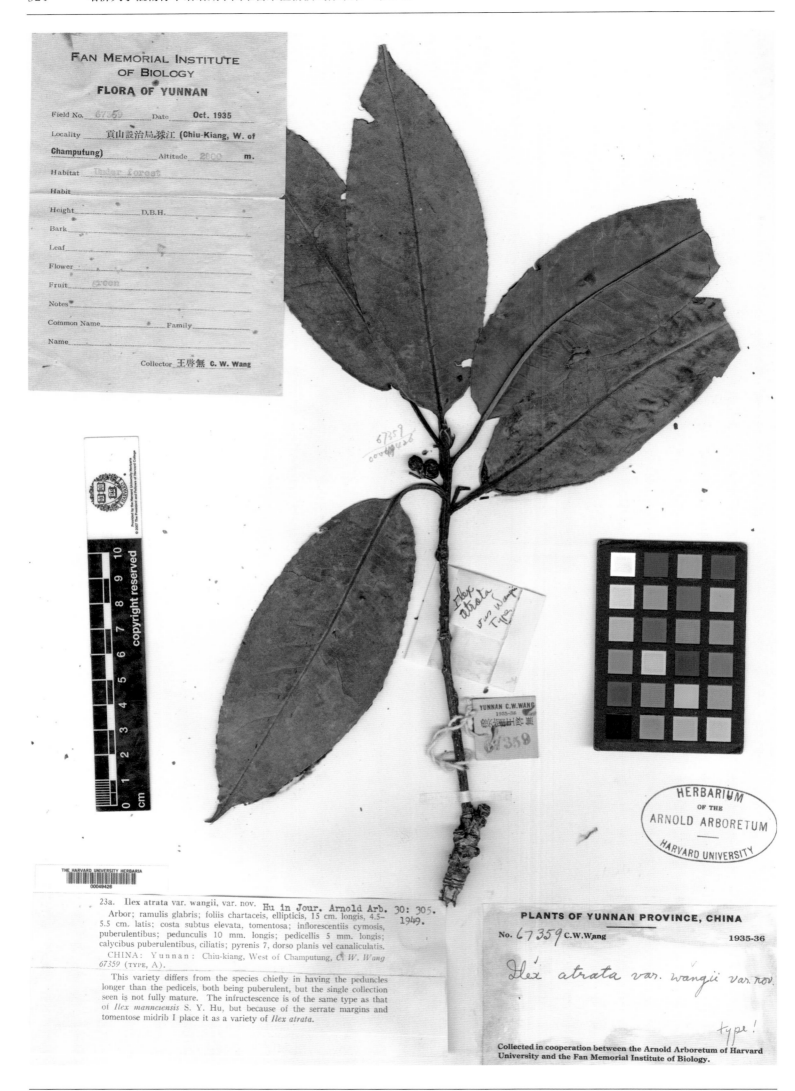

FAN MEMORIAL INSTITUTE
OF BIOLOGY
FLORA OF YUNNAN

Field No. 67359　Date　Oct. 1935
Locality　貢山設治局·猺江 (Chiu-Kiang, W. of
Champutung)　Altitude　2800　m.
Habitat　Under forest
Habit
Height　D.B.H.
Bark
Leaf
Flower
Fruit　green
Notes
Common Name　Family
Name

Collector 王啓無 C. W. Wang

PLANTS OF YUNNAN PROVINCE, CHINA

No. 67359 C.W.Wang　1935-36

Ilex atrata var. wangii var. nov.

type!

Collected in cooperation between the Arnold Arboretum of Harvard
University and the Fan Memorial Institute of Biology.

23a.　Ilex atrata var. wangii, var. nov. Hu in Jour. Arnold Arb. 30: 305. 1949.
Arbor; ramulis glabris; foliis chartaceis, ellipticis, 15 cm. longis, 4.5–
5.5 cm. latis; costa subtus elevata, tomentosa; inflorescentiis cymosis,
puberulentibus; pedunculis 10 mm. longis; pedicellis 5 mm. longis;
calycibus puberulentibus, ciliatis; pyrenis 7, dorso planis vel canaliculatis.
CHINA: Yunnan: Chiu-kiang, West of Champutung, C. W. Wang
67359 (TYPE, A).
This variety differs from the species chiefly in having the peduncles
longer than the pedicels, both being puberulent, but the single collection
seen is not fully mature. The infructescence is of the same type as that
of Ilex mannciensis S. Y. Hu, but because of the serrate margins and
tomentose midrib I place it as a variety of Ilex atrata.

长梗黑果冬青 Ilex atrata W. W. Smith var. **wangii** S. Y. Hu in J. Arnold Arbor. 30(3): 305. 1949. **Holotype**: China. Yunnan: Gongshan, alt. 2 800 m, 1935-10-??, C. W. Wang 67359 (A).

黄杨冬青 *Ilex buxoides* S. Y. Hu in J. Arnold Arbor. 31(3): 242. 1950. **Holotype:** China. Guangxi: Shangsi,1933-07-11, W. T. Tsang 22688 (A).

苗山冬青 *Ilex chingiana* Hu & Tang in Bull. Fan Mem. Inst. Biol., Bot. Ser. 9(5): 252. 1940. **Isotype**: China. Guangxi: Luocheng, alt. 1 280 m, 1928-06-14, R. C. Ching 6011 (A).

微柔毛苗山冬青 *Ilex chingiana* Hu & Tang var. *puberula* S. Y. Hu in J. Arnold Arbor. 30(4): 382. 1949. Holotype: China. Guangxi: Ling Wun (=Lingyun), 1937-07-16, S. K. Lau 28662 (A).

周氏冬青 *Ilex chowii* S.Y. Hu in Fang, Icon. Pl. Omei. 2(2): pl. 157. 1946. **Isotype**: China. Sichuan: Emeishan, Emei Shan, alt. 1 400 m, 1938-08-14, H. C. Chow 8138 (A).

铁仔冬青 *Ilex chuniana* S. Y. Hu in J. Arnold Arbor. 32(4): 397. 1951. **Holotype:** China. Hainan: Ding'an, 1933-12-28, C. Wang 35904 (A).

纤齿枸骨 *Ilex ciliospinosa* Loes. in Sargent, Pl. Wils. 1(1): 78. 1911. **Syntype:** China. Hubei: Jianshi, alt. 1 525 m, 1908-09-15, E. H. Wilson 996 (A).

密花冬青 *Ilex confertiflora* Merr. in Lingnan Sci. J. 13(1): 35. 1934. **Holotype**: China. Guangdong: Zengcheng, 1932-04-26, W. T. Tsang 20347 (A).

广西密花冬青 *Ilex confertiflora* Merr. var. *kwangsiensis* S. Y. Hu in J. Arnold Arbor. 31(1): 72. 1950. **Holotype:** China. Guangxi: Xiangzhou, Yao Shan, 1936-12-01, C. Wang 40512 (A).

珊瑚冬青 *Ilex corallina* Franch. in Bull. Soc. Bot. France 33: 452. 1886. **Isotype**: China. Yunnan: Dali, 1884-04-17, P. J. M. Delavay 927 (A).

大果珊瑚冬青 *Ilex corallina* Franch. var. *macrocarpa* S. Y. Hu in J. Arnold Arbor. 31(1): 67. 1950. Holotype: China. Hubei: Jianshi, 1934-09-08, H. C. Chow 1551 (A).

毛枝珊瑚冬青 *Ilex corallina* Franch. var. *pubescens* S. Y. Hu in J. Arnold Arbor. 31(1): 66. 1950. **Holotype:** China. Yunnan: Lancang, alt. 2 000 m, 1938-12-07, T. T. Yu 22890 (A).

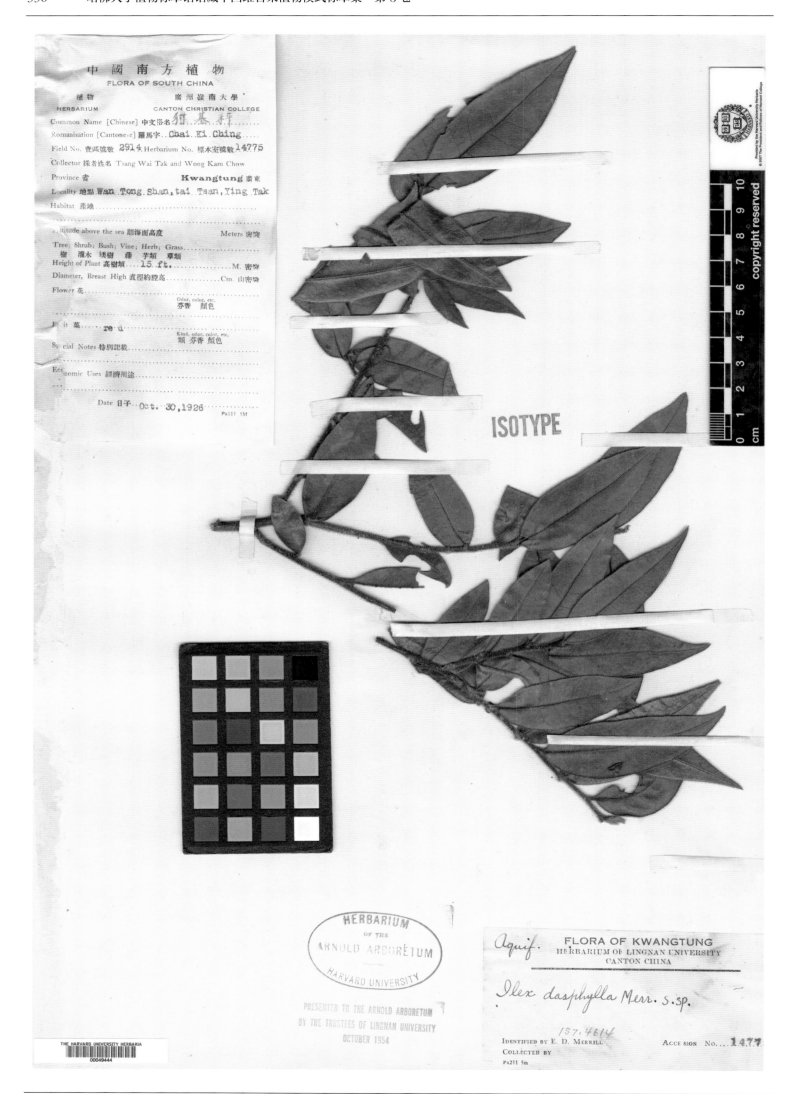

黄毛冬青 *Ilex dasyphylla* Merr. in Lingnan Sci. J. 7: 311. 1929. **Isotype:** China. Guangdong: Yingde, 1926-10-30, W. T. Tsang & W. K. Chow 2914 (=Canton Christian College 14775) (A).

HARVARD UNIVERSITY HERBARIA

HOLOTYPE   TADudley 1988

Ilex dasyphylla Merr.
        var. lichuanensis S. Y. Hu,
                var. Nov.

Det. Shiu-ying Hu   Sept. 29, 1974
ARNOLD ARBORETUM, HARVARD UNIVERSITY

157   ARNOLD ARBORETUM, HARVARD UNIVERSITY
        Flora of Hupei–Szechuan
                (Metasequoia Area)

        Ilex dasyphylla Merr.
                var. lichuanensis S. Y. Hu, v. n.

        Holotype in AA   Sept. 29, 1974

        W. C. Cheng & C. T. Hwa 1055   1948

THE HARVARD UNIVERSITY HERBARIA
00049445

HERBARIUM
OF THE
ARNOLD ARBORETUM
HARVARD UNIVERSITY

利川冬青 *Ilex dasyphylla* Merr. var. *lichuanensis* S. Y. Hu in J. Arnold Arbor. 61(1): 81. 1980. **Holotype:** China. Hubei: Lichuan, 1948-??-??, W. C. Cheng & C. T. Hwa 1055 (A).

丽江陷脉冬青 *Ilex delavayi* Franch. var. *comberiana* S. Y. Hu in J. Arnold Arbor. 31(1): 48. 1950. **Holotype:** China. Yunnan: Shiku, 1923-??-??, J. F. Rock 9575 (A).

高山陷脉冬青 *Ilex delavayi* Franch. var. *exalata* Comber Notes Roy. Bot. Gard. Edinb. 18: 44. 1933. **Isotype**: China. Yunnan: Western Yunnan, N'Maihka-Salwin Divide, alt. 2 440 m, 1919-06-??, G. Forrest 18093(A).

线叶陷脉冬青 *Ilex delavayi* Franch. var. *linearifolius* S.Y. Hu in J. Arnold Arbor. 31(1): 48. 1950. **Holotype**: China. Yunnan: Lijiang, 1939-10-14, R. C. Ching 21989 (A).

DR. AUG. HENRY'S COLLECTIONS FROM
CENTRAL CHINA, 1885-88.

NO.6214.

Ilex costata, Bl. forma?

Prov. HUPEH.

Ilex macrocarpa Oliv. in Hook.
Gregory A. Krakow, 1989
University of Georgia   Athens, GA, USA

SYNTYPE: ISOTYPE:

Ilex dubia (G. Don) Trel. var. *hupehensis*
Loes.

Monographia Aquifoliacearum (Nova Acta Acad. Caes. Leop-Carol.
German. Nat. Cur. 78) 488. 1901.

Gregory A. Krakow, 1989.

湖北冬青 *Ilex dubia* (G. Don) Britton, Stern & Pogg. var. *hupehensis* Loes. in Nov. Act. Acad. Caes. Leop.-Carol. German.
Nat. Cur. 78: 488. 1901. **Isosyntype**: China. Hubei: Precise locality not known, (1885-1888)-??-??, A. Henry 6214 (GH).

假大柄冬青 *Ilex dubia* (G. Don) Britton, Stern & Pogg. var. *pseudomacropoda* Loes. in Sargent, Pl. Wils. 1(1): 82. 1911.
Holotype: China. Hubei: Xingshan, alt. 2 135 m, 1907-05-31, E. H. Wilson 3090 (A).

龙里冬青 *Ilex dunniana* Lévl. in Fedde, Repert. Sp. Nov. 9: 458. 1911. **Isotype**: China. Guizhou: Longli, 1908-05-??, J. Cavalerie 3000 (A).

显脉冬青 *Ilex editicostata* Hu & Tang in Bull. Fan Mem. Inst. Biol., Bot. Ser. 9(5): 248. 1940. **Isotype: China. Guizhou: Fanjing Shan, alt. 1 700 m, 1931-10-20, A. N. Steward, C. Y. Chiao & H. C. Cheo 691 (A).

厚叶冬青 *Ilex elmerrilliana* S. Y. Hu in J. Arnold Arbor. 31(2): 229. 1950. **Holotype:** China. Jiangxi: Longnan, 1934-09-(16-30), S. K. Lau 4410 (A).

狭叶冬青 *Ilex fargesii* Franch. in J. Bot. (Morot) 12: 255. 1898. **Isotype**: China. Chongqing: Chengkou, R. P. Farges 763 (A).

贵阳冬青 *Ilex fargesii* Franch. var. *bodinieri* Loes. Fl. Kouy-Tchéou. 200. 1914. **Isotype:** China. Guizhou: Guiyang, 1898-05-28, E. Bodinier 2310 (A).

大狭叶冬青 *Ilex fargesii* Franch. var. *megalophylla* Loes. in Sargent, Pl. Wils. 1(1): 77. 1911. **Holotype**: China. Sichuan: Wenchuan, alt. 1 525 m, 1908-(07-09)-??, E. H. Wilson 1034 (A).

短叶冬青 *Ilex ficoidea* Hemsl. var. *brachyphylla* Hand.-Mazz. Sym. Sin. 7(3): 658, pl. 10, f. 23. 1933. **Isotype**: China. Hunan: Wugang, Yun Shan, alt. 1 250~1 300 m, 1919-04-??, T. H. Wang s. n. (=H. Handel-Mazzetti 12810) (A).

黄柔毛冬青 *Ilex flaveo-mollissima* Metc. in Lingnan Sci. J. 11(1): 14. 1932. **Holotype**: China. Fujian: Jo Ka Kung, alt. 549 m, 1905-(04-06)-??, S. T. Dunn 1413 (=Hongkong Herb. 2464) (A).

台湾冬青 *Ilex formosana* Maxim. in Mém. Acad. Imp. Sci. St. Pétersb. VII 29(3): 28, 46, 1881. **Isotype**: China. Taiwan: Taipei, 1864-??-??, R. Oldham 74 (GH).

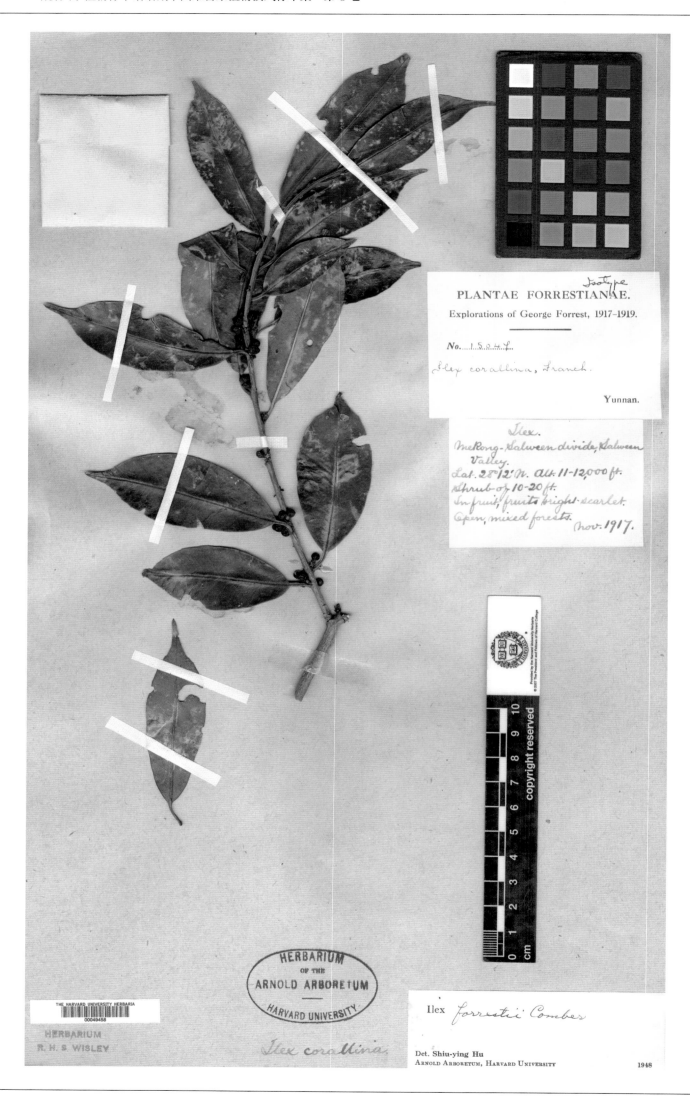

滇西冬青 *Ilex forrestii* Comber in Notes Roy. Bot. Gard. Edinb. 18: 46. 1933. **Isotype**: China. Yunnan: Northwest Yunnan, Mekong-Salween divide, alt. 3 355~3 660 m, 1917-11-??, G. Forrest 15047 (A).

无毛滇西冬青 *Ilex forrestii* Comber var. *glabra* S. Y. Hu in J. Arnold Arbor. 31(3): 256. 1950. **Holotype:** China. Yunnan: Weixi, alt. 2 800 m, 1935-(08-09)-??, C. W. Wang 67743 (A).

康定冬青 *Ilex franchetiana* Loes. in Sargent, Pl. Wils. 1(1): 77. 1911. **Syntype:** China. Sichuan: Kangding, alt. 2 440 m, 1908-(06-10)-??, E. H. Wilson 1257 (A).

福建冬青 *Ilex fukienensis* S. Y. Hu in J. Arnold Arbor. 31(3): 253. 1950. **Holotype:** China. Fujian: Nanping, Yenping (=Yanping), alt. 800 m, 1925-06-13, H. H. Chung 3368 (A).

长叶枸骨 *Ilex georgei* Comber in Notes Roy. Bot. Gard. Edinb. 18: 50. 1933. **Syntype**: China. Yunnan: Tengyueh (=Tengchong), alt. 1 830 m, 1925-03-??, G. Forrest 26254 (A).

FLORA OF HAINAN
HERBARIUM OF LINGNAN UNIVERSITY
6th Hainan Expedition
ISOTYPE

Ilex hainanensis Merr. n. sp.

Growing in forest or on mountain side;
Woody; 5m.; 6cm.; Flower, red
Chim Shan, Fan Maan Ts'uen and vicinity,
尖山, 蕃萬村及近地
(Ling Shui (Ling-tui) District, 陵水縣)
Det. E. D. Merrill
Coll. **Fung, H.,** No. 20086　　May 3-20, 1932

海南冬青 *Ilex hainanensis* Merr. in Lingnan Sci. J. 13(1): 60. 1934. **Isotype**: China. Hainan: Lingshui, 1932-05-(03-20), H. Fung 20086 (A).

安徽冬青 *Ilex hanceana* Maxim. var. *anhweiensis* Loes. ex Rehd. in J. Arnold Arbor. 8(3): 156. 1927. **Isotype:** China. Anhui: Qimen, alt. 175 m, 1925-08-03, R. C. Ching 3109 (A).

早田氏冬青 *Ilex hayataiana* Loes. in Fedde, Repert. Sp. Nov. 50: 333. 1941. **Isosyntype**: China. Taiwan: Nantou, alt. 2 333~3 000 m, 1918-03-05, E. H. Wilson 10039 (A).

侯氏冬青 Ilex howii Merr. & Chun in Sunyatsenia 5(1/3): 107. 1940. **Isotype**: China. Hainan: Po-ting (=Baoting), alt. 1 068 m, 1936-09-16, F. C. How 73677 (A).

无毛细刺枸骨 *Ilex hylonoma* Hu & Tang var. *glabra* S. Y. Hu in J. Arnold Arbor. 30(4): 351. 1949. **Holotype:** China. Guangxi: Guilin, 1937-07-(08-12), W. T. Tsang 27796 (A).

中型冬青 *Ilex intermedia* Loes. ex Diels in Bot. Jahrb. Syst. 29(3/4): 435. 1900. **Isotype:** China. Hubei: Western Hubei, Precise locality not known, (1885-1888)-??-??, A. Henry 5549 (GH).

大叶错枝冬青 *Ilex intricata* Hook. f. fo. *macrophylla* Comber in Notes Roy. Bot. Gard. Edinb. 18: 53. 1933. **Isotype**: China. Xizang: Salwin-Kiu Chiang divide, Tsarong northwest of Si-chi-to, alt. 3 965 m, 1922-10-??, G. Forrest 22811 (A).

扣树 *Ilex kaushue* S. Y. Hu in J. Arnold Arbor. 30(4): 372. 1949. **Holotype:** China. Hainan: Danzhou, 1927-09-14, W. T. Tsang 864 (=Lingnan University 16363) (A).

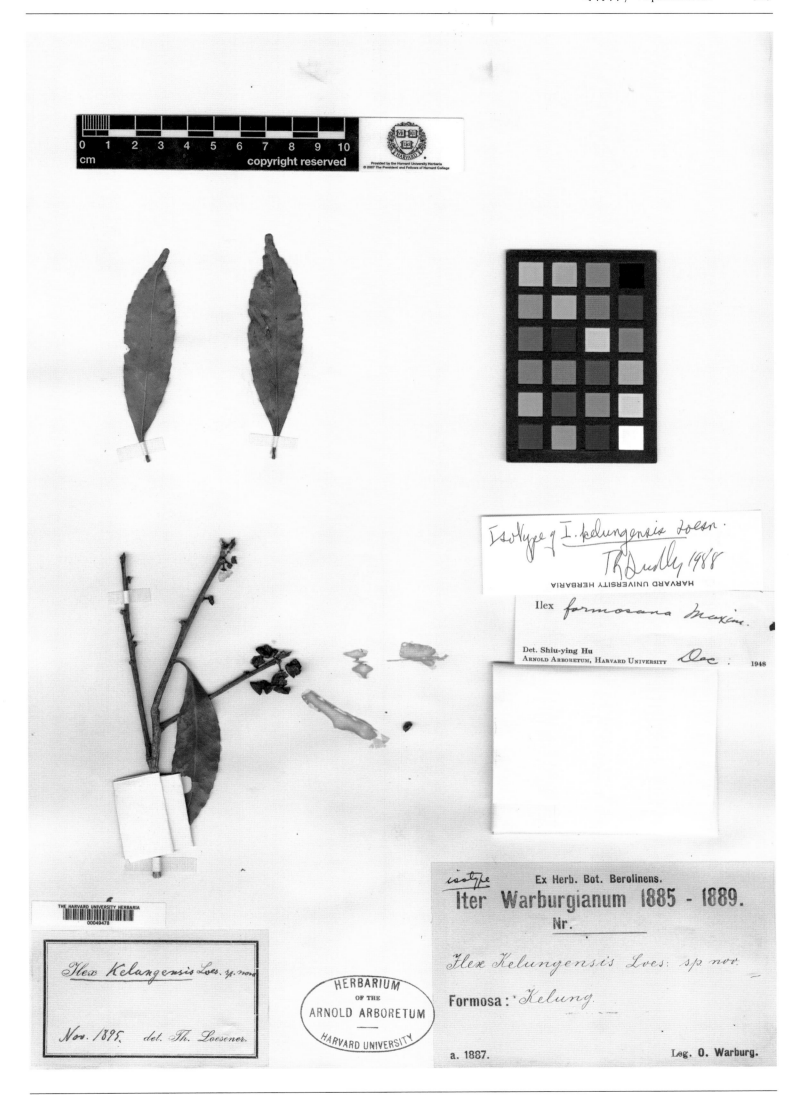

科龙冬青 *Ilex kelungensis* Loes. in Nov. Act. Acad. Caes. Leop.-Carol. German. Nat. Cur. 78: 335. 1901. **Isotype**: China. Taiwan: Kelung, 1887-??-??, O. Warburg s. n. (A).

皱柄冬青 *Ilex kengii* S. Y. Hu in J. Arnold Arbor. 31(3): 244. 1950. **Holotype**: China. Zhejiang: Ningbo, Taibai Shan, alt. 244 m, 1927-08-27, Y. L. Keng 1175 (A).

凸脉冬青 *Ilex kobuskiana* S. Y. Hu in J. Arnold Arbor. 31(2): 236. 1950. **Holotype**: China. Guangdong: Dapu, 1932-07-11, W. T. Tsang 21145 (A).

广东冬青 *Ilex kwangtungensis* Merr. in J. Arnold Arbor. 8(1): 8. 1927. **Isotype:** China. Guangdong: Qujiang, Longtou Shan, 1924-06-14, Lingnan University (To & Tsang) 12471 (A).

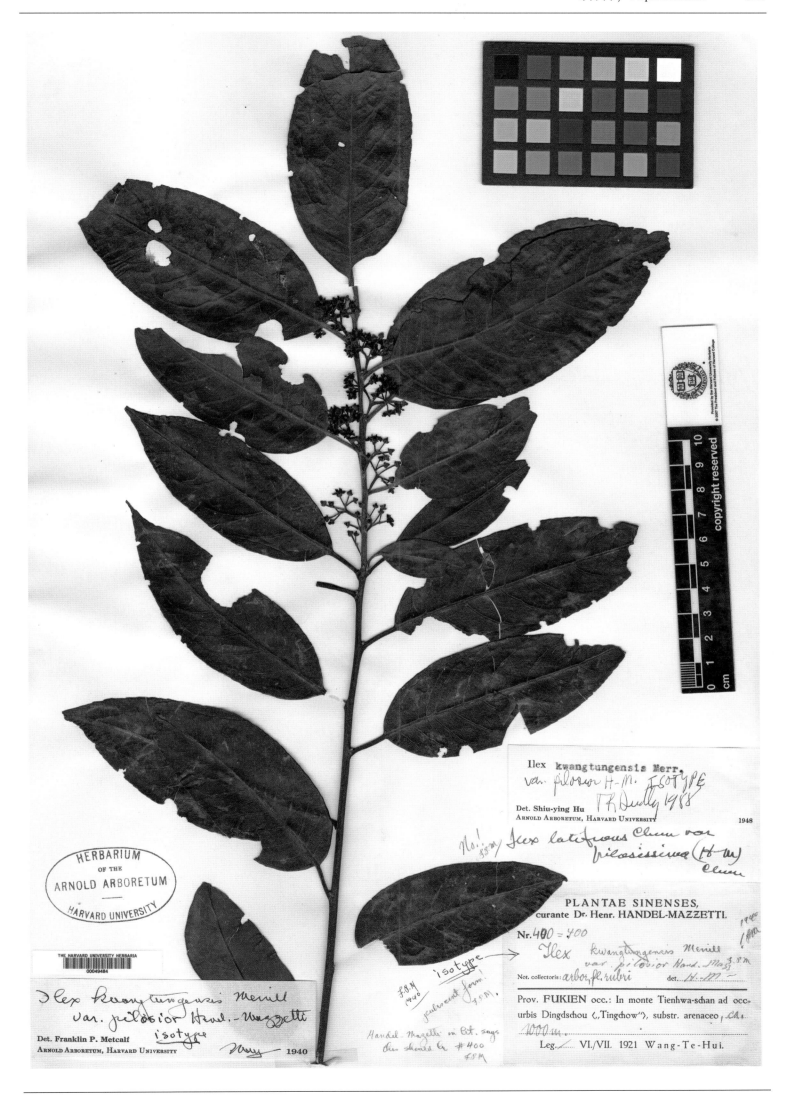

疏毛广东冬青 *Ilex kwangtungensis* Merr. var. *pilosior* Hand.-Mazz. in Sym. Sin. 7(3): 654. 1933. **Isotype**: China. Fujian: Changting, Dingdschou (=Tingzhou), alt. 1 000 m, 1921-(06-07)-??, T. H. Wang s. n. (=H. Handel-Mazzetti 400) (A).

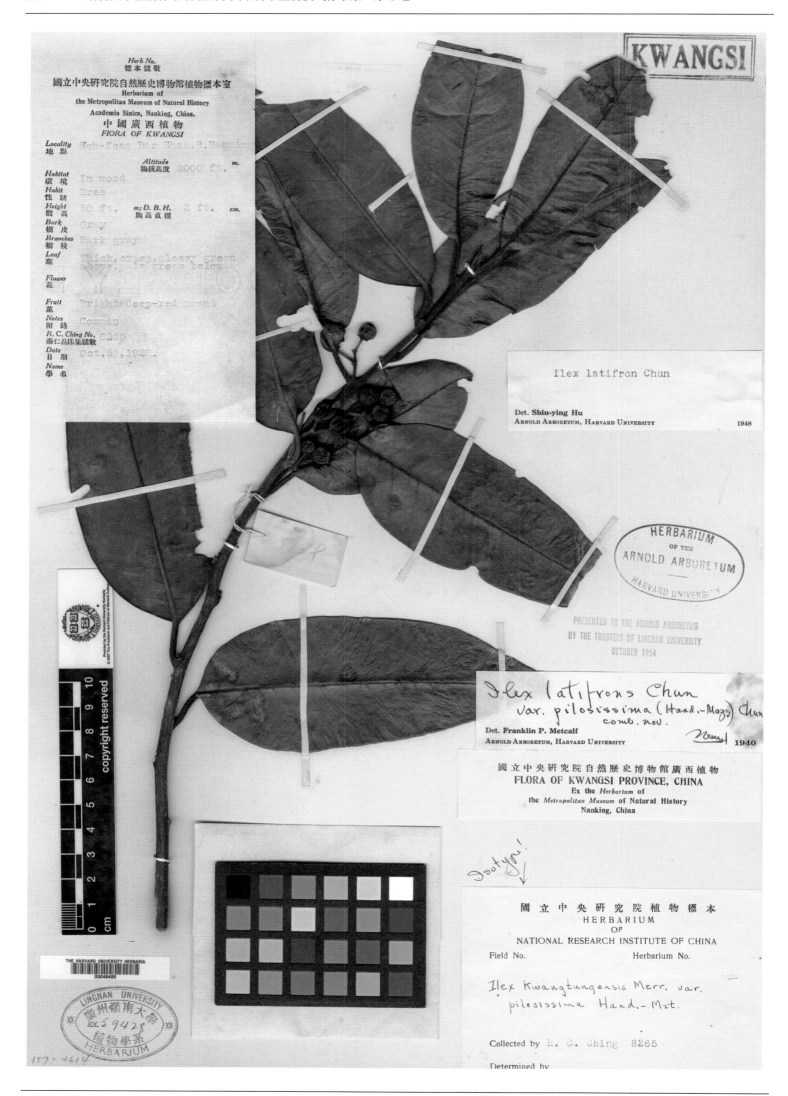

疏柔毛冬青 *Ilex kwangtungensis* Merr. var. *pilosissima* Hand.-Mazz. in Symb. Sin. 7(3): 655. 1933. **Isotype**: China. Guangxi: Nanning, Shiwan Dashan, alt. 610 m, 1928-10-27, R. C. Ching 8265 (A).

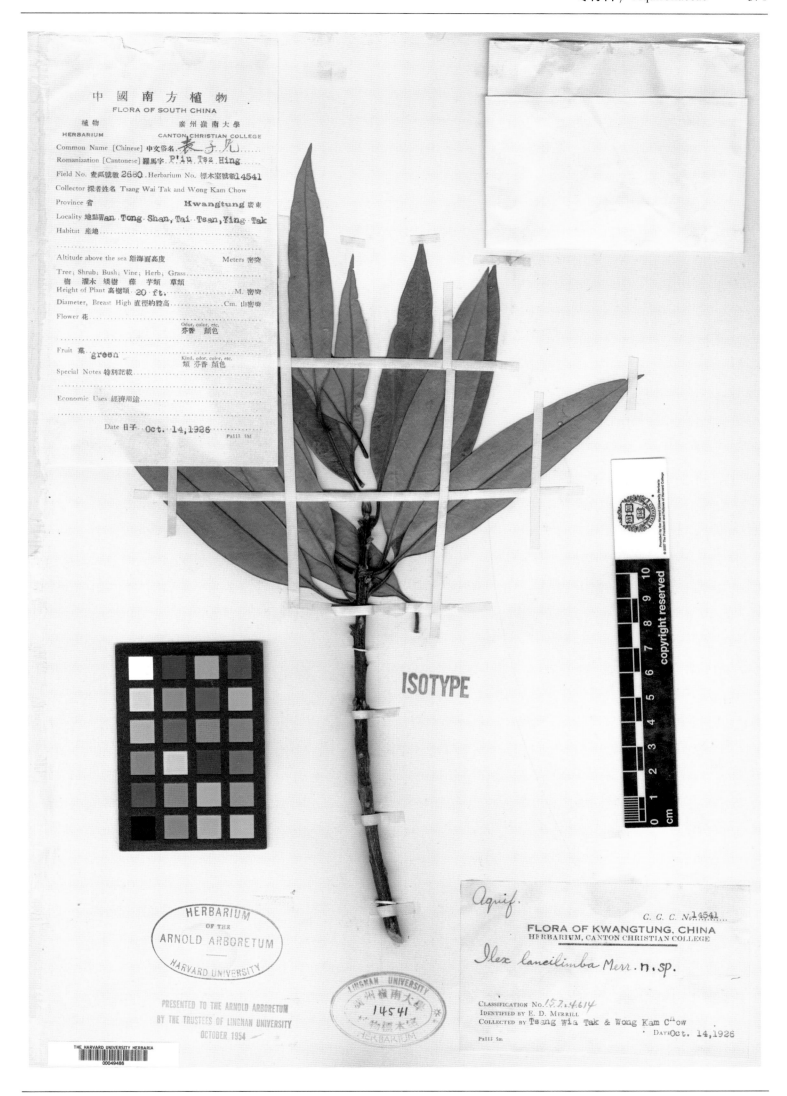

剑叶冬青 *Ilex lancilimba* Merr. in Lingnan Sci. J. 7: 312. 1929. **Isotype:** China. Guangdong: Yingde, Wengtan Shan, 1926-10-14, W. T. Tsang & C. H. Wang 2680 (=Canton Christian College 14541) (A).

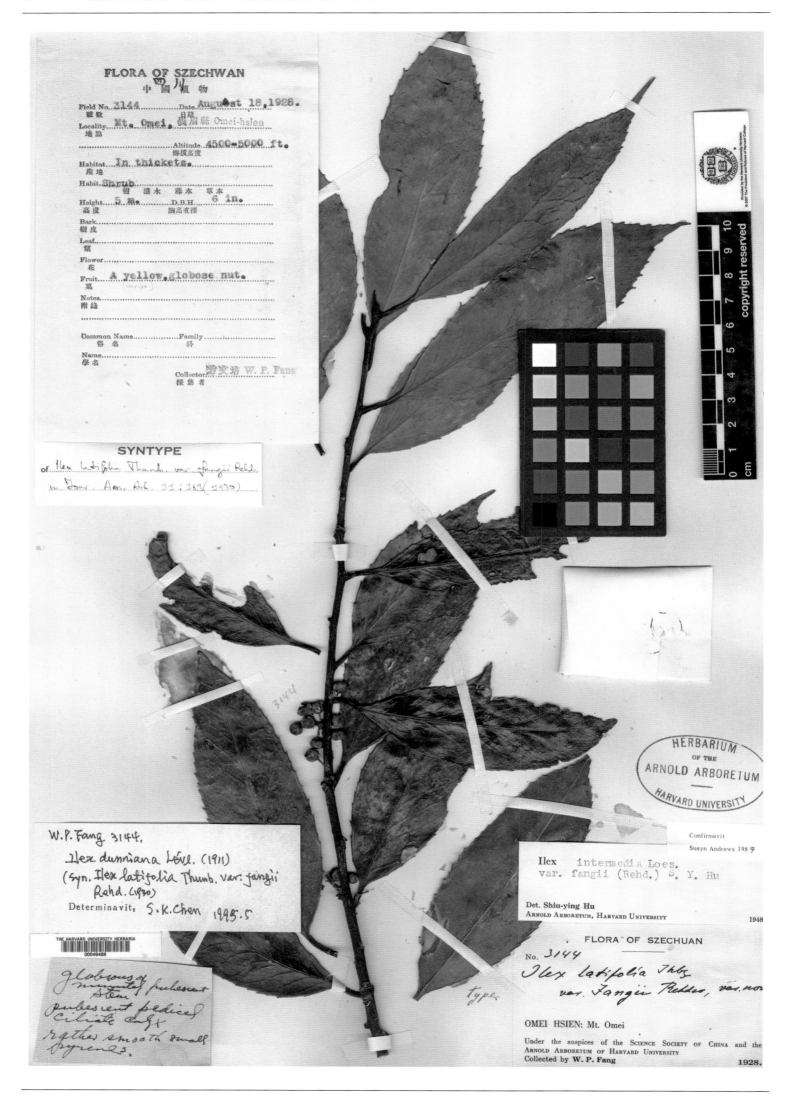

方氏冬青 *Ilex latifolia* Thunb. var. *fangii* Rehd. in J. Arnold Arbor. 11(3): 163. 1930. **Syntype**: China. Sichuan: Emeishan, Emei Shan, alt. 1 373~1 525 m, 1928-08-18, W. P. Fang 3144 (A).

毛核冬青 *Ilex liana* S. Y. Hu in J. Arnold Arbor. 32(4): 398. 1951. **Holotype:** China. Yunnan: Jingdong, M. K. Li 1099 (A).

保亭冬青 _Ilex liangii_ S. Y. Hu in J. Arnold Arbor. 31(3): 246. 1950. **Holotype**: China. Hainan: Precise locality not known, 1934-01-19, H. Y. Liang 64391 (A).

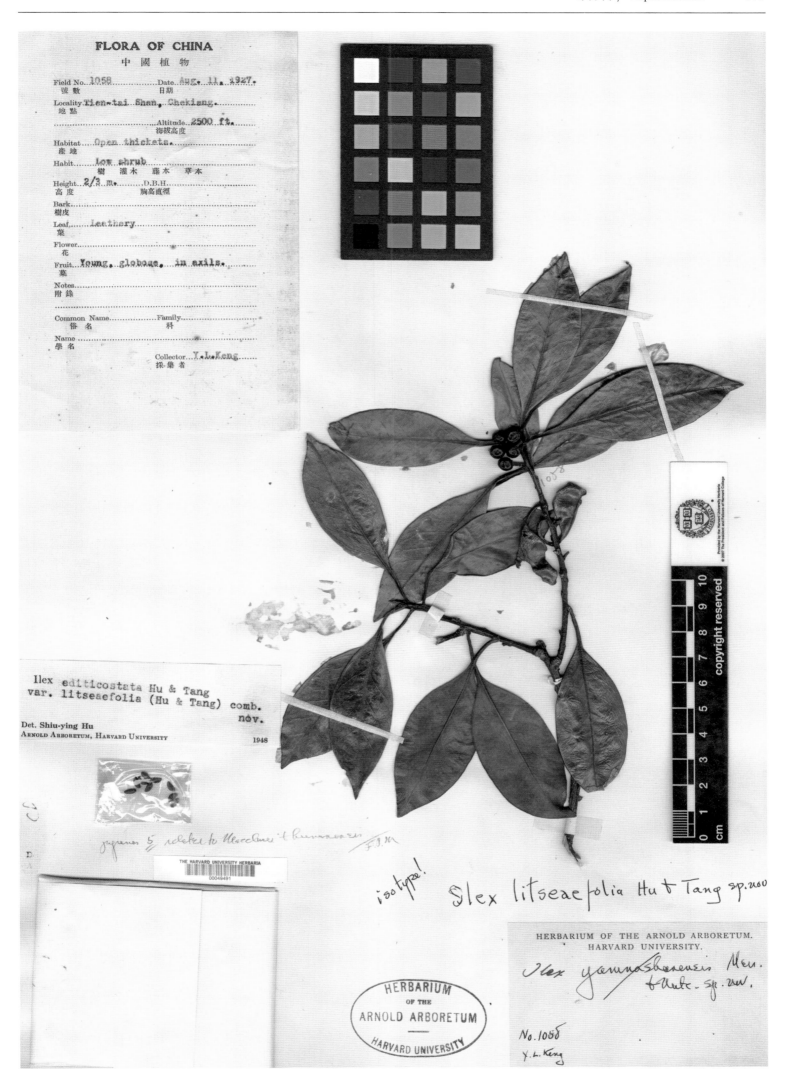

木姜冬青 *Ilex litseaefolia* Hu & Tang in Bull. Fan Mem. Inst. Biol., Bot. Ser. 9(5): 247. 1939. **Isotype**: China. Zhejiang: Ningbo, Taibai Shan, alt. 763 m, 1927-08-11, Y. L. Keng 1058 (A).

矮冬青 *Ilex lohfauensis* Merr. in Philipp. J. Sci. Bot. 13(3): 144. 1918. **Holotype:** China. Guangdong: Boluo, Luofu Shan, 1917-08-16, E. D. Merrill 10678 (A).

长尾冬青 *Ilex longecaudata* Comber in Notes Roy. Bot. Gard. Edinb. 18: 54. 1933. **Isotype**: China. Yunnan: Western Yunnan, Sheili-Salwin divide, alt. 3 050 m, 1917-07-??, G. Forrest 15657 (A).

无毛长尾冬青 Ilex longecaudata Comber var. **glabra** S. Y. Hu in J. Arnold Arbor. 31(3): 246. 1950. **Holotype**: China. Yunnan: Pingbian, alt. 1 400 m, 1934-08-30, H. T. Tsai 61730 (A).

大果冬青 *Ilex macrocarpa* Oliv. in Hook. Icon. Pl. 18(4): pl. 1787. 1888. **Isosyntype**: China. Hubei: Yichang, (1885-1888)-??-??, A. Henry 2981(A).

大果冬青 *Ilex macrocarpa* Oliv. in Hook. Icon. Pl. 18(4): pl. 1787. 1888. **Isosyntype**: China. Hubei: Yichang, (1885-1888)-??-??, A. Henry 3874 (GH).

中华冬青 *Ilex malabarica* Bedd. var. *sinica* Loes. in Nov. Act. Acad. Caes. Leop.-Carol. German. Nat. Cur. 89: 281. 1908.
Isotype: China. Yunnan: Simao, alt. 1 220 m, A. Henry 12595 (A).

长圆叶冬青 *Ilex maclurei* Merr. in Lingnan Sci. J. 13(1): 35. 1934. **Isotype:** China. Guangdong, Lim Kong (=Lianjiang), F. A. McClure 643 (=Lingnan University 19822) (A).

红河冬青 *Ilex manneiensis* S. Y. Hu in J. Arnold Arbor. 30(3): 298. 1949. **Holotype:** China. Yunnan: Honghe, Mannei (=Mile), alt. 1 830 m, A. Henry 9628 (A).

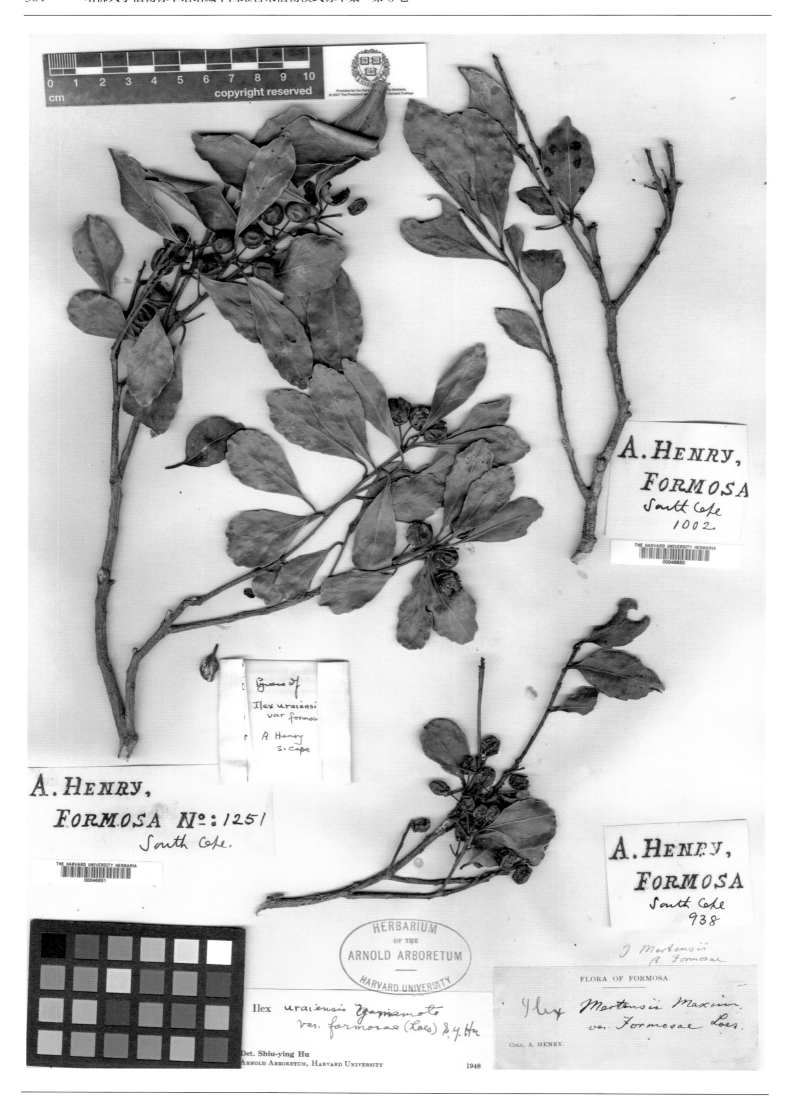

南岬冬青 *Ilex mertensii* Maxim. var. *formosae* Loes. in Nov. Act. Acad. Caes. Leop.-Carol. German. Nat. Cur. 78: 338. 1901. **Isosyntype**: China. Taiwan: South Cape, A. Henry 1002 (A).

FAN MEMORIAL INSTITUTE
OF BIOLOGY
FLORA OF YUNNAN

Field No. 78193　　Date　**Sept. 1936**

Locality 車里縣, 攸落山 (You-louh shan, Che-li
Hsien)　　Altitude　1500　m.

Habitat　mixed forest

Habit

Height　4m.　D.B.H.

Bark

Leaf

Flower

Fruit　green

Notes

Common Name　　　Family

Name

Collector 王啓無 C. W. Wang

HARVARD UNIVERSITY HERBARIA

Holotype
T.R.Dudley 1988

Ilex micrococca Maxim.
f. pilosa f. n.

Det. Shiu-ying Hu
ARNOLD ARBORETUM, HARVARD UNIVERSITY　March 30 1948

PLANTS OF YUNNAN PROVINCE, CHINA

No. 78193　C.W.Wang　　　1935-36

Ilex

YUNNAN C.W.WANG
1935-36
鯨林區王啓無

76193

HERBARIUM
OF THE
ARNOLD ARBORETUM
HARVARD UNIVERSITY

Collected in cooperation between the Arnold Arboretum of Harvard
University and the Fan Memorial Institute of Biology.

THE HARVARD UNIVERSITY HERBARIA
00049516

毛梗冬青 Ilex micrococca Maxim. f. **pilosa** S. Y. Hu in J. Arnold Arbor. 30(3): 263. 1949. **Holotype**: China. Yunnan: Che-li
(=Jinghong), alt. 1 500 m, 1936-09-??, C. W. Wang 78193 (A).

多脉冬青 Ilex micrococca Maxim. var. **polyneura** Hand.-Mazz. Sym. Sin. 7(3): 654. 1933. **Isoparatype**: China. Yunnan: Gongshan, Bahan, alt. 2 400 m, 1915-09-25, H. Handel-Mazzetti 8407 (A).

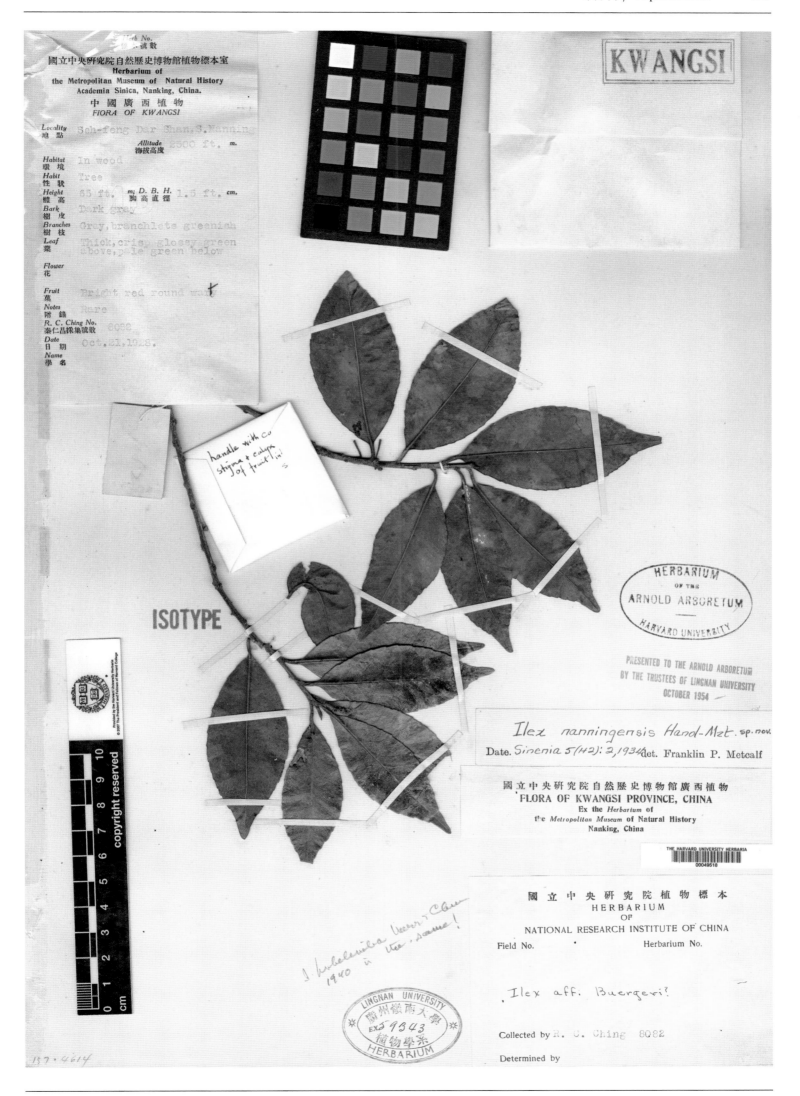

南宁冬青 *Ilex nanningensis* Hand.-Mazz. in Sinensia 5(1/2): 2. 1934. **Isotype**: China. Guangxi: Nanning, Shiwan Dashan, alt. 763 m, 1928-10-21, R. C. Ching 8082 (A).

洼皮冬青 *Ilex nuculicava* S. Y. Hu in J. Arnold Arbor. 30(4): 385. 1949. **Holotype**: China. Hainan: Fan Yah, alt. 1 830 m, 1932-11-08, N. K. Chun & C. L. Tso 44244 (A).

光枝洼皮冬青 *Ilex nuculicava* S. Y. Hu var. *glabra* S. Y. Hu in J. Arnold Arbor. 30(4): 387. 1949. **Holotype:** China. Hainan: Yaichow (=Sanya), 1933-(03-07)-??, F. C. How 71049 (A).

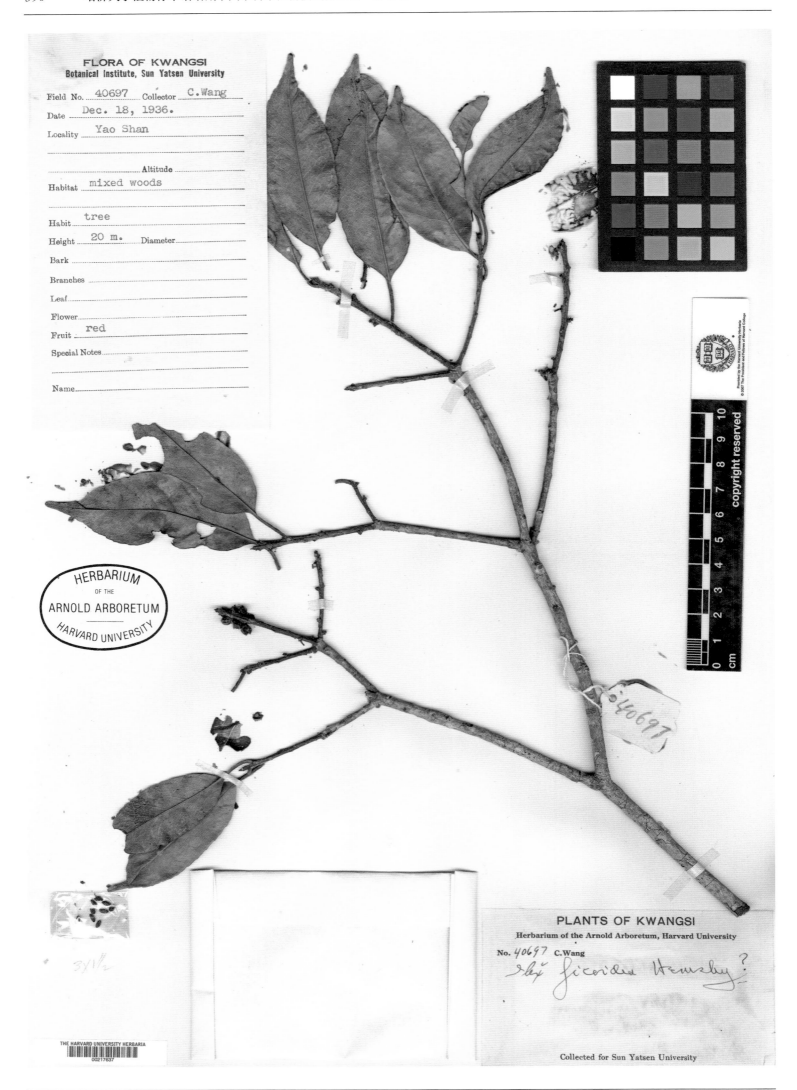

长圆果冬青 *Ilex oblonga* C. J. Tseng in Bull. Bot. Res., Harbin 1(1/2): 23, photo. 4. 1981. **Isotype:** China.Guangxi: Xiangzhou, Yao Shan, 1936-12-18, C. Wang 40697 (A).

灰叶冬青 *Ilex odorata* Ham. ex D. Don var. ***tephrophylla*** Loes. in Nov. Act. Acad. Caes. Leop.-Carol. German. Nat. Cur. 89: 286. 1908. **Isotype**: China. Yunnan: Simao, alt. 1 220 m, A. Henry 12597 (A).

少腺冬青 *Ilex oligadenia* Merr. & Chun in Sunyatsenia 5(1/3): 108, pl. 14. 1940. **Holotype**: China. Hainan: Baoting, alt. 488 m, 1935-05-20, F. C. How 72496 (A).

台湾花序梗冬青 *Ilex pedunculosa* Miq. var. *taiwanensis* S. Y. Hu in J. Arnold Arbor. 30(3): 336. 1949. **Isotype:** China. Taiwan: Taihokusyu, alt. 1 900 m, 1939-07-02, T. Suzuki 18333 (A).

上思冬青 *Ilex peiradena* S. Y. Hu in J. Arnold Arbor. 31(1): 62. 1950. **Holotype:** China. Guangxi: Shangsi, Shiwan Dashan, 1933-07-06, W. T. Tsang 22645 (A).

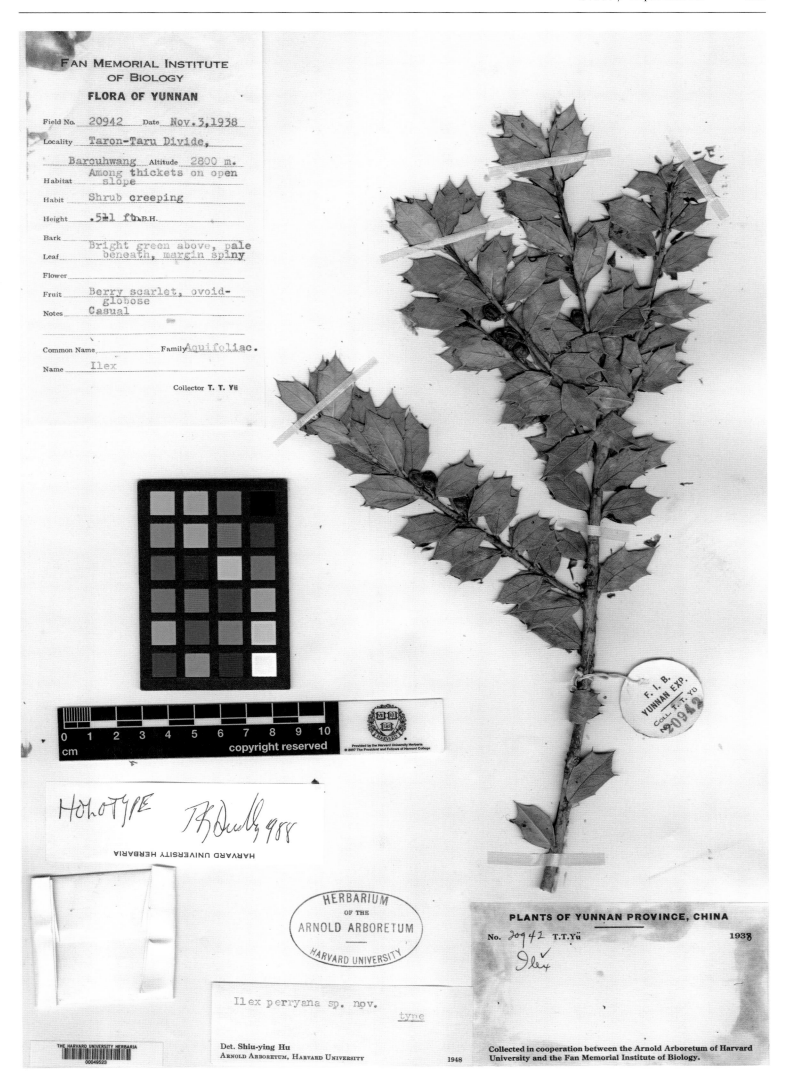

皱叶冬青 *Ilex perryana* S. Y. Hu in J. Arnold Arbor. 30(4): 367. 1949. **Holotype**: China. Yunnan: Gongshan, alt. 2 800 m, 1938-11-03, T. T. Yu 20942 (A).

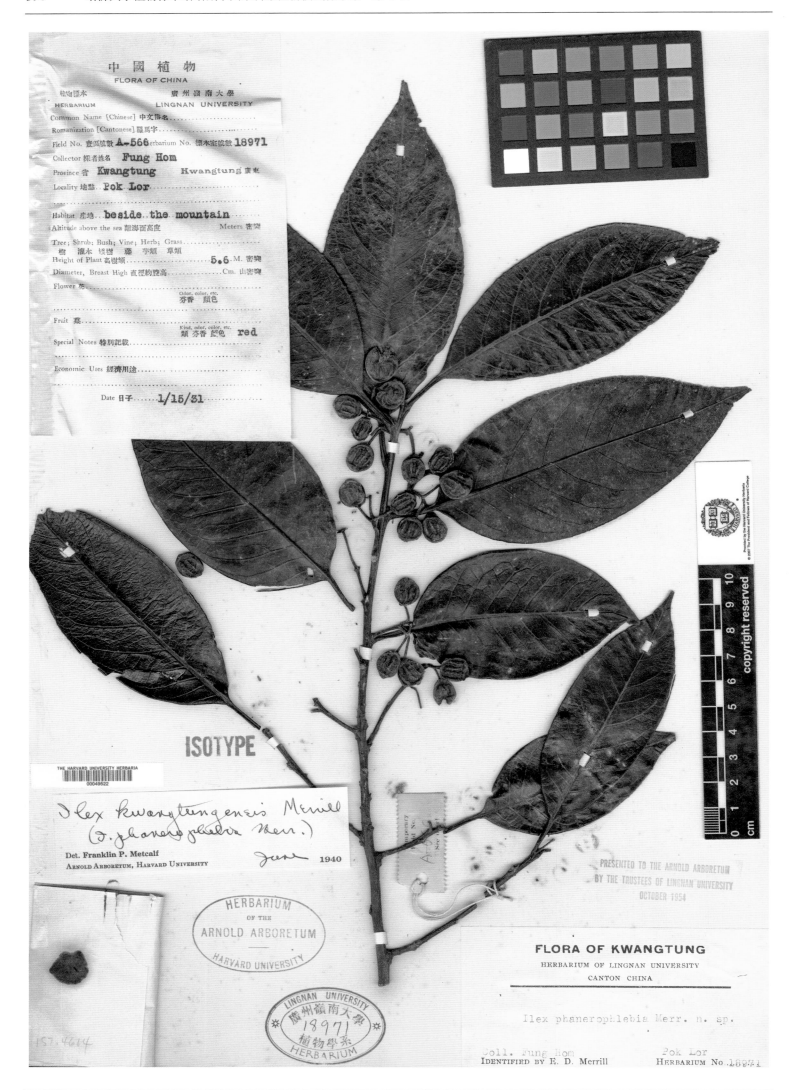

广东显脉冬青 *Ilex phanerophlebia* Merr. in Lingnan Sci. J. 13(1): 36. 1934. **Isotype:** China. Guangdong: Pok Lor (=Boluo), 1931-01-15, Fung Hom A-566 (=Lingnan University 18971) (A).

平南冬青 *Ilex pingnanensis* S. Y. Hu in J. Arnold Arbor. 31(1): 59. 1950. **Holotype**: China. Guangxi: Pingnan, 1936-11-04, C. Wang 40428 (A).

无毛多脉冬青 *Ilex polyneura* (Hand.-Mazz.) S. Y. Hu var. *glabra* S. Y. Hu in J. Arnold Arbor. 30(3): 265. 1949. **Holotype:** China. Yunnan: Gongshan, Camputong, alt. 3 050 m, 1932-(05-07)-??, J. F. Rock 22061 (A).

毛叶冬青 *Ilex pubilimba* Merr. & Chun in Sunyatsenia 5(1/3): 109. 1940. **Isotype:** China. Hainan: Yaichow (=Sanya), 1933-08-15, H. Y. Liang 62624 (A).

核子木 Ilex racemosa Oliv. in Hook. Icon. Pl. 19(3): pl. 1863. 1889. **Isosyntype:** China. Hubei: Yichang, (1885-1888)-??-??, A. Henry 3527 (GH).

ARNOLD ARBORETUM, HARVARD UNIVERSITY

Plants of Szechuan, CHINA

Ilex reevesae S. Y. Hu, sp. nov.

Hua-hsi-pa, Chengtu   HOLOTYPE

Small tree, among big trees, in thicket along a hedge, 8 m. high, bark olive-green; fls. white, solitary.
Coll. Shiu Ying Hu   535B · April 23, 1945.
Det. S. Y. Hu   May 1945

535 B

柔毛冬青 *Ilex reevesae* S.Y. Hu in J. W. China Bord. Res. Soc. 15(B): 92. 1945. **Isosyntype**: China. Sichuan: Chengdu, 1945-04-23, S. Y. Hu 535 B (A).

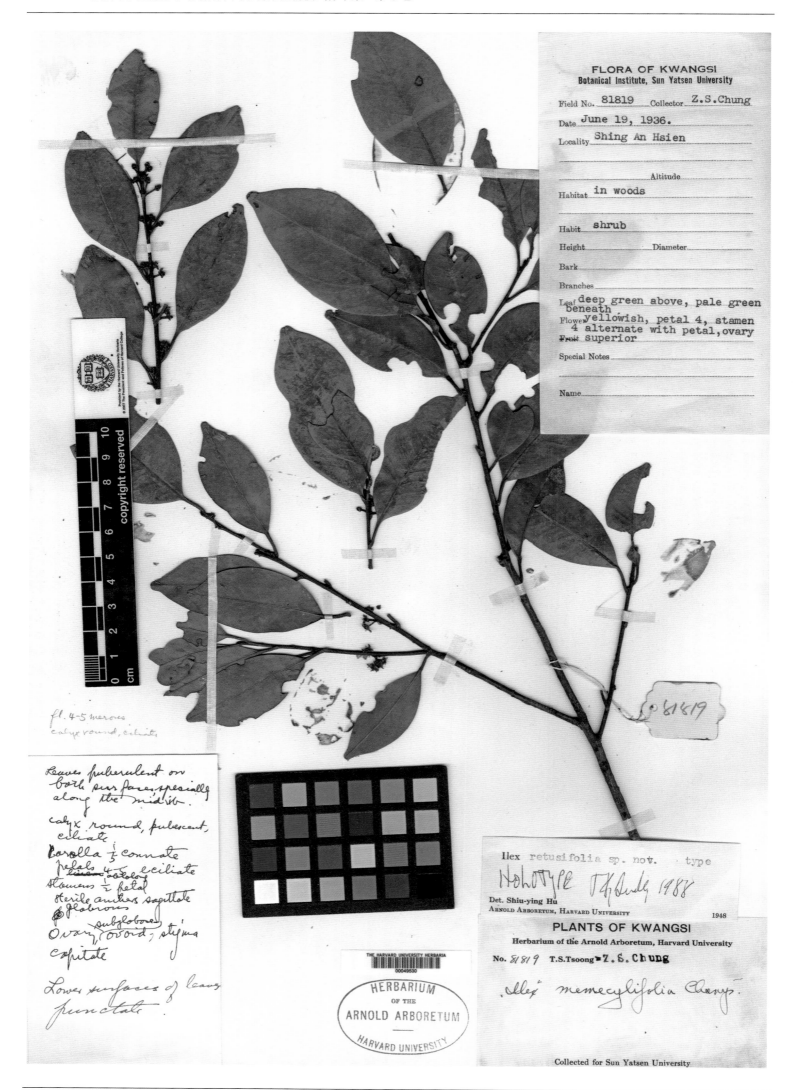

微凹冬青 *Ilex retusifolia* S. Y. Hu in J. Arnold Arbor. 31(2): 238. 1950. **Holotype:** China.Guangxi: Shing An (=Xing'an), 1936-06-19, T. S. Tsoong (=Z. S. Chung) 81819 (A).

鼠李叶冬青 *Ilex rhamnifolia* Merr. in Sunyatsenia 1(4): 201. 1934. **Isotype**: China. Guangdong: Lechang, 1927-04-27, C. L. Tso 21606 (A).

高山冬青 *Ilex rockii* S. Y. Hu in J. Arnold Arbor. 30(3): 336. 1949. **Holotype:** China. Yunnan: Gongshan, alt. 3 813 m, 1932-(05-06)-??, J. F. Rock 22299 (A).

Isotype

Ilex shennongjiaensis T. R. Dudley & S. C. Sun
J. Arnold Arbor. 64: 63. 1983.

中美联合鄂西植物考察队

1980 Sino-American Botanical Expedition
to Western Hubei Province
People's Republic of China

Ilex shennongjiaensis T. R. Dudley &
S. C. Sun

Shennongjia Forest District (31°30′N; 110°30′E):
between Yinpo and Qiaodonggou canyon
on the road between Jiuhuping Forest
Farm and Bancang. Elevation ca.
2100 m. Evergreen tree to ca. 5 m
tall. Fruit red, to 1 cm in diameter.

1980 Sino-Amer. Exped. No. 1554　19 September 1980

Participants: B. Bartholomew (UC); D. E. Boufford (CM); A. L.
Chang (KUN); Z. Cheng (WUHAN INST. BOT.); T. R. Dudley
(NA); S. A. He (NAS); Y. X. Jin (WUHAN INST. BOT.); O. Y. Li
(WH); J. L. Luteyn (NY); S. A. Spongberg (A); Y. C. Tang
(PE); J. X. Wan (WUHAN INST. BOT.); and T. S. Ying (PE).

Expedition conducted under the auspices of Academia Sinica & the
Botanical Society of America with funding by Academia Sinica &
support from the National Geographic Society.

神农架冬青 *Ilex shennongjiaensis* T. R. Dudley & S. C. Sun in J. Arnold Arbor. 64(1): 63. 1983. **Isotype:** China. Hubei:
Shennongjia, alt. 2 100 m, 1980-09-19, 1980 Sino-Amer. Exped. 1554 (A).

华南冬青 *Ilex sterrophylla* Merr. & Chun in Sunyatsenia 5(1/3): 110. 1940. **Holotype**: China. Hainan: Po-ting (=Baoting), alt. 1 037 m, 1935-09-16, F. C. How 73683 (A).

黔桂冬青 *Ilex stewardii* S. Y. Hu in J. Arnold Arbor. 31(2): 219. 1950. **Holotype:** China. Guangxi: Yung Hsien (=Yongfu), alt. 380 m, 1933-08-05, A. N Steward & H. C. Cheo 760 (A).

拟钝齿冬青 *Ilex subcrenata* S. Y. Hu in J. Arnold Arbor. 32(4): 395. 1951. **Holotype:** China. Guangxi: Xiangzhou, Yao Shan, 1936-06-22, C. Wang 39504 (A).

拟榕叶冬青 *Ilex subficoidea* Merr. & Metc. ex S. Y. Hu in J. Arnold Arbor. 30(4): 384. 1949. **Syntype:** China. Jiangxi: Kiennan (=Quannan), 1934-07-(28-30), S. K. Lau 3979 (A).

微香冬青 *Ilex subodorata* S. Y. Hu in J. Arnold Arbor. 31(1): 74. 1950. **Syntype:** China. Yunnan: Shwe-li-Salwin divide, G. Forrest 27726 (A).

异齿冬青 *Ilex subrugosa* Loes. in Sargent, Pl. Wils. 1(1): 80. 1911. **Holotype:** China. Sichuan: Hongya, Wawu Shan, alt. 1 220 m, 1908-09-13, E. H. Wilson 3099 (A).

铃木冬青 *Ilex suzukii* S. Y. Hu in J. Arnold Arbor. 30(4): 376. 1949. **Holotype:** China. Taiwan: Ilan, Taheizan, 1928-08-09, S. Suzuki s. n. (A).

四川冬青 *Ilex szechwanensis* Loes. in Nov. Act. Acad. Caes. Leop.-Carol. German. Nat. Cur. 78: 347. 1901. **Isosyntype**: China. Chongqing: Wushan, (1885-1888)-??-??, A. Henry 6912 (GH).

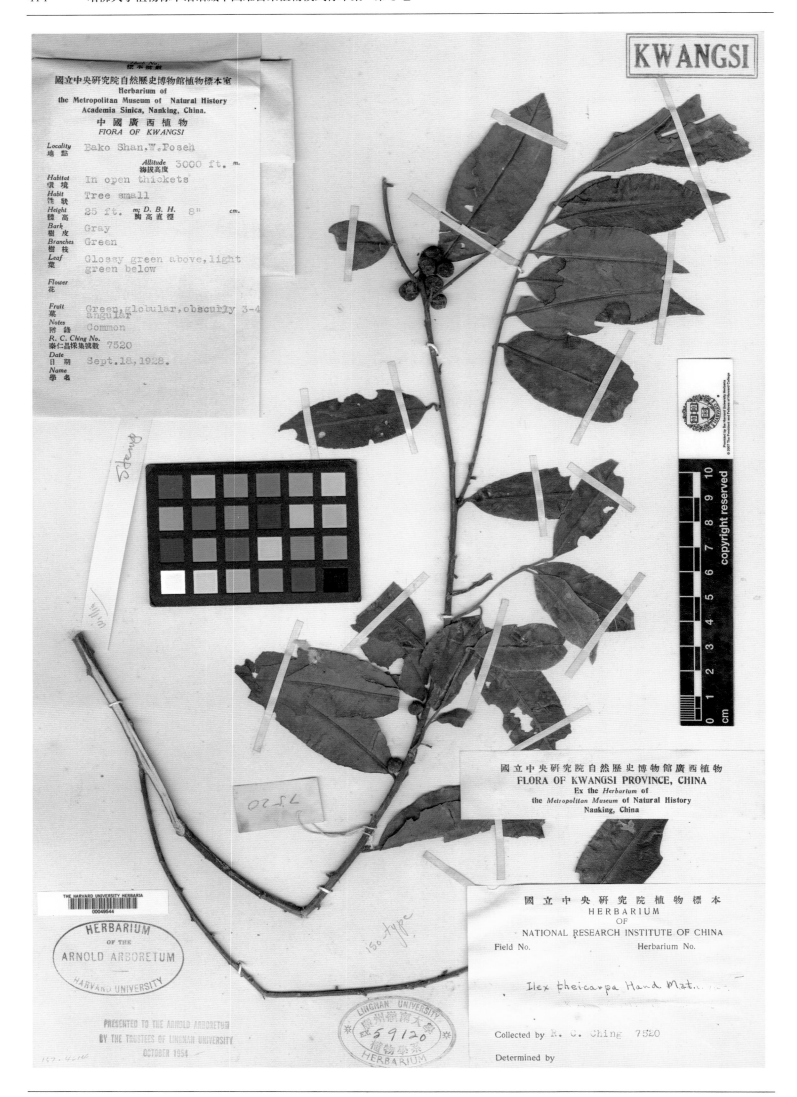

密毛冬青 *Ilex theicarpa* Hand.-Mazz. in Sinensia 3(8): 188. 1933. **Isotype**: China. Guangxi: Baise, alt. 915 m, 1928-09-18, R. C. Ching 7520 (A).

细枝冬青 *Ilex tsangii* Merr. & Metc. in J. Arnold Arbor. 30(4): 380. 1949. **Holotype**: China. Guangdong: Tapu (=Dapu), 1932-07-19, W. T. Tsang 21232 (A).

紫果冬青 *Ilex tsoii* Merr. & Chun in Sunyatsenia 1(1): 66. 1930. **Isotype**: China. Guangdong: Lechang, 1929-05-26, C. L. Tso 20778 (A).

FLORA OF SOUTH CHINA

HERBARIUM, CANTON CHRISTIAN COLLEGE

COMMON NAME (ENGLISH)

COMMON NAME (CANTONESE)

FIELD NO. _____ HERBARIUM NO. ₩ 557

COLLECTOR _____

ISLAND OR PROVINCE _Kwangtung_

LOCALITY _Lofaushan_

HABITAT _Ravines_

ALTITUDE ABOVE THE SEA ≠ 1100 METERS.

TREE; SHRUB; BUSH; VINE; HERB

HEIGHT OF PLANT _____ M.

DIAMETER, BREAST HIGH _____ CM.

FLOWER ___ (Odor, color, etc.)

FRUIT _red_ (Kind, odor, color, etc.)

SPECIAL NOTES

ECONOMIC USES

DATE _Oct 30. 1916_

Ilex Tutcheri Merrill sp. nov.
isotype!

Det. Franklin P. Metcalf

Sublimate Nov. 1916.

Aquif. FLORA OF CHINA 557

HERBARIUM OF THE BUREAU OF SCIENCE

Ilex memecylifolia Champ

LOH FAU MT. (LOFAUSHAN)

XXXX XCanton XChristian XCollege XXXXX

Kwangtung Province

No. 10377   E. D. Merrill   Oct. 13–Nov. 9, 1916
2—55

罗浮冬青 *Ilex tutcheri* Merr. in Philipp. J. Sci.13(3): 143. 1918. **Isotype:** China. Guangdong: Boluo, Luofu Shan, alt. 1 100 m, 1916-10-30, E. D. Merrill 10377 (A).

大叶伞序冬青 *Ilex umbellulata* (Wall.) Loes. var. ***megalophylla*** Loes. in Nov. Act. Acad. Caes. Leop.-Carol. German. Nat. Cur. 89(2): 272. 1908. **Isotype**: China. Yunnan: Simao, alt. 1 525 m, A. Henry 13486 (A).

短梗微脉冬青 *Ilex venulosa* Hook. f. var. *simplicifrons* S.Y. Hu in J. Arnold Arbor. 31(2): 217. 1950. **Holotype**: China. Yunnan: Teng-yuen (=Tengchong), G. Forrest 9800 (A).

假枝冬青 *Ilex wangiana* S. Y. Hu in J. Arnold Arbor. 31(1): 54. 1950. **Holotype:** China. Yunnan: Weixi, alt. 1 932 m, 1935-07-??, C. W. Wang 64164 (A).

温州冬青 *Ilex wenchowensis* S. Y. Hu in J. Arnold Arbor. 30(4): 360. 1949. **Holotype:** China. Zhejiang: Wenzhou, alt. 595 m, 1924-06-05, R. C. Ching 1819 (A).

尾叶冬青 *Ilex wilsonii* Loes. in Nov. Act. Acad. Caes. Leop.-Carol. German. Nat. Cur. 89: 287. 1908. **Isotype**: China. Hubei: Western Hubei, 1901-06-??, E. H. Wilson 2101 A (A).

独龙冬青 *Ilex yuiana* S. Y. Hu in J. Arnold Arbor. 32(4): 396. 1951. **Holotype:** China. Yunnan: Gongshan, Kiukiang Valley (Taron), Chunwangtum, alt. 1 350 m, 1938-09-07, T. T. Yu 20181 (A).

云南冬青 Ilex yunnanensis Franch. Pl. Delavay. 2: 128. 1899. **Isosyntype**: China. Yunnan: Eryuan, Mo-So-Yn, alt. 3 000 m, P. J. M. Delavay 2900 (A).

无毛云南冬青Ilex yunnanensis Franch. var. **eciliata** S. Y. Hu in J. Arnold Arbor. 30(3): 341. 1949. **Paratype:** China. Sichuan: Wenchuan, alt. 1 525 m, 1908-(07-10)-??, E. H. Wilson 3092 (A).

FAN MEMORIAL INSTITUTE
OF BIOLOGY

FLORA OF YUNNAN

Field No. 67855　　Date Aug.-Sept. 1935

Locality　維西縣 (Wei-si Hsien)

　　　　　　Altitude 2000　m.

Habitat Border of woods

Habit

Height 15 ft.　D.B.H. 6 in.

Bark

Leaf

Flower

Fruit greenish black

Notes

Common Name　　　　Family

Name

Collector 王啓無 C. W. Wang

YUNNAN C.W.WANG
1935-36
麗系南王啓無
67855

HARVARD UNIVERSITY HERBARIA

HOLOTYPE R.Dully 1988

TYPE

PLANTS OF YUNNAN PROVINCE, CHINA

No. 67855　C.W.Wang　　　1935-36

Ilex yunnanensis var. paucidentata S.y.

type

Collected in cooperation between the Arnold Arboretum of Harvard
University and the Fan Memorial Institute of Biology.

HERBARIUM
OF THE
ARNOLD ARBORETUM
HARVARD UNIVERSITY

THE HARVARD UNIVERSITY HERBARIA
00049557

硬叶云南冬青 *Ilex yunnanensis* Franch. var. *paucidentata* S. Y. Hu in J. Arnold Arbor. 30(3): 340. 1949. **Holotype:** China. Yunnan: Weixi, alt. 2 000 m, 1935-(08-09)-??, C. W. Wang 67855 (A).

翅子藤科
Hippocrateaceae

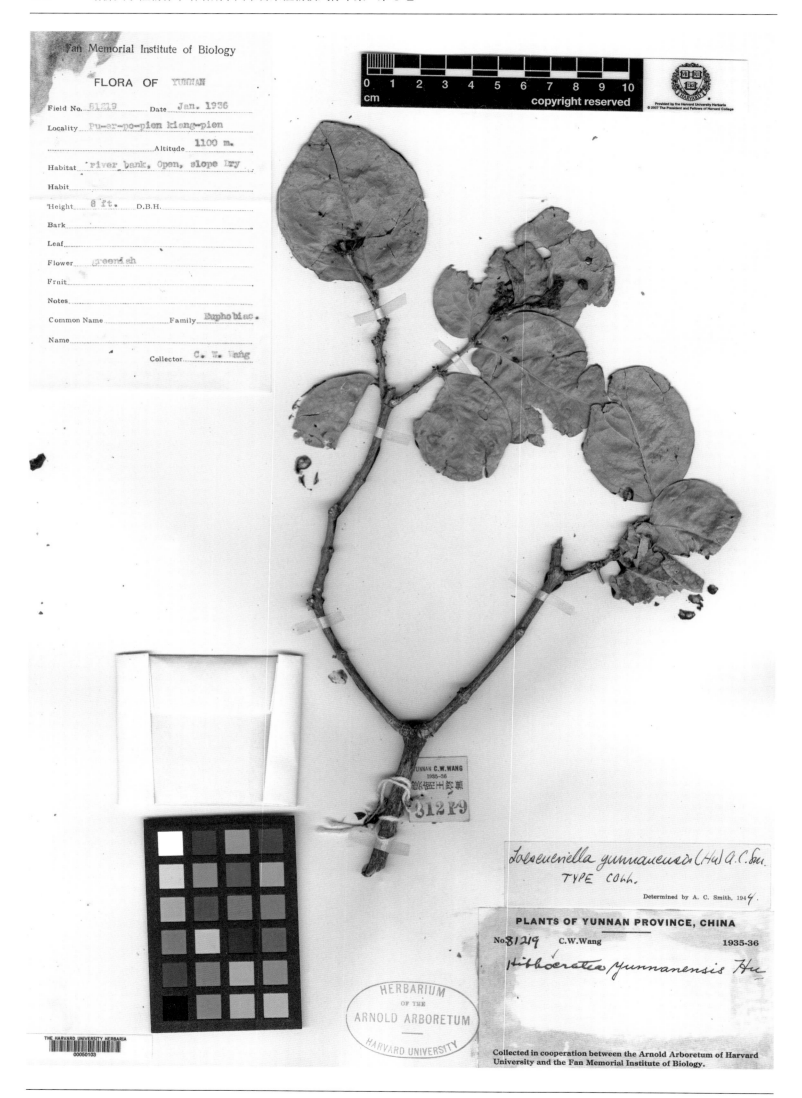

云南翅子藤 *Hippocratea yunnanensis* Hu in Bull. Fan Mem. Inst. Biol., Bot. Ser. 10: 152. 1940. **Isotype**: China. Yunnan: Puer, alt. 1 100 m, 1936-01-??, C. W. Wang 81219 (A).

程香子树 *Loeseneriella concinna* A. C. Smith in J. Arnold Arbor. 26(2): 170, f. 1. 1945. **Holotype**: China. Hongkong, Lantao, Shantao,1941-06-04, Y. W. Taam 2105 (A).

翅子藤 *Loeseneriella merrilliana* A. C. Smith in J. Arnold Arbor. 26(2): 172, f. 2. 1945. **Holotype**: China. Hainan: Danzhou, 1928-05-19, W. T. Tsang 381 (=Lingnan University 17130) (A).

省沽油科
Staphyleaceae

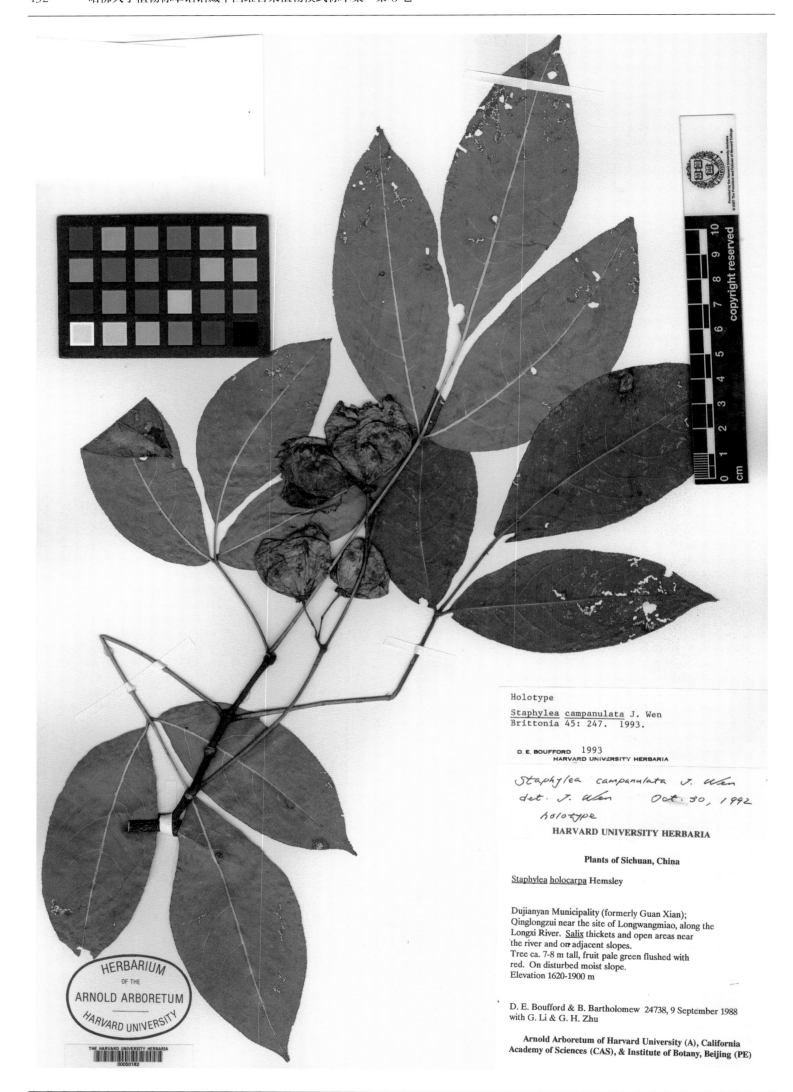

钟果省沽油 *Staphylea campanulata* J. Wen in Brittonia 45(3): 247. 1993. **Holotype**: China. Sichuan: Guanxian (=Dujiangyan), alt. 1 620~1 900 m, 1988-09-09, D. E. Boufford & B. Bartholomew 24738 (A).

膀胱果 *Staphylea holocarpa* Hemsl. in Bull. Misc. Inform. Kew 1895(97): 15. 1895. **Isosyntype**: China. Hubei: Nanto (=Yichang), A. Henry 4536 (A).

玫红省沽油 *Staphylea holocarpa* Hemsl. var. *rosea* Rehd. & Wils. in Sargent, Pl. Wils. 2(1): 186. 1914. **Holotype**: China. Hubei: Fang Xian, alt. 1 525~2 288 m, 1907-05-20, E. H. Wilson 185 (A).

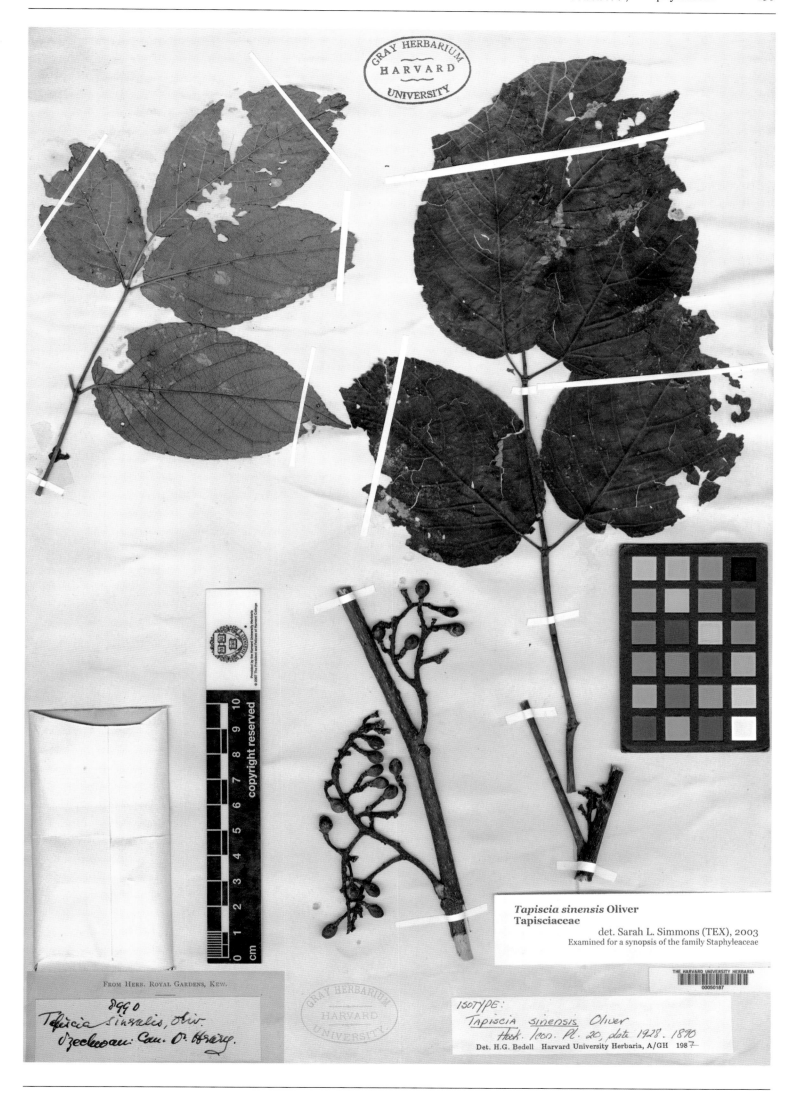

瘿椒树 *Tapiscia sinensis* Oliv. Hook. Icon. Pl. 20: pl. 1928. 1890. **Isotype**: China. Sichuan: Precise locality not known, A. Henry 8990 (GH).

硬毛山香圆 *Turpinia affinis* Merr. & Perry in J. Arnold Arbor. 22(4): 550. 1941. **Holotype**: China. Yunnan: Precise locality not known, alt. 3 050 m, G. Forrest 15683 (A).

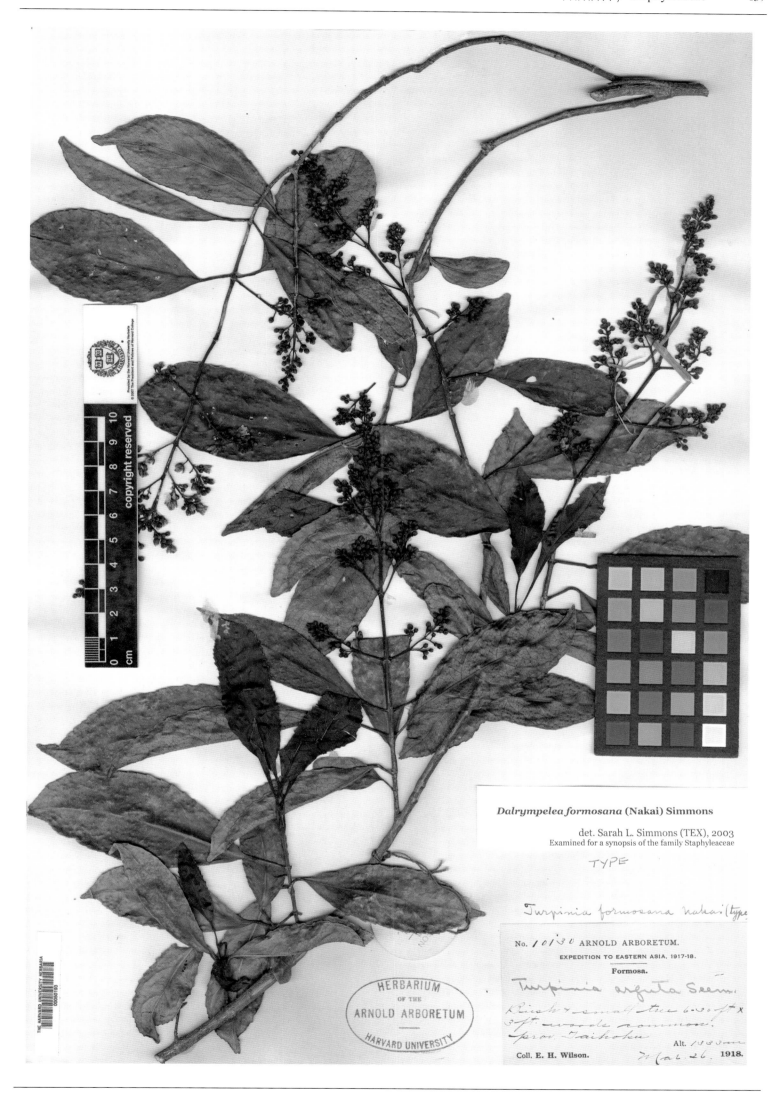

Dalrympelea formosana (Nakai) Simmons

det. Sarah L. Simmons (TEX), 2003
Examined for a synopsis of the family Staphyleaceae

TYPE

No. 10130 ARNOLD ARBORETUM.

EXPEDITION TO EASTERN ASIA, 1917-18.

Formosa.

Coll. E. H. Wilson.　　1918.

台湾山香圆 *Turpinia formosana* Nakai in J. Arnold Arbor. 5(2): 80. 1924. **Holotype**: China. Taiwan: Taihoku, alt. 1 333 m, 1918-03-26, E. H. Wilson 10130 (A).

HOLOTYPE
Turpinia glaberrima var. *stenophylla* Merrill & L.M. Perry
J. Arnold Arbor. 22: 552 1941
Protologue examined by S. Zabel (**GH**)
January 2009

HARVARD UNIVERSITY HERBARIA

FLORA OF KWANGTUNG
HERBARIUM OF THE BOTANICAL SURVEY, LINGNAN UNIVERSITY
CANTON, CHINA
Expedition along Kwangtung-Tonkin Border

Turpinia glaberrima Merr.
var. *stenophylla* Merr. & Perry
Ht. 3 ft.; woody; fairly common;
growing on moist sandy soil; among
scattered shrubs; fr. yellow.

Kung P'ing Shan 公平山, and Vicinity
T'aan Faan 灘汎, Fang Ch'eng District 防城縣
Coll. Tsang, W. T. 26739　Det. E. D. Merrill　Aug. 25-30, 1936
COLLECTED WITH THE COOPERATION OF ARNOLD ARBORETUM, HARVARD UNIVERSITY

狭叶山香圆 *Turpinia glaberrima* Merr. var. **stenophylla** Merr. & Perry in J. Arnold Arbor. 22(4): 552. 1941. **Holotype**: China.
Guangxi: Fangcheng, 1936-08-(25-30), W. T. Tsang 26739 (A).

纤枝山香圆 *Turpinia gracilis* Nakai in J. Arnold Arbor. 5(2): 79. 1924. **Holotype**: China. Yunnan: Simao, alt. 1 373 m, A. Henry 12039 (A).

单小叶山香圆 *Turpinia unifoliata* Merr. & Chun in Sunyatsenia 2(1): 37. 1934. **Isotype**: China. Hainan: Ding'an, 1932-04-29, S. P. Ko 52249 (A).

茶茱萸科
Icacinaceae

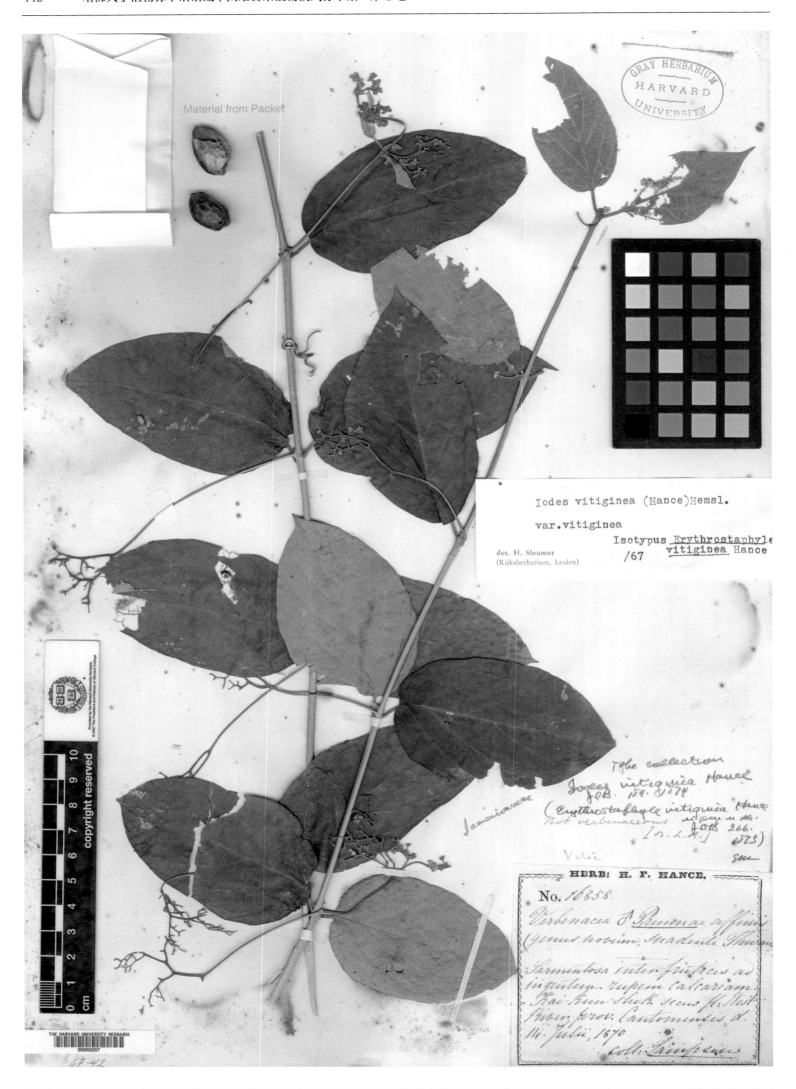

小果微花藤 *Erythrostaphyle vitiginea* Hance in J. Bot. 11(129): 266. 1873. **Isotype**: China. Guangdong: Zhaoqing, West River, 1870-07-14, Sampson s. n. (=Herb. H. F. Hance 16858) (GH).

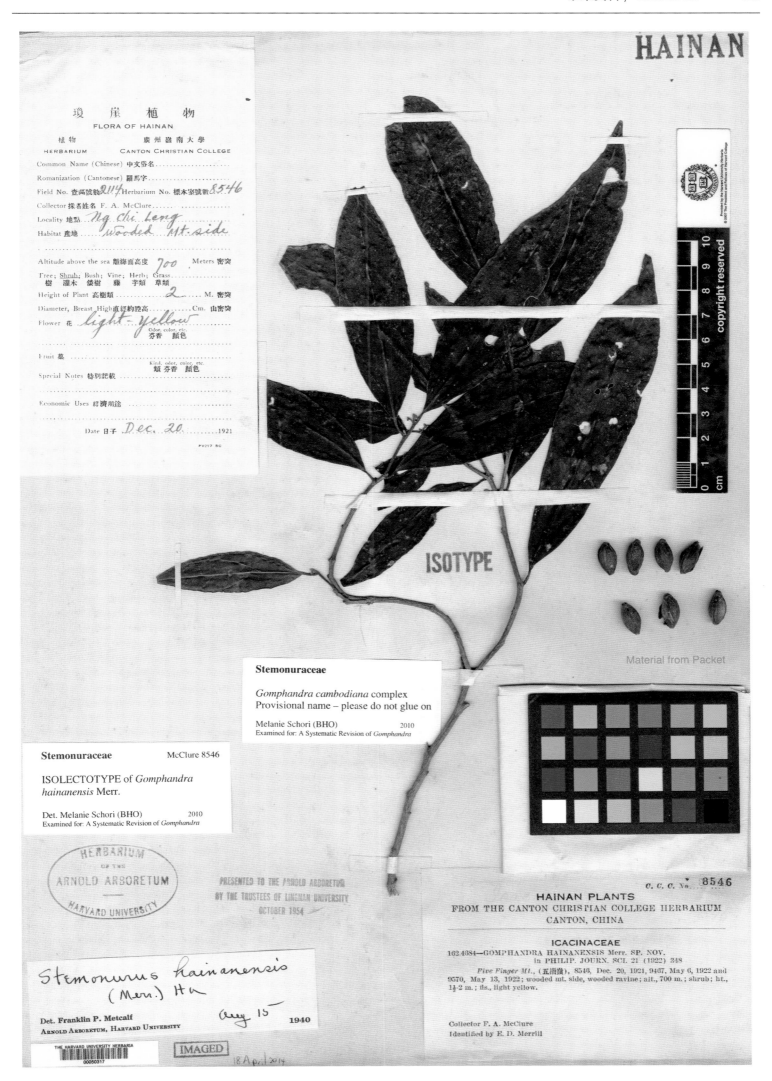

海南粗丝木 *Gomphandra hainanensis* Merr. in Philipp. J. Sci. 21(4): 348. 1922. **Isotype**: China. Hainan: Wuzhishan, Five Finger Mt. (=Wuzhi Shan), alt. 700 m, 1921-12-20, F. A. McClure 2114 (=Canton Christian College 8546) (A).

假柴龙树 *Mappia obtusifolia* Merr. in Lingnan Sci. J. 14(1): 28, f. 9. 1935. **Holotype** China. Hainan: Ngai(=Sanya), 1932-07-11, S. K. Lau 233 (A).

Syntype (Henry 3536 and 3990 cited)

Mappia pittosporoides D. Oliver
Hooker's Icon. Pl. 18: 1762. 1888.
[= Nothapodytes pittosporoides (Oliver)
Sleumer] 1992
D. E. BOUFFORD
HARVARD UNIVERSITY HERBARIA

Nothapodytes pittosporoides (Oliv.)
Sleum.
Henry 3536, from Ichang, syn- & lectotype
of Mappia pittosporoides Oliv.
-Doubtful by now, if really different
from N. montana Bl. which
has become known from
Thailand recently
det. H. Sleumer /68
(Rijksherbarium, Leiden)

THE HARVARD UNIVERSITY HERBARIA
00050285

Nothapodytes pittosporoides
(Oliver) Sleumer

R.A.HOWARD 194 2

ICHANG AND IMMEDIATE NEIGHBOURHOOD, CHINA.
From Dr. A. Henry, Oct. 1887.

FROM HERB. ROYAL GARDENS, KEW.

Mappia pittosporoides Oliv.
3536

GRAY HERBARIUM
HARVARD
UNIVERSITY

马比木 *Mappia pittosporoides* Oliv. in Hook. Icon. Pl. 18(3): pl. 1762. 1888. **Syntype**: China. Hubei: Yichang, A. Henry 3536 (GH).

无须藤 *Natsiatum sinense* Oliv. in Hook. Icon. Pl. 19(4): pl. 1900. 1889. **Isosyntype**: China. Changqingi: Wushan, A. Henry 5598 B (GH).

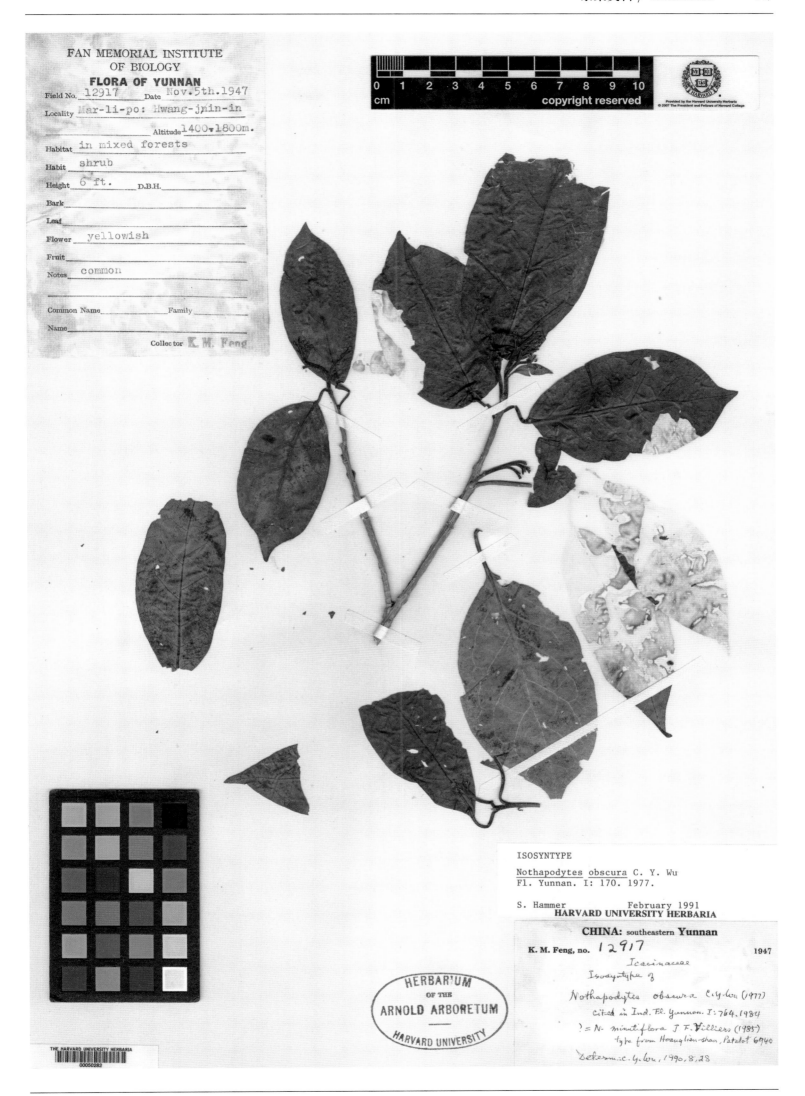

薄叶假柴龙树 *Nothapodytes obscura* C. Y. Wu, Fl. Yunnan. 1: 170, pl. 40, f. 8–9. 1977. **Isotype**: China. Yunnan: Malipo, alt. 1 400~1 800 m, 1947-11-05, K. M. Feng 12917 (A).

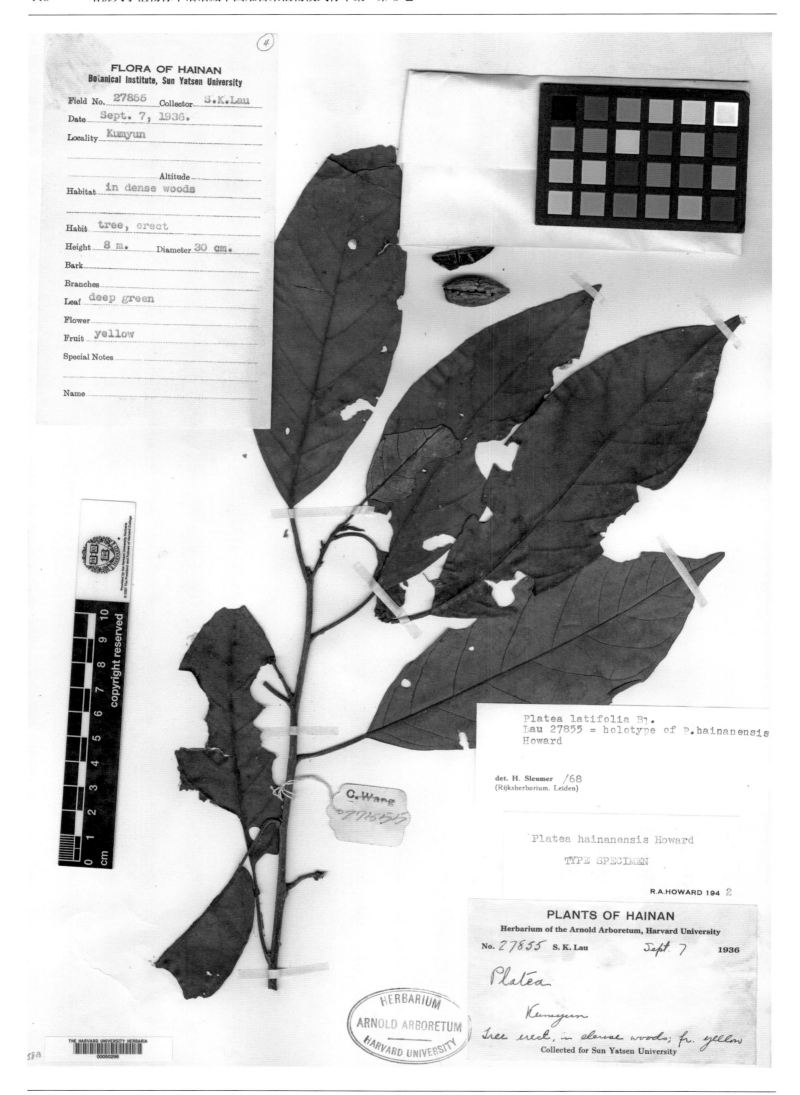

海南肖榄 *Platea hainanensis* Howard in Lloydia 6(2): 149, pl. 2. 1943. **Holotype**: China. Hainan: Dongfang, Kumyun, 1936-09-07, S. K. Lau 27855 (A).

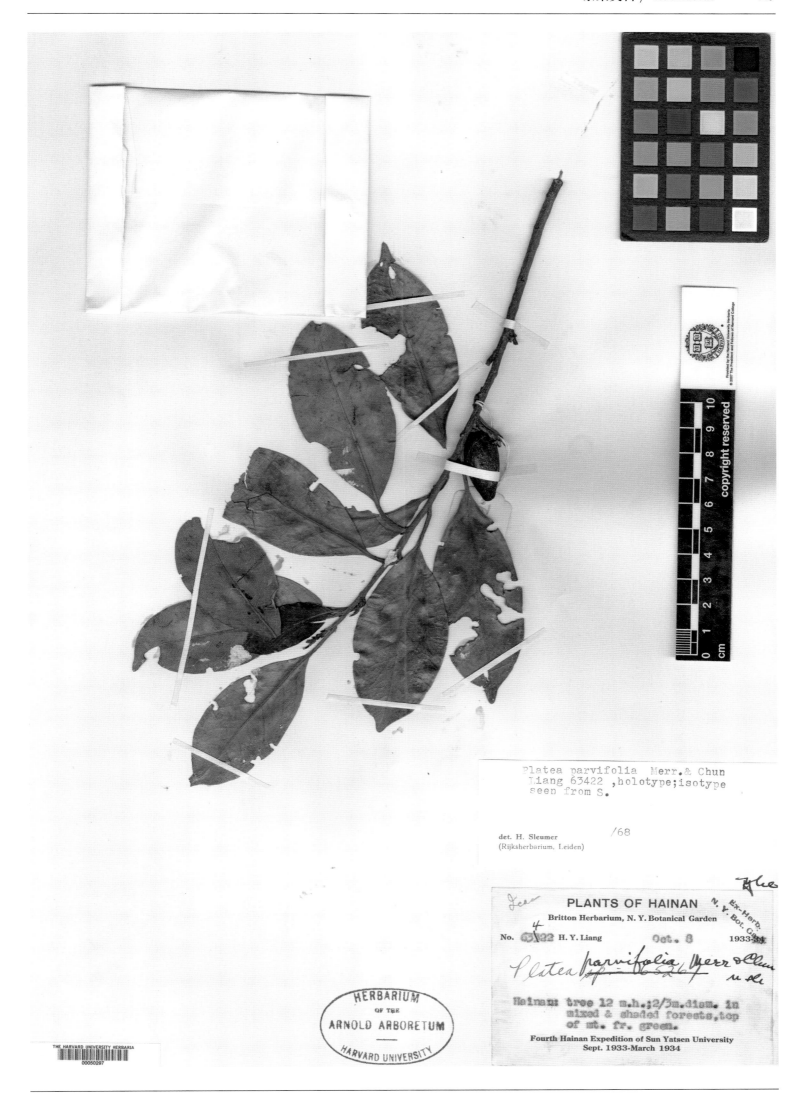

Platea parvifolia Merr. & Chun
Liang 63422 , holotype; isotype
seen from S.

det. H. Sleumer   /68
(Rijksherbarium, Leiden)

PLANTS OF HAINAN
Britton Herbarium, N. Y. Botanical Garden
No. 6322   H. Y. Liang   Oct. 8   1933-34

Platea parvifolia Merr. & Chun

Hainan: tree 12 m.h.;2/3m.diam. in
mixed & shaded forests, top
of mt. fr. green.
Fourth Hainan Expedition of Sun Yatsen University
Sept. 1933-March 1934

HERBARIUM
OF THE
ARNOLD ARBORETUM
HARVARD UNIVERSITY

THE HARVARD UNIVERSITY HERBARIA
00050297

东方肖榄 *Platea parvifolia* Merr. & Chun in Sunyatsenia 5(1/3): 112, pl. 15. 1940. **Holotype**: China. Hainan: Dongfang, Kumyun, 1933-10-08, H. Y. Liang 63422 (A).

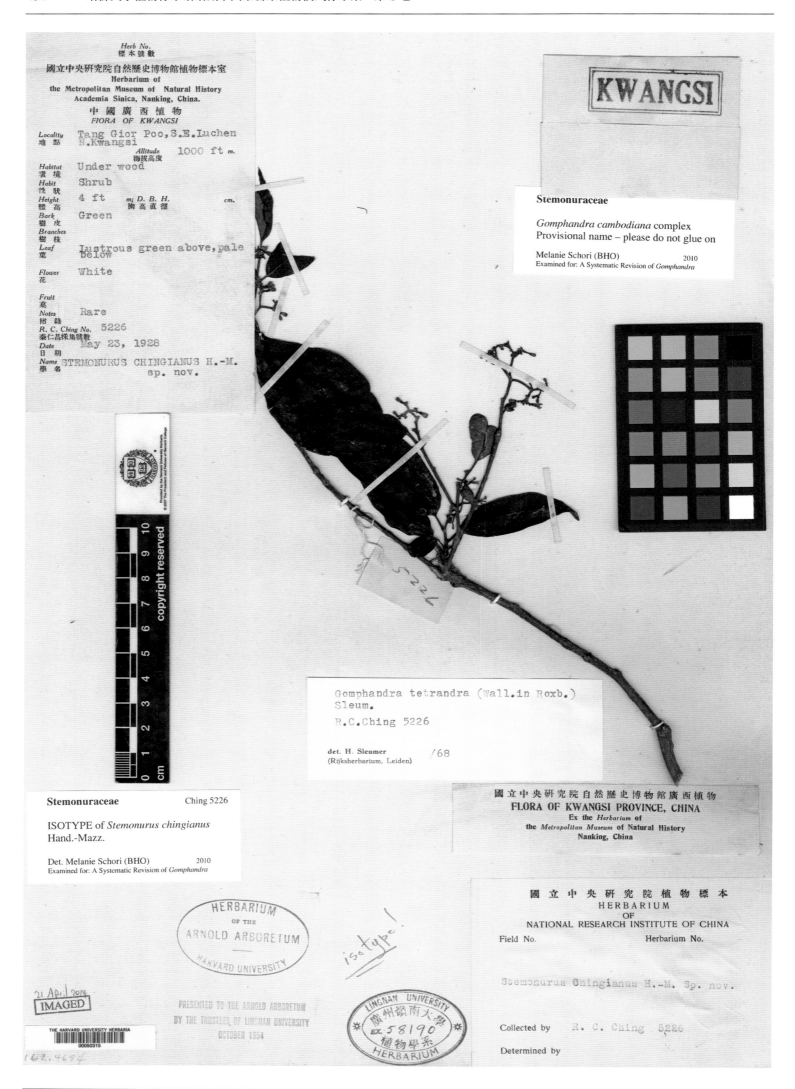

毛蕊木 *Stemonurus chingianus* Hand.-Mazz. in Sinensia 2(1): 3. 1931. **Holotype**: China. Guangxi: Luocheng, alt. 305 m, 1928-05-23, R. C. Ching 5226 (A).

胡颓子科
Elaeagnaceae

竹生羊奶子- ***Elaeagnus bambusetorum*** Hand.-Mazz. Symb. Sin. 7: 591. 1933. **Isotype**: China. Yunnan: Mengzi, alt. 1 800 m, 1915-03-08, H. Handel-Mazzetti 6056 (A).

长叶胡颓子 *Elaeagnus bockii* Diels in Engl., Bot. Jahrb. Syst. 29: 482. 1900. **Lectotype** (designated by A. Rehder in Sargent, Pl. Wilson. 2: 416. 1916.): China. Chongqing: Nanchuan, C. Bock & A. v. Rosthorn 3144 (A).

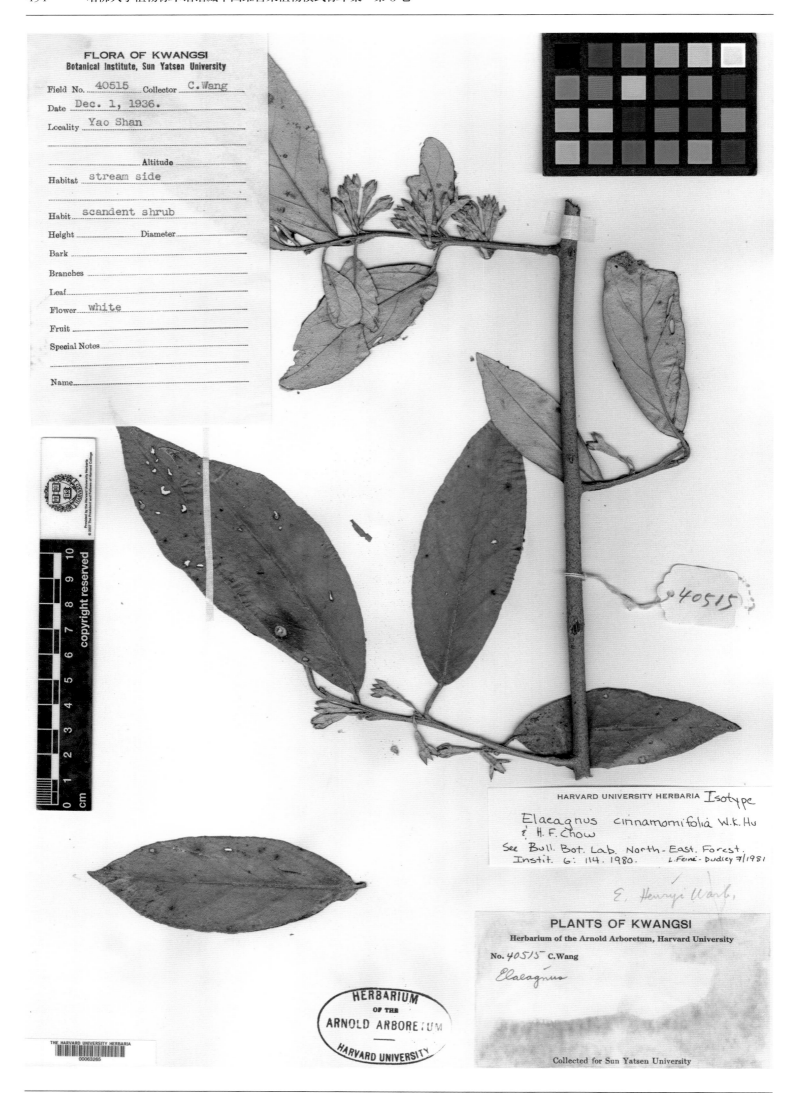

樟叶胡颓子- *Elaeagnus cinnamomifolia* W. K. Hu & H. F. Chow in Bull. Bot. Lab. N. -E. Forest. Inst. 6: 114, pl. 9. 1980.
Isotype: China. Guangxi: Xiangzhou, Yao Shan, 1936-12-01, C. Wang 40515 (A).

勐海胡颓子- *Elaeagnus conferta* Rox. var. *menghaiensis* W. K. Hu & H. F. Chow in Bull. Bot. Lab. N. -E. Forest. Inst. 6: 107. 1980. Isolectotype (designated by Q. Lin in Bull. Bot. Res., Harbin 26: 656. 2006.): China. Yunnan: Fo-hai (=Menghai), alt. 1 900 m, 1936-07-??, C. W. Wang 77312 (A).

铜色胡颓子- *Elaeagnus cuprea* Rehd. in Sargent, Pl. Wilson. 2: 414. 1915. **Holotype:** China. Hubei: Changyang, alt. 610 m, 1907-04-??, E. H. Wilson 3565 (A).

长柄胡颓子 *Elaeagnus delavayi* Lecomte in Notul. Syst. Herb. Mus. Paris 3: 156. 1915. **Isosyntype**: China. Yunnan: Heqing, 1888-05-01, J. M. Delavay s. n. (A).

Material from Packet

城口胡颓子 *Elaeagnus fargesii* Lecomte in Notul. Syst. Herb. Mus. Paris 3: 156. 1915. **Isotype**: China. Chongqing: Chengkou, R. P. Farges 888 bis (A).

宜昌胡颓子 *Elaeagnus henryi* Warb. ex Diels in Bot. Jahrb. 29: 483. 1900. **Isosyntype**: China. Hubei, Yichang, 1887-10-??, A. Henry 3307 A (A).

潞西胡颓子 *Elaeagnus luxiensis* C. Y. Chang in Bull. Bot. Lab. N. -E. Forest. Inst. 6: 105, pl. 1. 1980. **Isolectotype** (designated by Q. Lin in Bull. Bot. Res., Harbin 26: 657. 2006.): China. Yunnan: Luxi, alt. 1 750 m, 1934-03-02, H. T. Tsai 56383 (A).

大花胡颓子- *Elaeagnus macrantha* Rehd. in Sargent, Pl. Wilson. 2: 416. 1915. **Holotype**: China. Yunnan: Simao, alt. 1 525 m, A. Henry 12818 (A).

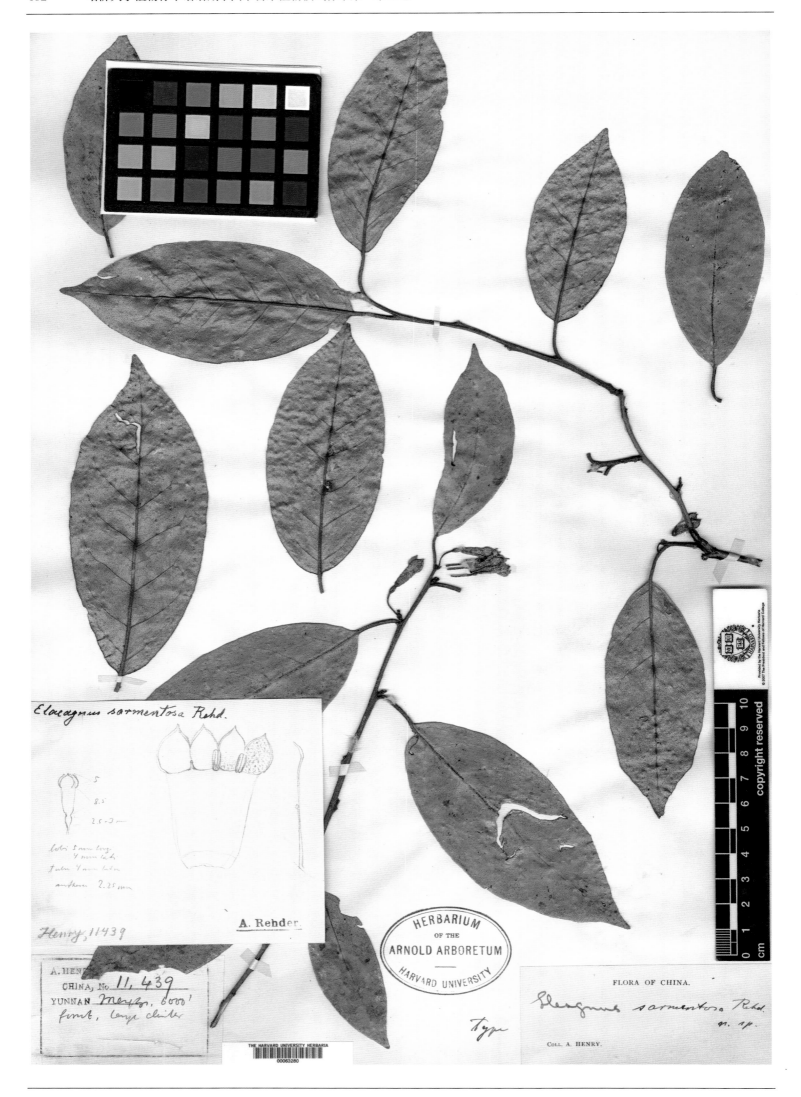

攀援胡颓子- *Elaeagnus sarmentosa* Rehd. in Sargent, Pl. Wilson. 2: 417. 1915. **Holotype**: China. Yunnan: Mengzi, alt. 1 830 m, A. Henry 11439 (A).

长萼木半夏 *Elaeagnus siphonantha* Nakai in Anz. Akad. Wiss. Wien, Math.-Nat. Kl. 61: 85. 1925. **Isotype**: China. Hunan: Changsha, Yuelu Shan, alt. 70 m, 1918-04-27, H. R. E. Handel-Mazzetti 11663 (A).

星毛胡颓子- *Elaeagnus stellipila* Rehd. in Sargent, Pl. Wilson. 2: 415. 1915. **Holotype:** China. Sichuan: Banks of Yangtze River, alt. 152 m, 1903-05-??, E. H. Wilson 4418 (A).

香港胡颓子 *Elaeagnus tutcheri* Dunn in J. Bot. 45: 404. 1907. **Isotype:** China. Hongkong, 1903-12-14, W. J. Tutcher s. n. (=Herb. Hongkong 2105) (A).

DR. AUG. HENRY'S COLLECTIONS FROM
CENTRAL CHINA, 1885-88.

NO. 1637.

Elaeagnus magna (Serv.)
Rehd.

Prov. HUPEH.

银果胡颓子 *Elaeagnus umbellata* Thunb. ssp. *magna* Serv. in Bull. Herb. Boiss. sér. 2, 8: 383. 1908. Isolectotype [designated by M. Sun & Q. Lin in J. Syst. Evol. 48(5): 385. 2010.]: China. Hubei: Yichang, 1887-06-??, A. Henry 1637 (GH).

DR. AUG. HENRY'S COLLECTIONS FROM
CENTRAL CHINA, 1885-88.

NO. 1105.
Elaeagnus

Prov. HUPEH.

SYNTYPE:
Elaeagnus viridis Servettaz
Bull. Herb. Boiss., ser.2, 8: 388. 1908.
Det. H.G. Bedell Harvard University Herbaria, A/GH 1987

Elaeagnus viridis Servettaz

Det. Alfred Rehder.

绿叶胡颓子- *Elaeagnus viridis* Serv. in Bull. Herb. Boiss. sér. 2. 8: 388. 1908. **Isotype**: China. Hubei: Yichang, (1885-1888)-??-??, A. Henry 1105 (GH).

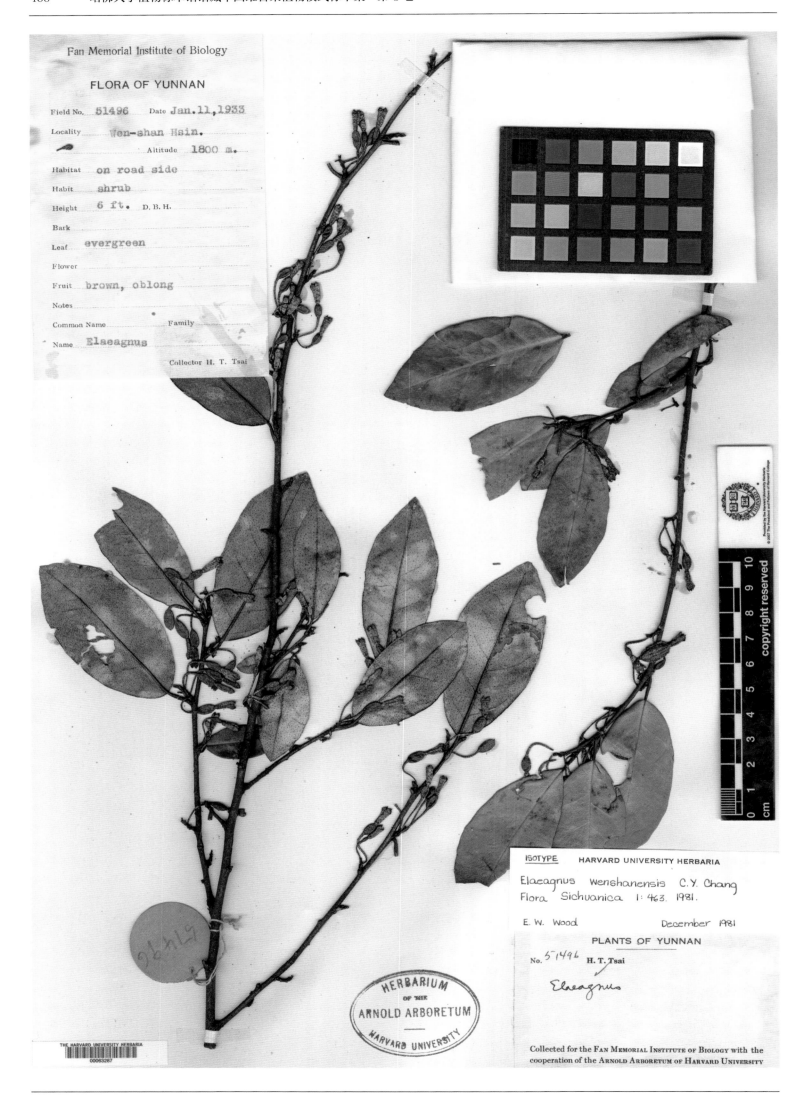

文山胡颓子- *Elaeagnus wenshanensis* C. Y. Chang, Fl. Sichuan. 1: 463. 1981. **Isotype**: China. Yunnan: Wenshan, alt. 1 800 m, 1933-01-11, H. T. Tsai 51496 (A).

高沙棘 *Hippophae rhamnoides* L. var. *procera* Rehd. in Bailey, Stand. Cycl. Hort. 3: 1495. 1915. **Syntype**: China. Sichuan: Tachien lu (=Kangding), alt. 2 440~3 965 m, 1908-10-??, E. H. Wilson 928 (A).

中国沙棘 *Hippophae rhamnoides* L. ssp. *sinensis* Rousi in Ann. Bot. Fennici 8: 212, f. 22. 1971. **Isotype**: China. Shanxi: Jiaocheng, Yunding Shan, alt. 1 900 m, 1924-08-19, H. Smith 7194 (A).

云南沙棘 *Hippophae rhamnoides* L. ssp. *yunnanensis* Rousi in Ann. Bot. Fennici 8: 213. f. 23. 1971. **Isotype**: China. Yunnan: Shangri-La, 1913-09-??, G. Forrest 11328 (A).

西藏沙棘 *Hippophae tibetana* Schlechtend. in Linnaea 32: 296. 1863. **Isolectotype** (designated by A. Rousi in Ann. Bot. Fennici 8: 217. 1971.): China. Xizang: Regio alp, alt. 4 270~4 575 m, T. Thomson s. n. (GH).

中名索引
Index to Chinese Names

拉丁学名索引
Index to Scientific Names